"十三五"普通高等教育本科部委级规划教材

成形针织服装设计

李学佳　主　编

周开颜　副主编

中国纺织出版社有限公司　国家一级出版社

全国百佳图书出版单位

内 容 提 要

本书介绍了成形针织服装产品的分类；讲解了成形针织服装产品的原料、组织、款式、规格、结构及造型设计；详细阐述了羊毛衫、裤、裙及围巾、帽子、手套等各类横机成形针织服装的工艺设计；详细介绍了圆机类成形针织产品的设计，主要包括袜类及无缝内衣产品的款式、结构及工艺设计；对成形针织服装产品的成衣和后整理进行了介绍。教材在每章后都配有思考题和实训项目，以提高学生的独立思考能力和实践动手能力。

本书可供纺织服装院校的纺织、服装等专业作为教材使用，同时也可供成形针织服装产品行业的工程技术人员、管理人员、营销人员和个体成形针织服装生产者阅读参考。

图书在版编目（CIP）数据

成形针织服装设计/李学佳主编 . --北京：中国纺织出版社有限公司，2019.11

"十三五"普通高等教育本科部委级规划教材

ISBN 978-7-5180-6546-2

Ⅰ. ①成… Ⅱ. ①李… Ⅲ. ①针织物—服装设计—高等学校—教材 Ⅳ. ①TS186.3

中国版本图书馆 CIP 数据核字（2019）第 179465 号

策划编辑：孙成成　　责任编辑：谢婉津　　责任校对：高　涵
责任设计：何　建　　责任印制：王艳丽

中国纺织出版社有限公司出版发行
地址：北京市朝阳区百子湾东里 A407 号楼　邮政编码：100124
销售电话：010—67004422　传真：010—87155801
http://www.c-textilep.com
中国纺织出版社天猫旗舰店
官方微博 http://weibo.com/2119887771
北京玺诚印务有限公司印刷　各地新华书店经销
2019 年 11 月第 1 版第 1 次印刷
开本：787×1092　1/16　印张：16.5
字数：269 千字　定价：49.80 元

凡购本书，如有缺页、倒页、脱页，由本社图书营销中心调换

序
PREFACE

  针织业是纺织工业的重要组成部分，随着人们的生活水平和文化品位日益提高，着装理念在悄然地发生着新的变化。由过去传统的注重结实耐穿、防寒保暖转变为当今崇尚运动休闲、舒适合体、个性与时尚能够完美结合的服装，针织服装产品恰恰迎合了人们的这些需求。为顺应这一形势的发展，越来越多的纺织高等院校开设针织类课程，为针织服装企业培养更多的人才。

  成形针织是针织生产的一道重要工艺，它是在编织过程中就形成具有一定尺寸和形状的成形或半成形衣坯，可以无需进行裁剪或只需进行少量裁剪就能缝制成所要求的服装。更现代化的工艺甚至不需要缝合就可以制成直接服用的产品。目前，成形针织产品类教材多以毛衫为主，其他成形产品知识分散于众多针织教材之中，不方便教学工作顺利有效地开展。为满足社会需求，适应成形针织服装产品教学的需要，特编写本教材。

  本书第一章的第二至第四节、第二章、第六章、第七章，以及各章思考题和实训项目由李学佳编写；第三章、第五章、第八章由周开颜编写；第一章的第一节由臧传锋编写；第四章由傅海洪编写；第九章由郭滢编写；全书由李学佳负责统稿。

  本书在编写过程中，得到南通大学杏林学院的教材建设资助，南通大学纺织服装专业同学也为教材的编写付出了努力。同时本教材编写参阅了大量国内外针织服装方面的文献和教材，在此对这些编著者谨致谢意。最后向所有关心、支持、帮助过本书写作的同志表示衷心的感谢。

  针织服装业发展变化日新月异，新技术层出不穷，加之我们的水平和时间所限，书中存在疏漏和错误之处，希望专家、同行和读者给予谅解，并给予批评和指正。

编　者

2019 年 2 月

目　录
CONTENTS

第一章 成形针织服装设计概述

第一节 成形针织服装原料

一、成形针织服装用纤维

针织物的性能、风格是由纤维种类、纱线结构、织物组织与结构、染整加工等多因素决定的。在产品设计时，使用何种原料，对织物性能、风格起着不可忽视的作用。目前，随着纤维种类的增加、纺纱技术的快速发展，可供针织产品使用的纱线种类、结构越来越丰富。因此，对于成形针织产品设计人员来说，熟悉针织服装原料性能，选择合适的原料，可以做到各种原料性能互补，使得织物性能更优异，风格更独特。

（一）天然纤维

1. 棉纤维

棉纤维是最常用的纤维素纤维之一，其横截面形态为腰圆形，有中腔，纵向形态为具有天然转曲的扁平带状。棉纤维的特点是细长柔软，吸湿性好，染色性好，耐强碱，耐有机溶剂，耐漂白剂，隔热耐热，并且价格便宜。棉纤维可纯纺，也可与其他纤维混纺，生产各类针织布，广泛应用于内衣、外衣、袜子、床上用品及装饰用布等。表 1-1 为我国白棉与彩棉的主要物理性能。

表 1-1　棉纤维的主要物理性能

物理指标	白长绒棉	白细绒棉	绿色棉	棕色棉
上半部平均长度（mm）	33~35	28~31	21~25	20~23
中段线密度（dtex）	1.18~1.43	1.43~2.22	2.5~4.0	2.5~4.0
断裂比强度（cN/dtex）	3.3~5.5	2.6~3.1	1.6~1.7	1.4~1.6

2. 麻纤维

麻纤维也是常见的纤维素纤维，种类很多，大致分为韧皮纤维（如苎麻、亚麻、黄麻、红麻、汉麻、罗布麻等）和叶纤维（如剑麻、蕉麻、菠萝叶纤维等）。麻纤维的横截面形态多样，有圆形、椭圆形、腰圆形、跑道形等，有中腔，纵向多有横节竖纹。常见的麻纤维吸湿性比棉纤维好，热分解点高（200℃），耐日晒，耐碱，不耐强的无机酸，与棉纤维的化学性质类似，但大都比较粗硬，不太柔软。麻纤维中除苎麻和罗布麻可以单纤维纺纱，其他纤维只能使用工艺纤维纺纱。麻纤维的导热性高于其他纤维，因此穿着凉爽，是夏季服装的理想面料。麻纤维可用于制作套装、衬衫、连衣裙等，还适用于制作桌布、餐巾及刺绣工艺品等。

3. 羊毛纤维

羊毛纤维是天然蛋白质纤维的一种，较耐酸，不耐碱。羊毛有天然形成的波浪形卷曲，蓬松而富有弹性，比棉轻。毛织物具有质地轻、手感丰满、保暖性好、尺寸稳定、不易变形、耐穿耐用、穿着舒适等特点，适合制作内衣、外衣、围巾、手套、袜子等服饰。羊毛纤维截面为圆形或椭圆形，由外向内分为鳞片层、皮质层和髓质层，细羊毛和绒毛没有髓质层，只有鳞片层和皮质层。羊毛表面鳞片的头端指向毛尖，由于鳞片的指向特点，羊毛沿长度方向滑动因方向不同，摩擦系数会有不同。利用羊毛的缩绒性能，可生产具有独特风格的针织物、毡呢等生活用品和工业用品。

4. 蚕丝纤维

蚕丝也是天然蛋白质纤维之一，截面近似三角形，纵向为平直光滑的柱状。因其柔和的光泽，滑糯的手感，引人入胜的丝鸣声，以及优良的服用性能，蚕丝被称为"纤维皇后"。蚕丝可加工成各种厚度、风格的织物，可以薄如蝉翼，可以厚如毛呢，可以挺爽，可以柔软，适于制作衬衫、内衣等。蚕丝织物娇贵，易皱，不耐日晒，不耐汗渍，较耐酸不耐碱，不易保养，所以在服用、洗涤及收藏时，忌拧绞、忌暴晒、忌用碱性洗涤剂等。

（二）化学纤维

1. 黏胶纤维

黏胶纤维又称人造棉、人造丝等，其吸湿性能好，容易染色，对酸与氧化剂比棉敏感，对碱的稳定性不如棉。普通黏胶纤维截面呈不规则的锯齿形，有明显的皮芯结构；纵向平直，有不连续条纹。黏胶纤维针织物手感柔软、穿着舒适，广泛用于裙装、衬衫、内衣和里料中，与其他合成纤维混纺可改善织物的吸湿性和舒适感，与羊毛混纺可降低织物成本，而且具有良好的毛感。黏胶纤维湿强低，其湿强只有干强的50%左右，初始模量低，弹性恢复性差，织物易变形起皱。另外，黏胶纤维吸水膨胀，织物缩水变形大。

2. 涤纶纤维

涤纶分长丝和短纤维两种，涤纶长丝多用于针织外衣，短纤维与棉、毛或其他纤维混纺可用于各种类型的针织织物。涤纶针织物具有坚牢、耐用、挺括、免烫、易洗、快干等优点，但也有吸湿性能差、耐酸不耐碱、静电现象严重、易沾污、易起毛起球、易勾丝等缺点。涤纶针织物主要用于袜子、手套、套装、裙装、运动衣、滑雪服、风雨衣、装饰布和工业布等，通过改性后的差别化涤纶纤维，吸湿性和抗静电等性能都可以得到改善，也可用于内衣。

3. 锦纶纤维

锦纶纤维的最大特点是结实耐磨，其耐磨性能比天然纤维及其他化学纤维都好。因此，为提高织物的耐磨性能，可以在产品设计时，在其他纤维中加入一定量的锦纶纤维。锦纶纤维的强度以及耐疲劳性能超过涤纶纤维，弹性与涤纶纤维相当，耐热性能不如涤纶纤维，耐碱不耐酸，耐热性、耐日光性不好。锦纶纤维变形较大，即使经过热定形，洗涤后仍有变形。锦纶纤维用途广泛，长丝可以制作袜子、内衣、运动衫、滑雪衫、雨衣等；短纤维与棉、毛及黏胶纤维混纺后，可用于内衣等。

4. 腈纶纤维

腈纶纤维具有质轻、色艳、蓬松性好等特点，腈纶密度比羊毛小，织物保暖性好，有"人造羊毛"之称。腈纶以短纤维为主，可纯纺，也可与棉、毛、涤纶等纤维混纺。腈纶纤维的弹性比羊毛差，但优于其他天然纤维，强度比羊毛高，耐磨性能比涤纶、锦纶低，耐日光性与耐气候性能是常见化学纤维中最好的。腈纶纤维广泛应用于针织服装、仿裘皮制品、起绒织物、女装、童装和毛毯等。

5. 维纶纤维

维纶纤维洁白如雪，柔软似棉，有"合成棉花"之称。维纶纤维易变形，弹性恢复性差，耐日光性与耐气候性好，耐干热而不耐湿热，多与其他纤维混纺使用。其主要用于工作服、军用服装和装饰布等，在日常服装中应用较少，在工业纺织品上应用较多。

6. 丙纶纤维

丙纶纤维最大的特点是质轻，密度仅 $0.91g/cm^3$，几乎不吸湿，但芯吸能力强，强度高，尺寸稳定，耐磨性和化学稳定性好，热稳定性差，不耐日晒，容易老化脆损。丙纶纤维可纯纺或混纺，制品坚固、干爽，但染色性差，所以在针织产品中受到较大的限制，目前可采用彩色丙纶纤维生产色织产品。其织物主要用于毛衫、运动衫、袜子、内衣等，还可用作絮填料和室内外地毯等。

7. 氯纶纤维

氯纶纤维强度与棉相接近，耐磨性、保暖性、耐日光性比棉、毛好，抗无机化学试剂的稳定性好，耐强酸强碱，耐腐蚀性能强，隔音性好，但对有机溶剂的稳定性和染色性能比较差。在所有常见纤维中，氯纶纤维阻燃性是最好的，同时其保暖性能比羊毛还好。氯纶织物多用于制作阻燃性用品，主要用于装饰与产业用纺织品。

8. 氨纶纤维

氨纶纤维具有高弹性、高回复性和尺寸稳定性，可伸长 6~8 倍，弹性恢复率可达 100%，耐酸碱性较好。氨纶产品多以包芯纱或与其他纤维合股出现，广泛用于弹性织物中，如泳装、滑雪服、文胸、腹带、T恤衫、裙装、牛仔装、礼服、便装等。

图 1-1 为纺织用纤维的分类。

(三) 新型纤维

1. 新型天然纤维

此类纤维较多，如彩棉纤维、丝光羊毛、汉麻纤维、竹原纤维等天然植物纤维，还有

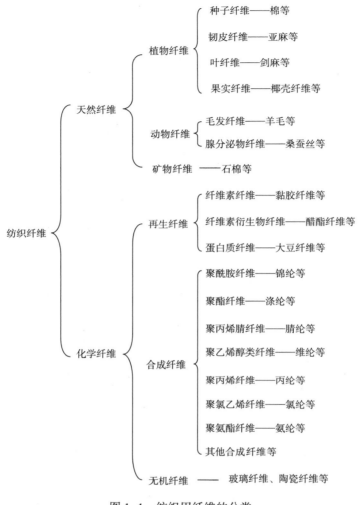

图 1-1　纺织用纤维的分类

如彩色蚕丝、狐狸绒、宝丝绒等动物蛋白质纤维。

（1）有机棉。有机棉的质量要比普通棉的质量差。以新疆有机棉为例，有机棉长度（25~27mm）比普通棉短，细度较粗（马克隆值为 4.6~5.2）、短绒率较高（在 10% 以上）、成熟度较差（未成熟纤维含量较多，为 6.0%~8.0%），有害疵点（棉结、索丝、僵片、软籽表皮等）较多等。特别是高等级有机棉的数量相对高等级普通棉的数量要少得多，高等级有机棉只占有机棉数量的 40%~50%，高等级普通棉一般会达到普通棉数量的 70%~80%。

（2）香蕉纤维。香蕉纤维又称香蕉茎纤维或香蕉叶纤维。香蕉茎纤维蕴藏于香蕉树的韧皮内，属韧皮类纤维；香蕉叶纤维蕴藏于香蕉树的树叶中，属叶纤维。香蕉纤维是一种新型天然植物纤维，性能与麻相似，具有一般麻类纤维的优缺点，如强度高、伸长小、回潮率大、吸湿放湿快、纤维粗硬等。香蕉纤维粗短，可纯纺或混纺，其可纺性较麻类纤维差，但易于染色，适于纺中低档纱。香蕉叶纤维轻且有光泽，具有很高的吸水性，抗菌且环保。香蕉纤维多用于家纺，如毛巾、床单等。

（3）木棉纤维。木棉纤维为中空纤维，胞壁很薄，平均仅为 $0.75\mu m$，而胞腔直径达 $15\mu m$，中空度达 90%，因而木棉很轻，平均密度仅为 $0.30g/cm^3$，比水轻。木棉纤维具有生态环保、中空超轻、保暖性好、天然抗菌、吸湿导湿等天然特性。木棉纤维纵向为光滑的圆柱形，几乎没有转曲，纤维的平均长度仅为 15mm，很难用于纺纱。木棉纤维尽管纺纱困难，但作为保暖絮料具有优势，已广泛应用于被褥、枕芯、靠垫的絮填材料，以及隔热、吸声材料，也可混纺用于服装产品中。

（4）菠萝叶纤维。菠萝叶纤维属叶纤维，由许多纤维束紧密结合而成。菠萝叶纤维内部为多孔中空结构，吸放湿性和热传导性好、凉爽光滑、光泽特殊、风格独特，是一种优异的天然保健新型纺织材料，适合制作贴身服用面料。菠萝叶纤维表面比较粗糙，纤维纵向有缝隙和孔洞，横向有枝节，无天然转曲。单纤维细胞呈圆筒状，两端尖，表面光滑，有中腔，呈线状。横截面呈卵圆形至多角形，每根纤维束由 10~20 根单纤维组成。菠萝叶纤维主要有纤维素和非纤维素成分，菠萝叶纤维织物染色性能优异，吸湿排汗、挺括不易起皱，且具有良好的抑菌除臭性能。但其较粗硬，混纺时容易出现抱合力差，纤维散失多等问题。目前，菠萝叶纤维已经用于高级西服、衬衫、床上用品等领域。

（5）天然彩色茧丝。天然彩色茧丝色彩自然、色调柔和、色泽丰富而艳丽，有些颜色是采用染色加工难以得到的色泽。桑蚕彩色茧丝主要有黄红茧系和绿茧系两大类，黄红茧系包括淡黄、金黄、肉色、红色、篙色、锈色等；绿茧系包括竹绿和绿色两种。天然彩色茧丝轻盈飘逸、吸湿性优良、透气性好、穿着舒适，同时具有很好的紫外线吸收能力，抗菌作用、抗氧化性能好。彩色蚕茧丝色泽较稳定，在染整加工中变色较小，有一定的耐光牢度，是开发高档纺织品的极优材料。

（6）狗绒。狗绒也称为宝丝绒，是一种理想的毛纺原料，各项力学性能接近于羊毛、羊绒，具有较好的可纺性。与其他纤维混纺制成织物，手感柔软，具有羊绒光泽和优异的服用性能。

（7）貉子绒。貉子绒细度、长度与羊绒相近，细度均匀，手感柔软，具有较好的可纺性，还可混纺。目前，貉子绒已经应用于毛衫、内衣类产品中。

2. 新型再生纤维

新型再生纤维主要包括新型再生纤维素纤维和新型再生蛋白质纤维。新型再生纤维素纤维主要包括莫代尔纤维、竹浆纤维、丽赛纤维、圣麻纤维、维劳夫特纤维、海丝纤维等，新型再生蛋白质纤维主要包括大豆蛋白质纤维、牛奶蛋白纤维、蜘蛛丝、柔丝蛋白纤维等，下面简单介绍几种。

（1）海丝纤维。海丝纤维是一种新型生物活性纤维，其主要组分为纤维素和海藻。这种纤维集再生纤维素纤维的强度、柔软性及海藻植物的生物活性于一体，加工成衣服后具有保健功能，对皮肤有很好的防护性，经过银离子活化的海丝纤维具有抗菌性能，可以应用于内衣及医用卫生领域。

（2）蜘蛛丝。蜘蛛丝是一种特殊的蛋白质纤维，具有较高的强度、弹性、柔韧性、伸长率和抗断裂性能；它具有包括蚕丝在内的天然纤维所无法比拟的一些特点，如轻盈、耐紫外线、可生物降解等，是新一代的天然高分子纤维和生物材料。蜘蛛丝具有良好的弹性和柔韧性，穿着舒适，可用于纺织制衣。

（3）柔丝蛋白纤维。柔丝蛋白纤维是一种蛋白质改性的纤维素纤维，其原料为植物蛋白质及纤维素，均取于大自然中可再生的绿色植物，是一种可降解的环保型纤维。柔丝蛋白纤维含有适量的蛋白质和 16 种以上的氨基酸，对人体有亲和保健作用；同时，纤维光泽柔和，柔软舒适，吸湿透气性好，有防紫外线等功能，可纯纺或与羊绒、棉等原料混纺，适合制作毛衣、内衣等产品。

3. 新型再生合成纤维

由于合成纤维不可降解，其废弃物对环境造成污染。为了减少对环境的压力及节省原料，目前新型再生合成纤维已被广泛采用。在三大合成纤维中，涤纶和锦纶废料经化学回收再生后，可以得到与新品同等品质的产品；腈纶废丝用溶剂溶解后，再生为腈纶的原料。我国再生涤纶的原料主要有聚酯瓶、片材、薄膜及聚酯涤纶生产过程中的聚酯材料、废丝等。如果再生短纤维品质接近原生短纤维，成本要比原生短纤维低，则是替代原生短纤维的理想产品。

4. 可降解纤维

可降解纤维是可以用微生物分泌的酵素进行降解的高分子纤维，是有效利用天然纤维或者使用具有生物降解性的高分子材料制造的纤维。

聚乳酸（PLA）纤维是一种产业化最为成功的可降解纤维，是一种聚丙交酯（聚乳酸酯），以前都是从石油、天然气中制取，现在主要来源于玉米、红薯、甜菜等植物。

PLA 纤维形态有单丝、复丝和切断纤维等，可用于生产面料和非织造布。它可制作内衣、运动衣等。目前，已有公司将 PLA 纤维与棉、羊毛混纺，或将其长纤维与棉、羊毛或黏胶纤维等生物分解性纤维混用，纺制成服用织物，用来制作具有丝感外观的 T 恤衫、夹克衫、长筒袜及礼服。

这些产品有优良的形态稳定性，如与棉混纺，几乎与涤棉具有同等的性能；光泽较涤纶更优良，且有蓬松的手感；与涤纶同样富有疏水性，对皮肤不发黏；如与棉混纺做内衣，有助于水分的转移，不仅接触皮肤时有干燥感，且有优良的形态稳定性和抗皱性；对人体皮肤无任何刺激性。

二、成形针织服装用纱线

通常所谓的"纱线"，是指"纱"和"线"的统称。"纱"是将许多短纤维或长丝排列成近似平行状态，并沿轴向旋转加捻，组成具有一定强力和线密度的细长物体；"线"是由两根或两根以上的单纱捻合而成的股线。

（一）纱线的分类

针织物是由纱线经过一定的组织编织而成，所以，织物的外观特征及服用性能与纱线的品质和外观有直接关系。

由于构成纱线的纤维原料及加工方法的不同，因此纱线种类繁多，形态、性能和品质各异。其分类方法多种多样，主要有以下几种。

1. 按纱线的原料分

（1）纯纺纱线。由单一品种纤维原料纺制成的纱线，如纯棉纱线、纯毛纱线、纯麻纱线、纯丝纱线、纯涤纶纱线等。

（2）混纺纱线。由两种或两种以上纤维原料纺制成的纱线，如涤纶与棉混纺形成的混纺纱线；由羊毛与腈纶形成的混纺纱线；由黏胶纤维、棉纤维与涤纶短纤维三种原料形成的混纺纱线等。

2. 按纱线中纤维的长度分

（1）短纤维纱线。一定长度的短纤维经过各种纺纱系统捻合纺制而成的纱线。一般是结构较疏松、光泽柔和、手感丰满的纱线，广泛应用于针织产品中。

（2）长丝纱线。由很长的纤维经过并合或加捻而制成的纱线。天然纤维中最有代表性的是蚕丝长丝纱，化学纤维长丝是由高聚物溶液喷丝而成。长丝具有良好的强度和均匀度，可制成很细的纱线，其外观和手感取决于纤维的光泽、手感和断面形状等特征。化学纤维长丝纱吸湿性差，易起静电，同时由于纱的结构特点，具有比化学短纤维纱手感光滑、凉爽、覆盖性差和光泽亮等特征。目前，许多厂家通过改变化学纤维长丝横截面结构或者喷丝时加入纳米微粒改善化学纤维长丝纱的性能。

3. 按纱线后加工分

（1）丝光纱线。棉纱在一定的张力下经18%~25%的氢氧化钠溶液处理，使纱线的光泽、吸湿性等性能有所改善。

（2）烧毛纱线。用燃烧的气体或电热烧掉纱线表面的绒毛，使纱线表面更加光洁。

（3）本色纱线。又称原色纱，是未经漂白、染色等处理，保持纤维原有色泽的纱线。

（4）漂白纱线。原色纱经煮练、漂白制成的纱线。

（5）染色纱线。原色纱经煮练、漂白、丝光、染色制成的色纱。

4. 按纺纱工艺分

（1）精梳棉纱和普梳棉纱。普梳棉纱是指棉纤维经普梳纺纱系统梳理加工而成的棉纱；精梳棉纱是指棉纤维在普梳纺纱系统梳理的基础上，又经过精梳工序加工而形成的棉纱。精梳棉纱与普梳棉纱相比，条干更均匀，表面光洁，纱线各项指标和外观均优于普梳棉纱。

（2）精纺毛纱和粗纺毛纱。精纺毛纱以较细、较长且均匀的优质羊毛为原料，并按加工工序复杂的精梳毛纺工艺纺制而成，纱条中纤维平行顺直，毛纱条干均匀，表面光洁；

粗纺毛纱由于用毛网直接拉条纺成纱，所以纱条中纤维长短不一，纤维不够平行顺直，结构松散，毛纱粗，捻度小，表面绒毛多。

5. 按纱线结构分

（1）简单纱线。①单纱：只有一股纤维束捻合而成的纱线。②股线：由两根或两根以上的单纱捻合而成的纱线。③复捻股线：把几根股线再并合加捻而成的纱线。

（2）复杂纱线。这类纱线具有较复杂的结构和独特的外观。如花式纱线、包芯纱等。

（二）纱线的形式

针织成形服装用纱线有绞纱和筒子纱两类，经过络纱工序后成为便于使用的卷装形式。筒子纱的卷装形式主要有瓶形筒子、圆锥形筒子和三截头圆锥形筒子三种。

1. 瓶形筒子纱

瓶形筒子纱的筒管由圆锥形的底座和圆柱形的柱杆组成。瓶形筒子纱的结构形态如图1-2所示。瓶形筒子纱的纱层平行卷绕，纱线的退绕条件较差，退绕时纱线张力波动大，而且纱线容易从筒子上塌落，造成乱纱。虽然瓶形筒子纱的容纱量较大，但由于生产效率低，因此在针织成形服装生产中，瓶形筒子纱的应用非常少。

2. 圆锥形筒子纱

圆锥形筒子纱又称宝塔筒子纱，是针织成形服装生产中广泛采用的一种纱线卷装形式。圆锥形筒子纱的退绕条件好，容纱量大，而且生产效率比较高。在针织成形服装生产中采用的圆锥形筒子纱有等厚度筒子和球面筒子两种，其结构形态如图1-3所示。

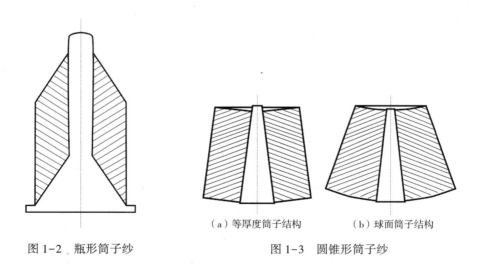

（a）等厚度筒子结构　　（b）球面筒子结构

图1-2　瓶形筒子纱　　　　　　图1-3　圆锥形筒子纱

圆锥形筒子纱的上下纱层交叉卷绕，纱层之间没有位移。圆锥形等厚度筒子纱的锥顶角和筒管的锥顶角相同，纱层截面呈长方形，上下层纱没有位移。圆锥形球面筒子纱的上端呈凹球面，下端呈凸球面，纱线在下端卷绕的圈数较多，同时纱层按一定规律向上端移动，筒子的锥顶角大于筒管的锥顶角。

3. 三截头圆锥形筒子纱

三截头圆锥形筒子纱俗称菠萝形筒子纱，其结构形态如图 1-4 所示。三截头圆锥形筒子纱由中间和两边的三个圆锥形组成，纱层为交叉卷绕，并依次从两端缩短，纱线的卷绕结构更加稳定。三截头圆锥形筒子纱适合用于锦纶、涤纶长丝的卷装。

（三）纱线性能及指标

1. 捻度与捻向

在纺纱过程中，短纤维经过捻合形成具有一定强度、弹性、手感和光泽的纱线。纱线单位长度上的捻回数称为捻度，其单位长度随纱线种类或者纱线间接细度指标而取值不同。特克斯制捻度的单位长度为 10cm，公制捻度的单位长度为 1m，英制捻度的单位长度为 1 英寸。棉纱通常以 10cm 内的捻回数表示，而精纺毛纱通常以 1m 内的捻回数表示。捻度的方向有两种：Z 捻和 S 捻。单纱中的纤维或者股线中的单纱在加捻后，其捻回的方向由下而上、自右向左的称为 S 捻；自下而上、自左而右的称为 Z 捻（见图 1-5）。

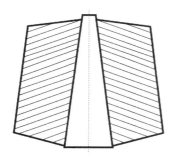

图 1-4　三截头圆锥形筒子纱　　　　图 1-5　捻向示意图（S 捻和 Z 捻）

股线捻向表示方法是，第一个字母表示单纱捻向，第二个字母表示股线捻向。经过两次加捻的股线，第三个字母表示复捻捻向。例如单纱捻向为 Z 捻，初捻（股线加捻）为 S 捻、复捻捻向为 Z 捻，这样加捻后的股线捻向以 ZSZ 表示。

2. 针织用纱捻系数的选择

针织用纱线在编织过程中，要经受拉伸、弯曲、扭转等多种变形，若捻度太大，则纱线变硬，编织时不易被弯曲、扭转，且易扭结成"小辫子"，机件磨损大，易坏针，同时，织物的手感变硬、弹性变差。反之，若纱线捻度太小，则会降低纱线的强力，增加断头，影响织物的强度及生产效率。

设计针织品时，应根据织物组织及服用性能，设计纱线的捻系数。如汗布要求织物滑爽、紧密、表面光洁、纹路清晰，则纱线的捻系数要适当大一点；棉毛织物、罗纹织物要求织物柔软、富有弹性、穿着舒适，则纱线的捻系数要适当小一点。外衣类织物要求挺括，起毛起球少，则纱线的捻系数要适当大些；而内衣类织物则要求柔软，如起绒类织物则为了方便起绒，纱线的捻系数都要适当小些。

3. 线密度

纱线的粗细则影响织物的结构、外观和服用性能,如影响织物的厚度、刚硬度、覆盖性和耐磨性等。线密度是纱线粗细的国际标准单位指标。

线密度(Tt)是指1000m长度的纱线在公定回潮率时的质量(g),其单位名称为特克斯(简称特),单位符号为tex。对相同品种的纱线而言,纱线越粗,特数越大。

纱线的线密度(Tt)计算公式为:

$$Tt = \frac{G_k}{L} \times 1000$$

式中:Tt——纱线的线密度,tex;

    L——纱线的长度,m;

    G_k——纱线在公定回潮率时质量,g。

4. 纱线细度指标间的关系

(1)线密度 Tt 与英制支数 N_e 的关系:

$$N_e = \frac{590.54}{Tt}$$

(2)线密度 Tt 与公制支数 N_m 的关系:Tt×N_m = 1000

(3)线密度 Tt 与纤度 N_d(旦尼尔)的关系:N_d = 9Tt

(四)成形针织用纱线的基本要求

针织物在成形过程中,纱线要受到复杂的机械作用。如成圈时,纱线要受到一定的负荷,产生拉伸、弯曲和扭转变形;纱线在通过成圈机件及线圈相互串套时,还要受到一定的摩擦。由于针织物固有的容易脱散的特性,纱线断裂会使坯布产生破洞、脱套等现象,甚至使编织无法顺利进行,因此,针织用纱与机织用纱相比,要求相对要高。

1. 线密度要求

针织物所用原料的线密度直接影响织物的克重。以棉纱为例,棉纱线的线密度越小,表示纱线越细,则相同的编织工艺(相同的线圈长度、相同密度等)生产的坯布越薄,克重越小;反之,坯布越厚,克重越大。又因针织布伸缩性强,经试验可知,当实际特数超过一定范围时,必须在编织工艺上作适当的调整。染色颜色的差异也对光坯坯布克重有着很大影响,因不同颜色失重率不一样。通过染色失重率测试可知(不考虑成品及煮布失重率),一般漂白色织物损失达4%以上,染色最多为1.78%,故漂白色、浅色针织用纱对实际特数要求偏高。

2. 回潮率和吸湿性要求

回潮率和吸湿性的大小不仅关系到服装的舒适性、卫生性,而且对纱线质量(柔软性、导电性、摩擦性等)产生影响。回潮率过低,纱线脆硬,化学纤维纱还会产生明显的静电现象,使编织难以顺利进行。回潮率过高,编织过程中与机件间的摩擦增大,则使纱线强力降低,损伤纱线。为了减少纱线的摩擦因数,化学纤维长丝表面要有一定含量的除静电剂和润滑剂，短纤维纱要上蜡。

3. 捻度要求

针织物的性能与捻度有着十分密切的关系。单纱一般采用 Z 捻，在纺纱加工过程中，单纱受外力作用扭转，使其中的纤维产生变形，单纱内残余的扭矩是导致单面针织布中线圈歪斜的主要因素，此现象导致织物出现扭曲现象，即所说的纬斜现象。同时，高捻度的纱线易使织物手感变硬，在编织成圈过程中易发生扭曲，使纱线产生纠缠，编织困难且易出现坯布疵点。故一般针织用纱与机织用纱相比，捻度要适当降低，特别是需起绒、缩绒的绒布类及羊毛衫类产品，纱线捻度要求更低。但捻度过低，纱线强力下降，编织过程中易出现断头现象，降低生产效益，增加生产成本。

4. 断裂强力和断裂伸长率要求

在针织准备和编织过程中，纱线经受一定的张力和反复负荷的作用，因此针织用纱必须具有较高的强力，才能使编织顺利进行。纱线的强力一般用断裂强力表示，即拉断纱线所需要的最大作用力，通常以厘牛（cN）或牛顿（N）表示。一般针织用短纤维纱线的断裂强力以大于 300cN 为宜。

纱线受拉伸会出现伸长，纱线断裂时的伸长值称为断裂伸长。断裂伸长与纱线原来长度之比称为断裂伸长率。断裂伸长率较好的纱线在编织加工过程中可以有效地减少纱线断头，而且可以增加针织物的延伸性，同时织物手感柔软、耐磨、耐冲击、耐疲劳性能较好。但如果断裂伸长率过大，生产时送纱张力不易控制，当输纱张力波动过大或不匀时，易使布面线圈大小不一、布面不平整。

5. 弹性与弹性回复率要求

纱线不是完全弹性体，即纱线受到外力时，其所受应力与应变不成正比关系，应力与应变不仅与所受外力大小有关，还与外力作用时间有关。

纱线受到外力作用后，可产生变形，根据变形恢复情况，分为弹性变形和塑性变形。弹性变形又包括急弹性变形和缓弹性变形，弹性变形占总变形的百分比称为弹性回复率。纱线弹性回复率越高，表示纱线弹性越好，织物保形性越好，不易变形，同时耐磨性好。

6. 摩擦性能要求

在针织生产过程中，纱线与多种机件如导纱器、织针、沉降片等接触并产生摩擦，纱线由于受到摩擦而产生一定的张力，其张力的大小对织物正常编织有着重要的影响。纱线张力过大，则机件磨损大，纱线易断头，产生飞花等。尤其是表面光滑的涤纶或锦纶长丝等，很容易把导纱机件磨出凹槽，妨碍正常输纱。因此，织物生产时，一定要控制好纱线的张力，使纱线输纱均匀，才能使布面平整，减少编织疵点。

7. 条干均匀度和光洁度要求

针织用纱的条干均匀度要求较高，应控制在一定的范围内，条干不匀将直接影响针织物的品质。由于针织物由相互串套的线圈组成，条干不匀会使粗纱或细纱在织物上分布较集中，布面出现云斑现象。粗节易损坏织针，或在布面上出现破洞；细节处纱线强力降低，编织过程中易断纱。

针织用纱还要有一定的光洁度，否则不但影响产品的内在、外在质量，还会造成大量坏针，使编织无法正常进行。如棉纱的棉结、过大的结头，毛纱的呛毛、草屑、杂粒、油渍、表面纱疵，蚕丝的丝胶等都会影响纱线的弯曲和线圈大小的均匀，甚至损坏成圈机件，在织物上造成破洞。

8. 其他要求

根据针织物用途的不同，对纱线还应有不同的要求。如汗布要求吸湿、坚牢、轻薄、滑爽、质地细密、纹路清晰，布面疵点如阴影、云斑、棉结杂质尽量少。因此要求原纱比较细，纱线的条干与捻度比较均匀。同时，在纺纱过程中应采用精梳，以提高原棉中纤维的长度整齐度，减少短绒与棉结杂质，使织物手感滑爽。冬季穿的棉毛衫、棉毛裤要求柔软、保暖性好、有弹性，而且棉毛布为双面织物，故在强力、条干均匀度等方面比汗布要求低，可以降低捻度，使织物手感柔软；而对起绒、缩绒的绒布类产品，应选用成熟度好、细度较粗的原棉，适当降低纱线捻度，使其易于拉绒；外衣类产品应选用坚牢耐磨、有一定弹性、条干均匀、具有易洗、快干、免烫等优点的纱线。

第二节　成形针织服装分类

成形针织服装是指根据工艺要求，利用各种成形方法，将纱线在针织机上编织出成形衣片或部件，一般不需要裁剪（除个别部位），再经缝制加工而成的针织服装。

成形针织服装常见的品种有：各类横机编织的帽子、围巾、毛衫、手套、鞋面以及圆机编织的无缝内衣、袜子等。目前，随着针织技术的不断发展，已出现不需裁剪缝合，而直接在针织机上编织成成衣的全成形针织服装（织可穿）。

一、从服装款式上分类

成形针织服装有毛衫（背心、套衫、开衫）、裙、裤、帽子、手套、袜子、无缝内衣等种类。

二、从使用原料上分类

成形针织服装使用的原料可以是含单一纤维的纯纺纱线，也可以是含两种或两种以上纤维的混纺纱线，还可以是由两种或两种以上的含不同纤维的纱线组成的并合纱线。

（1）纯棉类服装。

（2）棉与化纤混纺/交织类服装，如棉/涤纶、棉/锦纶、棉/氨纶服装。

（3）纯毛类服装，如羊毛、绵羊绒、牦牛绒、驼绒、羊仔毛、羊驼绒服装。

（4）毛混纺/交织类服装，如山羊绒/羊仔毛、羊毛/兔毛、羊毛/羊绒、羊毛/牦牛绒服装。

（5）毛与化纤混纺/交织类服装，如羊毛/腈纶、羊毛/锦纶、羊毛/黏胶服装。

（6）纯化纤类服装，如腈纶、涤纶、丙纶、黏胶、弹力锦纶服装。

（7）化纤混纺/交织类服装，如腈纶/涤纶、氨纶/腈纶/锦纶、涤纶/丙纶服装。

三、从纺纱工艺上分类

精梳（精纺）纱线采用细长而均匀的纤维，纱线条干均匀、光洁。用其编织的服装轻薄、细腻。普梳（粗纺）纱线结构松散、表面毛茸多，用其编织的服装厚实、粗犷。花式纱线具有特殊的结构和奇特的外观，用其编织的服装具有独特的纹理和效果。

（1）精梳（精纺）类服装，如棉、羊毛服装。

（2）普梳（粗纺）类服装，如羊毛/腈纶服装。

（3）花式纱线类服装，如彩点线、雪尼尔纱、金银线服装。

四、从织物组织上分类

成形针织服装组织可采用基本组织、变化组织、花色组织和复合组织中的一种或多种组织，以形成或平整或凹凸或收紧或延展的肌理效果。

成形针织服装根据织物组织分为平针、罗纹、满针罗纹（四平）、罗纹半空气层（三平）、罗纹空气层（四平空转）、双反面、提花、抽条、纱罗（挑花）、绞花、波纹（扳花）、集圈（胖花、单鱼鳞、双鱼鳞）等类型。

五、从修饰花型上分类

成形针织服装根据修饰花型的形成方式分为绣花、扎花、贴花、印花、植绒、扎染、手绘等种类。

六、从整理工艺上分类

成形针织服装根据整理工艺分为漂白、染色、拉绒、缩绒、防起毛起球、防缩、防蛀、防霉、防污、防静电、防水、阻燃、砂洗等种类。

第三节　成形针织服装工艺

一、成形针织服装工艺流程

成形针织服装的生产是根据工艺要求，利用各种成形方法，在针织机上编织出成形服装或衣片，然后缝合成衣的。根据服装成形程度不同，有全成形和部分成形两种。全成形是在机器上直接编织出完全成形的服装，不需裁剪和缝制；部分成形则是在针织机上编织出成形衣片，通过部分裁剪或不作裁剪，然后缝合成衣。针织毛衫、袜子、手套、成形内衣常采用这种部分成形生产方式。它们的生产工艺流程为：原料准备→横机或圆机织造→（少量裁剪）→缝制→整理→检验→包装→入库。

（一）准备工序

根据产品的款式、配色，选用纱线原料以及纱线细度、织物的组织结构并确定产品纱线使用量等。纱线原料入库之后，由专门的测试部门及时试样，对纱支、条干均匀度等项目进行检验，检验合格后方能投入生产，与此同时确定编织机的类型和机号。

（二）编织工序

进厂的纱线大都为绞纱形式，需经过络纱工序，使之成为适宜针织横机或圆机编织的卷装，编织后的半成品衣片经检验进入成衣工序。

（三）成衣工序

对于羊毛衫来说，成衣车间按工艺要求进行机械或手工缝合来连接服装的领、袖、前身以及纽扣、口袋等，有的还用湿整理、绣花等方法加以修饰，使成衣具有一定的风格和特色。毛衫成衣的一般工艺流程为：缝合拼片→半成品检验→缩绒→锁眼→钉扣→熨烫定形→成衣检验，成衣工序还可包括拉毛、印花及绣花等修饰工序。

（四）检验工序

对成衣产品进行质量检验并对其进行分等处理。

（五）包装入库工序

这个环节需考虑产品所采用的商标形式及包装方式等，然后将产品包装入库并准备进入销售环节。

二、成形针织服装工艺要求

（一）缝纫要求

针织服装缝迹的拉伸力和强力应与衣身相吻合，除口袋以外，拉伸率达到130%。缝线原则上必须与成形针织服装的原料、颜色和纱线线密度相同，粗梳产品的缝线和机缝的面线应采用精梳毛纱。平缝、包缝等底线的捻度不能过高，要柔软、光滑、富有弹性并有足够的强力。

（二）缩绒要求

对于羊毛衫等成形服装来说，需要经过缩绒工序。缩绒属于湿整理工艺，利用的是毛纤维的缩绒特性。在一定的湿热条件及化学试剂作用下，经机械外力反复挤压，纤维集合体逐渐收缩紧密，并相互穿插纠缠、交编毡化的性能称为羊毛的缩绒性。通过缩绒工艺处理后的毛织物，具有独特的风格，显示出优良的弹性、保暖性、透气性和细腻蓬松的外观。缩绒适用于羊绒衫、兔毛衫、羊仔毛衫等粗梳产品，精梳产品也可在常温下短时间作净洗湿整理或轻缩绒整理，以改善产品的外观。

（三）熨烫要求

熨烫的目的是使产品具有持久、稳定的规格尺寸，熨烫后的针织服装外形美观，表面平整，具有光泽，绒面丰满，手感柔软并有身骨。熨烫时，将针织服装套上样板，温度一般控制在120~180℃，操作时防止烫黄和产生极光。针织服装在熨烫过程中，要进行抽风处理，使其快速冷却并降低湿度。

第四节　成形针织服装设计

一、成形针织服装设计来源

成形针织服装的设计来源不同，其设计内容、设计方法和要求也各不相同，成形针织服装的设计来源大体可分为仿制设计、改进设计和创新设计。

（一）仿制设计

仿制设计是指根据来样（客户提供或自己搜集），对来样进行分析、测试、研究后，按来样制定生产工艺的一种设计方法。

来样形式以成品为主，有服装成形产品、面料等，也有提供毛坯织物或照片的，后者给分析与设计带来一定的难度。

仿制设计的重点在来样分析上，难点是需要有丰富的实践经验和认真的精神。一般可按分析结果确定产品类别、用途、原料（含纤维种类、纱支、纱线种类等）与组织结构、生产设备、上机参数、染整工艺、成品工艺等，进行初步设计；接着，按初步设计工艺进行试织。在试织的同时，需不断地进行对照与测试，并予以调整，直至和来样相符（或客户满意）后，最终产生可批量投产的设计工艺文件（工艺单）。仿制设计在针织产品与企业生产中占有相当大的比例。

1. 来样设计

成形针织服装来样设计通常是根据客户提供的成衣样品进行产品设计。设计人员要对客户提供的成衣样品进行认真研究、仔细分析，并根据产品的使用对象，了解和掌握该产品面料的原料品种、纱线的线密度、组织结构，成衣的规格尺寸、款式特点、缝制加工方法及特点等一系列信息，在此基础上进行反复试制，以确保设计生产出的针织服装符合来样的标准。

2. 来单设计

成形针织服装来单设计通常是根据客户提供的成衣订单进行产品设计。设计人员要对客户提供的订单进行认真研究、仔细分析，并根据订单的要求，掌握该产品面料的原料品种、纱线的线密度、组织结构，成衣的规格尺寸、款式特点，纺制加工方法及特点等一系列信息，在此基础上进行反复试制，以确保设计生产出的针织服装符合订单的要求。

（二）改进设计

成形针织服装改进设计是设计人员根据消费需求和本企业的实际生产情况，对产品进行改进完善的开发与设计。

改进设计是指在来样的基础上，对来样性能或外观进行一定改变的设计方法。改进设计的重点在来样改变上，难点是怎样改变。对来样进行一定改变的目的一般有两种，一种是分析来样的某些性能与外观后认为不够理想，通过改进设计，使原有的性能或外观更佳。另一种则是对来样加工有一定困难，无法满足原有要求，通过改进设计，作适当的变换，使产品尽可能接近原有产品的性能或外观。不管哪种情况，其设计方法是一样的，即在分析来样的基础上，对原料品种、部分花型、某些工艺参数、工艺流程、生产环节、成品参数指标等作一定调整，并制定出改进设计工艺，然后生产出样、样品分析论证、样本认可，最后批量投产。

（三）创新设计

成形针织服装创新设计是设计人员根据市场需求和本企业的市场定位，综合考虑成形针织服装的风格、色彩、款式造型及结构特点，结合服装面料的原料品种、外观风格以及缝制加工工艺等多方面因素，从原料品种的选择到产品包装进行全方位的产品设计与开发。

创新设计是完全自由的一种设计方法。它没有什么约束，但需要大量市场信息，要很好地把握产品流行趋势与发展方向，设计思想新颖、视角切点独特、设计条件良好。尤其是作为创新设计的产品，一定要在应用新工艺、新技术、新原料、新设备、新款式等方面有至少一项或以上的突破。企业中创新设计的可能与否，一般在于企业对品牌设计的要求。名牌企业一般注重树立品牌形象，每年推出创新产品，其本身就具有很大的品牌广告效应。

二、成形针织服装设计内容

服装设计是艺术创作与实用功能相结合的设计活动，设计者在设计过程中必须依据 TPO 设计原则，即 Time（时间），Place（地点、场合），Object（目的、对象）。成形针织服装设计的内容主要包括造型设计、结构设计和工艺设计三个方面，也是整个服装设计中的三个阶段。

（一）造型设计

造型设计是指服装款式的构成、面料的选定和色彩的搭配等，其最终结果以服装效果图的形式来反映。造型设计是一种创造性的劳动，是形象思维的视觉艺术，每个有成就的服装造型设计者，都应有自己的独特风格。必须了解目标对象的心理爱好，熟悉他们的生活习惯，掌握美学、流行学、绘画、历史及针织面料等相关知识。

（二）结构设计

结构设计是指将造型设计的效果图，分解展开成平面的服装衣片结构图，以服装制图的形式反映。它既要实现造型设计的意图，又要弥补造型设计的某些不足，是将造型设计的构思变为实物成品的重要设计过程。

（三）工艺设计

工艺设计的主要内容包括：制定成形针织服装的编织工艺、缝制工艺及成品质量检验标准；成品尺码规格及其搭配；主料、衬料和辅料；明缝还是暗缝；是否需要进行热塑定形或热塑变形（即俗称归、拔工艺）等。工艺设计的结果是用符号、图表和有关文字说明来表现，是指导生产、保证产品规格和质量的重要手段。

❓ 思考题

1. 成形针织服装用原料主要有哪几大类？
2. 成形针织服装用筒子纱的卷装形式有哪几种？
3. 成形针织服装所用纱线线密度指标主要有哪些？它们之间如何换算？
4. 简述成形针织服装的工艺流程。
5. 简述成形针织服装的设计来源。
6. 成形针织服装工艺设计包括哪些内容？

➡ 实训项目：成形针织物原料设计

一、实训目的

1. 了解成形针织物原料种类。
2. 了解成形针织物原料的分析内容和方法。
3. 熟悉成形针织物原料的种类和选择依据。

二、实训条件

1. 材料：成形针织物样品若干、各种纱线若干。

2. 仪器用具：照布镜、剪刀、镊子、直尺、记号笔、测长仪、烘箱、天平、显微镜等。

三、实训任务

1. 分析成形针织样品用原料的组成、纤维的种类。

2. 确定所用原料的线密度和颜色等。

3. 根据所要设计成形针织产品的款式、风格及用途等选择原料。

四、实训报告

1. 成形针织物所用原料种类及相关指标。

2. 相关的测试分析方法和过程。

3. 总结本次实训的收获。

第二章 成形针织服装组织设计

第一节 成形针织服装组织结构的表示

为了简明清楚地显示纬编针织物的结构，便于织物设计与制定上机工艺，需要采用一些图形与符号来表示纬编针织物组织结构和编织工艺，目前常用的有线圈图、意匠图、编织图和三角配置图。

一、成形针织物线圈图

线圈在织物内的形态用图形表示称为线圈图或线圈结构图。可根据需要表示织物的正面或反面。如图 2-1 所示即纬平针组织正面线圈图和反面线圈图。

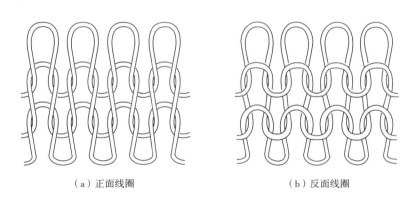

（a）正面线圈　　　　　　　　（b）反面线圈

图 2-1　线圈结构图

从线圈图中，可清晰地看出针织物结构单元在织物内的连接与分布，有利于研究针织物的性质和编织方法。但这种方法仅适用于较为简单的织物组织，因为复杂的结构和大型花纹一方面绘制比较困难，另一方面也不容易表示清楚。

二、成形针织物意匠图

意匠图是把针织结构单元组合的规律，用人为规定的符号在小方格纸上表示的一种图形。每一方格行和列分别代表织物的一个横列和一个纵行。根据表示对象的不同，常用的有结构意匠图和花型意匠图。

（一）结构意匠图

它是将针织物的三种基本结构单元：成圈（knit）、集圈（tuck）、浮线（float，也就是不编织，即 non-knit），用规定的符号在小方格纸上表示。一般用符号"⊠"表示正面线圈，"⊡"表示反面线圈，"⊙"表示集圈，"□"表示浮线（不编织）。图 2-2（a）表示某一单面织物的线圈图，图 2-2（b）是与线圈图相对应的结构意匠图。尽管结构意匠图可以用来表示单面和双面的针织物结构，但通常用于表示由成圈、集圈和浮线组合的单面变化与复合结构，而双面织物一般用编织图来表示。

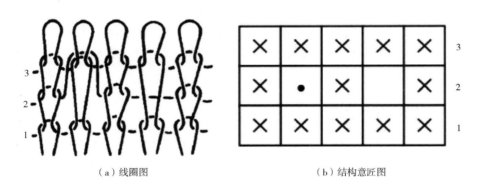

（a）线圈图　　　　　　　　　　　（b）结构意匠图

图 2-2　线圈图与结构意匠图

（二）花型意匠图

这是用来表示提花织物正面（提花的一面）的花型与图案。每一方格均代表一个线圈，方格内符号的不同仅表示不同颜色的线圈。至于用什么符号代表何种颜色的线圈可由制图人自己规定。图 2-3 为三色提花织物的花型意匠图，假定其中"⊠"代表黑色线圈，"⊡"代表红色线圈，"□"代表蓝色线圈。在织物设计、分析以及制定上机工艺时，请注意区分上述两种意匠图所表示的不同含义。

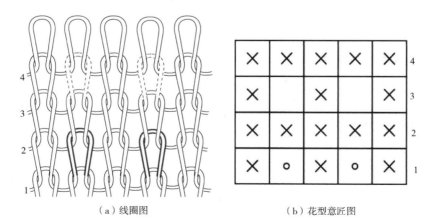

（a）线圈图　　　　　　　　　　　（b）花型意匠图

图 2-3　线圈图与花型意匠图

三、成形针织物编织图

编织图是将针织物的横断面形态，按编织的顺序和织针的工作情况，用图形表示的一种方法。图 2-4 表示了满针罗纹组织和双罗纹组织的编织图。

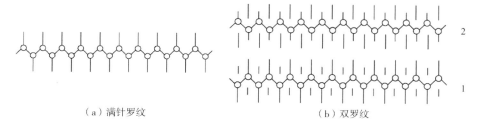

（a）满针罗纹　　　　　　　　　　　　（b）双罗纹

图 2-4　编织图

表 2-1 列出了编织图中常用的符号，其中每一根竖线代表一枚织针。对于纬编针织机中广泛使用的舌针来说，有高踵针和低踵针两种针（即针踵在针杆上的高低位置不同）。本书规定用长线表示高踵针，用短线表示低踵针。

表 2-1　成圈、集圈、不编织和抽针符号的表示方法

编织方法	织针	表示符号	备注
成圈	针盘织针		
	针筒织针		
集圈	针盘织针		
	针筒织针		
不编织（浮线）	针盘织针		针 1/1′，3/3′成圈 针 2/2′不参加编织
	针筒织针		
抽针			符号"○"表示抽针

编织图不仅表示了每一枚针所编织的结构单元，而且还显示了织针的配置与排列。这种方法适用于大多数纬编针织物，尤其是双面纬编针织物。

四、成形针织物三角配置图

在舌针纬编机上，针织物的三种基本结构单元是由成圈、集圈和不编织三角作用于织针而形成的。因此，除了用编织图等外，还可以用三角配置图来表示舌针纬编机织针的工作情况以及织物的结构，这在编排上机工艺的时候显得尤为重要。表2-2列出了三角配置的表示方法。

表2-2　成圈、集圈和不编织的三角配置表示方法

三角配置方法	三角名称	表示符号
成圈	针盘三角	∨
	针筒三角	∧
集圈	针盘三角	﹂
	针筒三角	﹁
不编织	针盘三角	—
	针筒三角	—

一般对于织物结构中的每一根纱线，都要根据其编织状况排出相应的三角配置。表2-3表示与图2-4（b）相对应的编织双罗纹组织的三角配置情况。

表2-3　编织双罗纹组织的三角配置

三角	位置	第一成圈系统	第二成圈系统
上三角	低档	—	∨
	高档	∨	—
下三角	高档	∧	—
	低档	—	∧

第二节　成形针织服装织物参数及性能

一、成形针织服装织物结构参数

1. 线圈长度

针织物的线圈长度是指每一只线圈的纱线长度，由线圈的圈干及沉降弧所组成，一般以毫米（mm）为单位。

线圈长度的近似计算和测量方法主要有三种：

（1）按线圈在平面上的投影长度进行计算；

（2）用拆散的方法求其实际长度；

（3）在编织过程中用仪器实测线圈长度。

线圈长度不仅与成形针织物的密度有关，而且对织物的脱散性、延伸性、柔韧性、透气性、保暖性、耐磨性、强力以及抗起毛起球性和抗勾丝性等也有很大影响，故为成形针织物的一项重要物理指标。

2. 密度

成形针织物的密度，用来表示纱线线密度相同的条件下成形针织物的稀密程度，是指针织物在规定长度内的纵行数或横列数。通常采用横向密度、纵向密度和总密度来表示。

（1）横向密度：简称横密，横向密度是指在线圈横列方向规定长度（100mm）内的纵行数。以下式计算：

$$P_A = \frac{100}{A}$$

式中：P_A——横向密度，纵行/100mm；

　　　A——圈距，mm。

由定义可知，在纱线线密度不变的情况下，P_A越大，则织物横向越紧密。

（2）纵向密度：简称纵密，纵向密度是指在线圈纵行方向规定长度（100mm）内的横列数，以下式计算；

$$P_B = \frac{100}{B}$$

式中：P_B——纵向密度，横列/100mm；

　　　B——圈高，mm。

由定义可知，在纱线线密度不变的情况下，P_B越大，则织物纵向越紧密。

（3）总密度：简称总密，表示单位面积（100mm×100mm）内的线圈数，以 P 表示。

$$P = P_A \times P_B$$

由定义可知，在纱线线密度不变的情况下，P 越大，则织物越紧密。

横机机号较低，横机成形织物线圈较大，密度较小，故规定长度一般取 100mm；圆机机号较高，圆机成形织物线圈较小，密度较大，故规定长度一般取 50mm；对于经编机来说，由于其机号更高，且多采用长丝作为原料，故其线圈更小，密度更大，故规定长度一般取 10mm。

由于成形针织物在加工过程中容易受到拉伸而产生形变，因此，对针织物来讲，原始状态不是固定不变的，这样就会影响实测密度的准确性。因而在测量针织物的密度前，应将试样进行松弛，使之达到平衡状态，这样测得的密度才有实际可比性。下机坯布不经过其他处理，室温下无张力平放 24h 以上，称为干松弛；无搅动、无张力下将织物浸湿（30℃，24h），无张力平放，烘干（40~60℃，0.5h），称为湿松弛；经滚筒洗涤脱水后，在 60~70℃滚筒式烘燥机上烘干（0.5~1h），称为全松弛。

3. 密度对比系数

成形针织物横向密度与纵向密度的比值，称为密度对比系数。用下式表示：

$$C = \frac{P_A}{P_B} = \frac{B}{A}$$

式中：C——密度对比系数。

由定义可知，C 值表示了织物中线圈的形态。C 值越大，则织物横向密度越大，即线圈越窄而长；C 值越小，则织物横向密度越小，即线圈越宽而短。密度对比系数与线圈长度、纱线线密度以及纱线性质有关。

4. 未充满系数

未充满系数表示成形针织物在相同密度条件下，纱线线密度对其稀密程度的影响，未充满系数为线圈长度与纱线直径的比值。

$$\delta = \frac{l}{f}$$

式中：δ——未充满系数；

l——线圈长度，mm；

f——纱线直径（可用理论计算求得），mm。

由定义可知，线圈长度愈长，未充满系数 δ 的值就越大，表明织物中未被纱线充满的空间越大，织物就越稀松。

5. 编织密度系数

编织密度系数又称覆盖系数或者紧度系数，表示成形针织物中纱线的覆盖程度。其计算公式为：

$$T_F = \frac{\sqrt{Tt}}{l}$$

式中：T_F——编织密度系数；

Tt——纱线的线密度，tex；

l——线圈长度，mm。

6. 单件重量

成形针织服装的单件重量是指单件成形针织服装在达到公定回潮时的重量（包括附属用料），计算精确至两位小数。它是成形针织服装成品检验通常需考核的指标之一。

$$G_0 = \frac{G_1(1 + W_0)}{1 + W_1}$$

式中：G_0——公定回潮时的单件重量，g/件；

G_1——每件实际重量，g/件；

W_0——公定回潮率；

W_1——实际回潮率。

7. 厚度

成形针织物的厚度取决于它的组织结构、线圈长度和纱线线密度等因素，一般以厚度方向上有几根纱线直径来表示。

8. 丰满度

用单位重量的成形针织物所占有的容积来表示丰满度，所占有的容积越大，坯布的丰满度就越好。丰满度用下式来表示：

$$F = \frac{T}{W} \times 10^3$$

式中：F——织物的丰满度，cm^3/g；

　　　W——标准状态时织物单位面积的重量，g/m^2；

　　　T——织物的厚度，mm。

从物理意义上讲，丰满度即织物的比容积，在一定程度上，它的大小反映出织物手感的好坏。

9. 缩率

成形针织物的缩率，是指织物在加工或使用过程中长度和宽度的变化。它可以由下式求得：

$$Y = \frac{H_1 - H_2}{H_1} \times 100\%$$

式中：Y——织物的缩率；

　　　H_1——织物原来的尺寸；

　　　H_2——织物收缩后的尺寸。

成形针织物的缩率可有正值和负值，如横向收缩而纵向增长，则横向收缩率为正值，纵向收缩率为负值。

二、成形针织物的主要性能

1. 脱散性

成形针织物的脱散是指当织物中纱线断裂或线圈失去串套联系后，线圈和线圈相分离的现象。当纱线断裂后，线圈纵行从断裂纱线处脱散下来，就会使成形针织物的强力和外观受到影响。成形针织物的脱散性与织物的组织结构、纱线的摩擦系数、织物的未充满系数、织物的密度和纱线的抗弯刚度等因素有关。

2. 卷边性

在自由状态下，某组织的成形针织物，其边缘发生包卷的现象称为卷边。这是因为线圈中弯曲的纱线具有内应力，力图伸直而引起的卷边。卷边性与织物的组织结构、纱线的弹性、纱线线密度、捻度、线圈长度以及织物密度等因素有关。

3. 延伸性

成形针织物的延伸性是指织物受到外力拉伸时的伸长特性。它与织物的组织结构、线圈长度、纱线性质、织物密度、纱线线密度等因素有关。成形针织物的延伸性可以分为单向延伸性和双向延伸性两种。

4. 弹性

成形针织物的弹性是指当引起变形的外力去除后，织物恢复原状的能力。它取决于织物的组织结构、纱线的弹性、纱线的摩擦系数和织物的紧密程度等。

5. 断裂强力与断裂伸长率

成形针织物在连续增加的负荷作用下，至断裂时所能承受的最大负荷，称为断裂强力，用牛顿（N）来表示。织物断裂时的伸长量与原来的长度之比，称为织物的断裂伸长率，用百分比表示。它们与织物的组织结构、线圈长度、纱线性质、织物的紧密程度、纱线的线密度等因素有关。

6. 顶破强度

成形针织物在连续增加的负荷作用下，至顶破时所能承受的最大负荷，称为顶破强度，用牛顿（N）来表示。它是成形针织服装成品检验通常考核的指标之一。

7. 柔韧性

柔韧性是表示成形针织物在服用过程中变形、合体情况的性质。柔韧性与纱线的抗弯刚度、织物的组织结构、织物的密度等因素有关。

8. 透气性

透气性是指成形针织物在服用过程中空气穿过织物的难易程度。透气性与纱线的线密度、几何形态以及织物的密度、厚度、丰满度、组织、表面特征、染整后加工等因素有关。

9. 保暖性

保暖性是指成形针织物在服用过程中保持温度、抵御寒冷的能力。保暖性与纱线的物理性质及织物的密度、厚度、丰满度、组织、表面特征、染整后加工等因素有关。

10. 耐磨性

指服用过程中，与其他物体相摩擦时，保持织物强度较少减弱和织物外观较小变化的能力。耐磨性与纱线的机械性质及织物的组织、密度、厚度等因素有关。

11. 耐老化性

耐老化性是指成形针织物在服用过程中耐日光、风、雨、紫外线等的能力。耐老化性与纱线的物理化学性质及织物的颜色、密度、厚度、表面状况等因素有关。

12. 勾丝和起毛起球

成形针织物在服用过程中，如碰到尖硬的物体，织物中的纤维或纱线就会被勾出，在织物表面形成丝环，称为勾丝。成形针织物在穿着和洗涤过程中不断经受摩擦，织物表面的纤维端就会露出于织物表面而起毛。若这些起毛的纤维端在穿着过程中不能及时脱落，就会互相纠缠在一起形成球形小粒，通常称为起球。影响勾丝和起毛起球的因素很多，主要有织物所用原料的性质、纱线的结构、织物组织结构、染整加工及成品的服用情况等。

第三节　成形针织服装组织分类及设计

一、成形针织物基本组织及设计

（一）纬平针组织及设计

纬平针组织（plain stitch）又称平针组织、单面组织，工厂里也常称之为单边。它由连续的单元线圈单向相互串套而成，其线圈结构如图2-5所示。

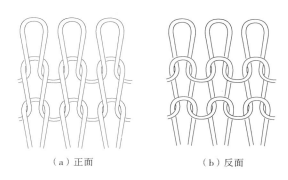

（a）正面　　　　　　　　（b）反面

图2-5　纬平针组织线圈结构图

纬平针组织是成形针织服装中最常见的组织，素色纬平针织物应用最为广泛，图2-6是纬平针组织的意匠图。图2-7是纬平针组织的编织图。

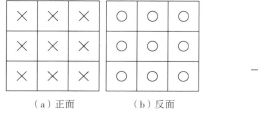

（a）正面　　　（b）反面

图2-6　纬平针组织的意匠图

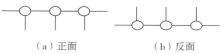

（a）正面　　　（b）反面

图2-7　纬平针组织的编织图

平针织物的特点是结构简单、轻薄、柔软，在纵、横向拉伸时具有较好的延伸性，且横向延伸性比纵向大，其边缘有较大的卷边性，织物容易沿顺编织方向和逆编织方向脱散。图2-8是纬平针组织的制版图。

（二）罗纹组织及设计

罗纹组织（rib）是双面组织，由正面线圈纵行与反面线圈纵行相间配置而成。根据

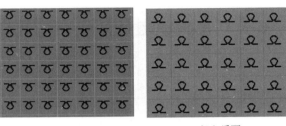

（a）正面　　　　　　　　（b）反面

图 2-8　纬平针组织的制版图

前后织针参加编织的状况分为满针罗纹织、1+1 罗纹、2+2 罗纹等。1+1 罗纹组织的线圈结构如图 2-9 所示。

　　自由状态下，单罗纹织物的两面都只能看到正面线圈的纵行，只有在拉伸的情况下才能看到被遮盖的反面线圈纵行。单罗纹组织的这种特性使得织物蓬松柔软，具有较大的弹性和横向延伸性。由于 1+1 罗纹组织中的卷边力彼此平衡，因此不会发生卷边现象。1+1 罗纹只能沿逆编织方向脱散。图 2-10 是 1+1 罗纹组织的意匠图，图 2-11 是 1+1 罗纹组织的编织图。

　　该组织常用于毛衫的下摆、裤口、袖口等弹性要求高的部位及衣片的起始横列。图 2-12 是 1+1 罗纹组织的制版图。

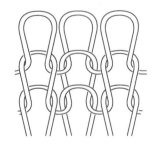

图 2-9　1+1 罗纹组织的线圈结构图

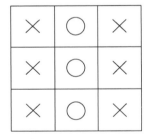

图 2-10　1+1 罗纹组织的意匠图

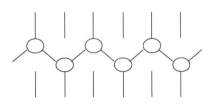

图 2-11　1+1 罗纹组织的编织图

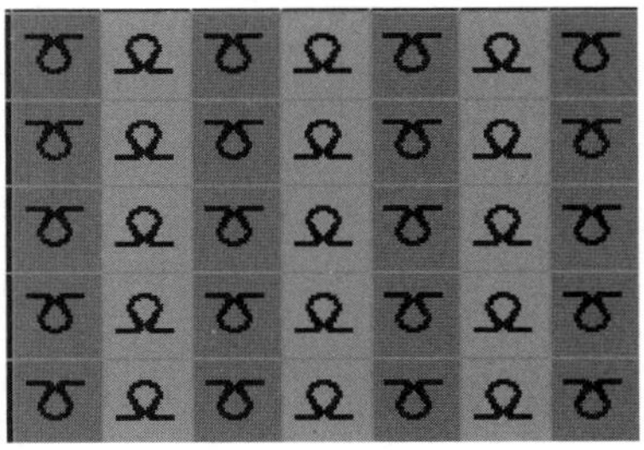

图 2-12　1+1 罗纹组织的制版图

（三）双反面组织及设计

双反面组织（purl stitch）也是双面纬编组织中的一种基本组织，它是由正面线圈横列和反面线圈横列相互交替配置而成。

图 2-13 所示为最简单、最基本的 1+1 双反面组织，即由正面线圈横列 1—1 和反面线圈横列 2—2 交替配置构成。双反面组织由于弯曲纱线弹性力的关系导致线圈倾斜，使正面线圈横列 1—1 的针编弧向后倾斜，反面线圈横列 2—2 的针编弧向前倾斜，织物的两面都呈现出线圈的圈弧凸出在前而圈柱凹陷在内，因而当织物不受外力作用

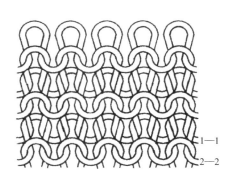

图 2-13　1+1 双反面组织的线圈图

时，在织物正反两面，看上去都像纬平针组织的反面，故称双反面组织。

在 1+1 双反面组织的基础上，可以产生不同的结构与花色效应。如不同正反面线圈横列数的相互交替配置可以形成 2+2、3+3、2+3 等双反面组织。又如按照花纹要求，在织物表面混合配置正反面线圈，可形成凹凸花纹。

双反面组织由于线圈朝垂直于织物平面的方向倾斜，使织物纵向缩短，因而增加了织物的厚度与纵向密度。双反面组织在纵向拉伸时具有较大的弹性和延伸度，超过了纬平针组织、罗纹组织和双罗纹组织，并且使织物具有纵横向延伸度相近的特点。

与纬平针组织一样，双反面组织可以在边缘横列顺和逆编织方向脱散，其卷边性随着正面线圈横列和反面线圈横列的组合而不同。对于 1+1 和 2+2 这种由相同数量正反面线圈横列组合而成的双反面组织，因卷边力相互抵消，故不会卷边。图 2-14、图 2-15 是 1+1 双反面组织的意匠图及编织图。

双反面组织只能在双反面机或具有双向移圈功能的双针床圆机和横机上编织。这些机器的编织机构较复杂，机号较低，生产效率也较低，所以该组织不如纬平针、罗纹和双罗纹组织应用广泛。双反面组织主要用于生产毛衫类产品。图 2-16 是 1+1 双反面组织的制版图。

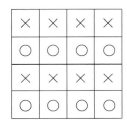

图 2-14　1+1 双反面组织的意匠图

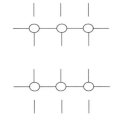

图 2-15　1+1 双反面组织的编织图

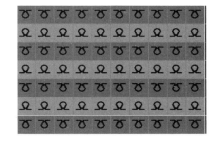

图 2-16　1+1 双反面组织的制版图

二、成形针织物变化组织及设计

(一) 变化平针组织及设计

图 2-17 显示了 1+1 变化平针（1+1 knit-miss jersey）组织的线圈结构。其特征为：在一个平针组织的线圈纵行 A 和 B 之间，配置着另一个平针组织的线圈纵行 C 和 D，它属于纬编变化组织。图示的这种结构一个完全组织（最小循环单元）宽 2 个纵行，高 1 个横列。变化平针组织中每一根纱线上的相邻两个线圈之间，存在较长的水平浮线，因此与平针组织相比，其横向延伸度较小，尺寸较为稳定。变化平针组织一般较少单独使用，通常是与其他组织复合，形成花色组织和花色效应。

图 2-18 和图 2-19 显示了与图 2-17 相对应的意匠图及编织图。其编织工艺为：在第 1 成圈系统，通过选针装置的作用，使 A 针和 B 针成圈，C 针和 D 针不编织，从而形成了编织图的第一行；在第 2 成圈系统，通过选针使 C 针和 D 针成圈，A 针和 B 针不编织，从而形成了编织图的第二行。在随后的成圈系统，按照此方法循环，便可以编织出变化平针组织。

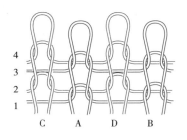

图 2-17　变化平针组织的线圈图

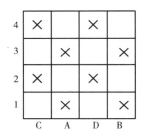

图 2-18　变化平针组织的意匠图

变化平针组织由于浮线的存在，织物延伸性小于平针，会逆编织方向脱散，具有卷边性。图 2-20 是变化平针组织的制版图。

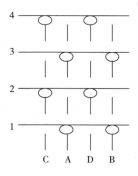

图 2-19　变化平针组织的编织图

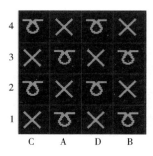

图 2-20　变化平针组织的制版图

（二）双罗纹组织及设计

双罗纹组织（interlock stitch）是由两个罗纹组织彼此复合而成，又称棉毛织物。图 2-21 是最简单和基本的双罗纹（1+1 双罗纹）组织的线圈图，在一个罗纹组织线圈纵行（纱线 1 编织）之间配置了另一个罗纹组织的线圈纵行（纱线 2 编织），由相邻两个成圈系统的两根纱线 1 和 2 形成一个完整的线圈横列，它属于一种双面变化组织。

在双罗纹组织的线圈结构中，一个罗纹组织的反面线圈纵行为另一个罗纹组织的正面线圈纵行所遮盖，即不管织物横向是否受到拉伸，在织物两面都只能看到正面线圈，因此也可称为双正面组织。

双罗纹组织与罗纹组织相似，根据不同的织针配置方式，可以编织各种不同的双罗纹织物，如 1+1、2+2 和 2+3 等双罗纹组织。图 2-22 是 1+1 双罗纹组织的编织图。

图 2-21　双罗纹组织的线圈图

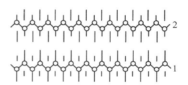

图 2-22　双罗纹组织的编织图

由于双罗纹组织是由两个罗纹组织复合而成，因此在未充满系数和线圈纵行的配置与罗纹组织相同的条件下，其弹性与延伸性都较罗纹组织小，尺寸比较稳定。

双罗纹组织的边缘横列只可逆编织方向脱散，由于同一线圈横列由两根纱线组成，线圈间彼此摩擦较大，所以脱散不如罗纹组织容易。此外，当个别线圈断裂时，因受另一个罗纹组织线圈摩擦的阻碍，不易发生线圈沿着纵行从断纱处分解脱散的梯脱情况。双罗纹组织还与罗纹组织一样，不会卷边。图 2-23 是 1+1 双罗纹组织的制版图。

图 2-23　双罗纹组织的制版图

根据双罗纹组织的编织特点，采用色纱经适当的上机工艺，可以编织出彩横条、彩纵条、彩色小方格等花色双罗纹织物（俗称花色棉毛布）。另外，在上针盘（后针床）或下针筒（前针床）上某些针槽中不插针，可形成各种纵向凹凸条纹，俗称抽条棉毛布。

在纱线细度和织物结构参数相同的情况下，双罗纹织物比平针和罗纹织物要紧密厚实，是制作冬季棉毛衫裤的主要面料。除此之外，双罗纹织物还具有尺寸比较稳定的特点，所以也可用于生产休闲服、运动装和外套等。

三、成形针织物花式组织及设计

（一）提花组织及设计

提花组织（jacquard stitch）是将纱线垫放在按花纹要求所选择的某些织针上编织成圈，而未垫放纱线的织针不成圈，纱线呈浮线状留在这些不参加编织的织针后面所形成的一种花色组织。其结构单元由线圈和浮线组成。提花组织可分为单面和双面两大类。

（1）由于提花组织中存在有浮线，因此横向延伸性较小，单面提花组织的反面浮线不能太长，以免产生勾丝疵点。对于双面提花组织，由于反面织针参加编织，因此不存在长浮线的问题，即使有浮线也被夹在织物两面的线圈之间。

（2）由于提花组织的线圈纵行和横列是由几根纱线共同形成的，因此它的脱散性较小。这种组织的织物较厚，平方米重量较大。

（3）由于提花组织一般由几个成圈系统才编织一个提花线圈横列，因此生产效率较低。色纱数愈多，生产效率就愈低，实际生产中一般色纱数最多不超过4种。图2-24是某单面两色提花组织的线圈结构图，图2-25是提花组织的意匠图。

图2-24　提花组织的线圈图　　　图2-25　提花组织的意匠图

提花组织可用于服装、装饰和产业等各个方面。在使用提花组织时，主要应用它容易形成花纹图案以及多种纱线交织的特点。服装方面可用作T恤衫、女装、羊毛衫等面料，装饰可用于沙发布等室内装饰，产业可用作小汽车的坐椅外套等。图2-26是两色提花组织的编织图，图2-27是两色提花组织的制版图。

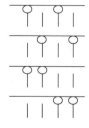

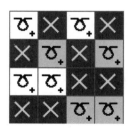

图2-26　两色提花组织的编织图　　　图2-27　两色提花组织的制版图

（二）集圈组织及设计

集圈组织（tuck stitch）是一种在针织物的某些线圈上，除套有一个封闭的旧线圈外，还有一个或几个未封闭悬弧的花色组织，其结构单元由线圈与悬弧组成。集圈组织可分为单面集圈和双面集圈两种类型。

集圈组织的花色变化较多，利用集圈的排列和使用不同色彩与性能的纱线，可编织出表面具有图案、闪色、孔眼以及凹凸等效应的织物，使织物具有不同的服用性能与外观。图2-28是集圈组织的线圈图。

集圈组织的脱散性较平针组织小，但容易勾丝。由于集圈的后面有悬弧，所以其厚度较平针与罗纹组织的大。集圈组织的横向延伸较平针与罗纹组织小。由于悬弧的存在，织物宽度增加，长度缩短。集圈组织中的线圈大小不均，因此强力较平针组织与罗纹组织小。图2-29、图2-30分别为集圈组织的意匠图及编织图。图2-31是集圈组织的制版图。

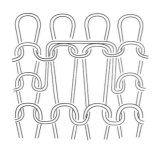

图2-28　集圈组织的线圈图

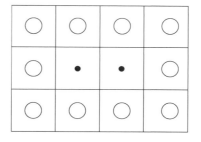

图2-29　集圈组织的意匠图

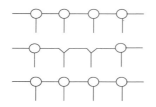

图2-30　集圈组织的编织图

图2-31　集圈组织的制版图

集圈组织在羊毛衫、T恤衫、吸湿快干等功能性服装方面得到广泛的应用。

（三）添纱组织及设计

添纱组织（plating stitch）是指织物上的全部线圈或部分线圈由两根纱线形成的一种花色组织。添纱组织一个单元添纱线圈中两根纱线的相对位置是确定的，它们相互重叠，不是由两根纱线随意并在一起形成的双线圈组织结构，如图2-32所示为普通添纱组织。图中1为地纱、2为添纱（面纱）。

图 2-33 所示是浮线添纱组织（float plating stitch）（又称架空添纱组织）的线圈图，它是将添纱 2 按花纹要求沿横向覆盖在地组织纱线 1 的部分线圈上。地组织为平针组织，纱线较细，添纱（即面纱）较粗，由地纱和面纱同时编织出紧密的线圈。在单独由地纱编织的线圈处，面纱在织物反面呈浮线，由于地纱成圈稀薄，呈网孔状外观，故称为浮线添纱。在袜品生产中利用这种组织可生产出网眼袜。

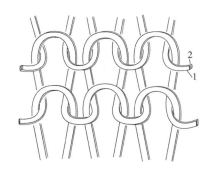

图 2-32　添纱组织的线圈图

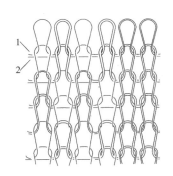

图 2-33　浮线添纱组织的线圈图

全部添纱组织的线圈几何特性基本上与地组织相同，但由于采用两种不同的纱线编织，织物两面具有不同的色彩和服用性能。当采用两根不同捻向的纱线进行编织时，还可消除针织物线圈歪斜的现象。部分添纱组织中有浮线存在，延伸性和脱散性较地组织小，但容易引起勾丝。以平针为地组织的全部添纱组织多用于功能性、舒适性要求较高的服装面料，如丝盖棉、导湿快干织物等。部分添纱组织多用于袜品生产。随着弹性织物的流行，添纱结构还广泛用于加有氨纶等弹性纱线的针织物的编织。

（四）衬垫组织及设计

衬垫组织（fleecy stitch）是以一根或几根衬垫纱线按一定的比例在织物的某些线圈上形成不封闭的悬弧，在其余的线圈上呈浮线停留在织物反面的一种花色组织。其基本结构单元为线圈、悬弧和浮线。衬垫组织常用的地组织有平针和添纱组织两种。

如图 3-34 所示。地纱（ground yarn）1 编织平针组织；衬垫纱（fleecy yarn）2 按一定的比例编织成不封闭的圈弧悬挂在地组织上。在衬垫纱和平针线圈沉降弧的交叉处，衬垫纱显示在织物的正面，如图中 a、b 处。这类组织又称两线衬垫组织，形成一个完全横列需要两个编织系统。如图 3-35 所示，第 1 编织系统喂入地纱，第 2 编织系统喂入衬垫纱，第 3、第 4 编织系统按此循环。由于衬垫纱不成圈，因此常采用比地纱粗的纱线，多种花式纱线可用来形成花纹效应。

由于衬垫纱的作用，衬垫组织与它的地组织有着不同的特性。

衬垫纱可用于拉绒起毛，形成绒类织物。起绒时，衬垫纱在拉毛机的作用下形成短绒，增加了织物厚度，提高了织物的保暖性。起绒织物表面平整，可用于保暖服装及运动衣。为了便于起绒，衬垫纱可采用捻度较低且较粗的纱线。

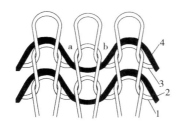

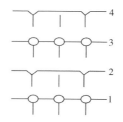

图 2-34　衬垫组织的线圈图　　　　　图 2-35　衬垫组织的编织图

衬垫组织类织物由于衬垫纱的存在，因此横向延伸度小，尺寸稳定，多用于外穿服装，如休闲服、T 恤衫等。通过衬垫纱还能形成花纹效应。可采用不同的衬垫方式和花式纱线，使用时通常将有衬垫纱的一面作为服装的正面。图 2-36 是衬垫组织的意匠图。图 2-37 是衬垫组织的制版图。

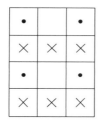

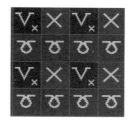

图 2-36　衬垫组织的意匠图　　　　图 2-37　衬垫组织的制版图

（五）衬纬组织及设计

衬纬组织（weft inlay stitch）是在纬编基本组织、变化组织或花色组织的基础上，沿纬向衬入一根不成圈的辅助纱线而形成。

图 3-38 所示的衬纬组织是在罗纹组织的基础上衬入了一根纬纱。衬纬组织一般多为双面结构，纬纱夹在双面织物的中间。

衬纬组织的特性除了与地组织有关外，还取决于纬纱的性质。若采用弹性较大的纱线作为纬纱，将增加织物的横向弹性，但弹性纬纱衬纬织物不适合制作裁剪类的服装，因为一旦织物被裁剪，不成圈的弹性纬纱将回缩。如果要生产用于裁剪缝制的弹性针织坯布，一般弹性纱线以添纱方式成圈编织。

当采用非弹性纬纱时，衬入的纬纱被线圈锁住，可形成结构紧密厚实、尺寸稳定、延伸度小的织物，适宜制作外衣。若衬入的纬纱处于正反面的夹层空隙中，该组织称为绗缝织物。由于夹层空隙中储存了较多的空气，故这种织物保暖性较好。

衬纬组织可编织圆筒形弹性织物来制作无缝内衣、袜子等产品或制作领口、袖口等。

（六）毛圈组织及设计

毛圈组织（plush stitch）是由平针线圈和带有拉长沉降弧的毛圈线圈组合而成的一种

花色组织（如图 3-39 所示）。毛圈组织一般由两根或三根纱线编织而成，一根编织地组织线圈，另一根或两根编织带有毛圈的线圈。毛圈组织可分为普通毛圈和花式毛圈两类，并有单面毛圈和双面毛圈之分。其中双面毛圈可以是在单面组织（如平针等）或双面组织（如罗纹等）基础上在织物两面形成毛圈，前者应用较多。

图 2-38　衬纬组织的线圈图

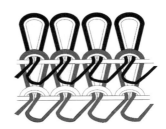

图 2-39　毛圈组织的线圈图

由于毛圈组织中加入了毛圈纱线，织物较普通平针组织紧密。但在使用过程中，由于毛圈松散，在织物的一面或两面容易受到意外的抽拉，使毛圈产生转移，这就破坏了织物的外观。因此，为了防止毛圈意外抽拉转移，可将织物编织得紧密些，增加毛圈转移的阻力，并可使毛圈直立。同时，地纱使用回弹较好的低弹加工丝，以帮助束缚毛圈纱线。

毛圈组织还具有添纱组织的特性，为了使毛圈纱与地纱具有良好的覆盖关系，毛圈组织应遵循添纱组织的编织条件。毛圈组织经剪毛和起绒后可形成天鹅绒与双面绒织物。毛圈组织具有良好的保暖性与吸湿性，产品柔软且厚实，适用于制作内衣、睡衣、浴衣、休闲服等服装，以及毛巾毯、窗帘、汽车坐椅套等装饰和产业用品等。

（七）纱罗组织及设计

纱罗组织（loop transfer stitch）是在纬编基本组织的基础上，按照花纹要求将某些针上的针编弧进行转移，即从某一纵行转移到另一纵行。根据地组织的不同，纱罗组织可分为单面和双面两类。利用地组织的种类和移圈方式的不同，可在针织物表面形成各种花纹图案。图 2-40 为一种单面网眼纱罗组织的线圈图。

图 2-41 为一种单面绞花纱罗组织的线圈图。移圈是在部分针上相互进行的，移圈处的线圈纵行并不中断，这样在织物表面形成扭曲状的花纹纵行。

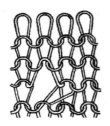

图 2-40　单面网眼纱罗组织的线圈图

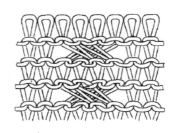

图 2-41　单面绞花纱罗组织的线圈图

纱罗组织的线圈结构，除在移圈处的线圈圈干有倾斜和两线圈合并处针编弧有重叠外，一般与它的基础组织并无多大差异，因此纱罗组织的性质与它的基础组织相近。

纱罗组织的移圈原理可以用来编织成形针织物、改变针织物组织结构以及使织物由单面编织改为双面编织或由双面编织改为单面编织。图 2-42、图 2-43 为单面网眼纱罗组织和单面绞花纱罗组织的意匠图。

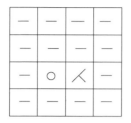

图 2-42　单面网眼纱罗组织的意匠图　　　　图 2-43　单面绞花纱罗组织的意匠图

纱罗组织的应用以纱罗网眼组织占大多数，主要用于生产毛衫、妇女时尚内衣等产品。图 2-44、图 2-45 为相应单面网眼纱罗组织和单面绞花纱罗组织的制版图。

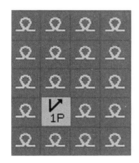
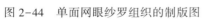
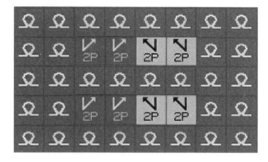

图 2-44　单面网眼纱罗组织的制版图　　　　图 2-45　单面绞花纱罗组织的制版图

四、成形针织物复合组织及设计

复合组织（combination stitch）是由两种或两种以上的纬编组织复合而成。它可以由不同的基本组织、变化组织和花色组织复合而成，并根据各种组织的特性复合成我们所要求的组织结构。复合组织有单面和双面之分。双面复合组织中，根据上下织针的排针配置的不同，又可分为罗纹型和双罗纹型复合组织。

（一）单面复合组织及设计

常用的单面复合组织是在平针组织的基础上，通过成圈、集圈、浮线等不同的结构单元组合而成。与平针组织相比，它能改善织物的脱散性，增加尺寸稳定性，减少织物卷边，并可以形成各种花色效应。

1. 单面集圈—平针复合组织及设计

图 2-46 所示是由成圈、集圈和浮线三种结构单元复合而成的单面斜纹（twill）织物。一个完全组织高 4 个横列宽 4 个纵行，在每一横列的编织中，织针呈现 2 针成圈、1 针集圈、1 针浮线的循环，且下一横列相对于上一横列右移一针，使织物表面形成较明显的仿哗叽机织物的斜纹效应。

由于浮线和悬弧的存在，织物的纵、横向延伸性减小，结构稳定，布面挺括。该织物可用来制作衬衣等产品。

2. 单面提花—平针复合组织及设计

图 2-47 是单面提花—平针复合组织。图中第 1 路编织中喂入色纱 1，织针选择规律为 2 针成圈、2 针浮线；第 2 路编织中喂入色纱 2，织针选择规律为 2 针浮线、2 针成圈；第 3 路编织中喂入色纱 3，织针选择规律为都成圈。织物三路一循环，呈两色提花加一色平针的效应。同时，因浮线的存在，使织物的横向延伸性变小，结构稳定性提高，织物较紧密。

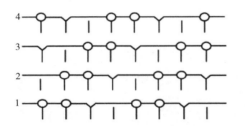

图 2-46　具有斜纹效应的单面复合组织

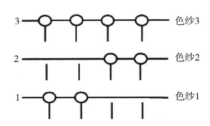

图 2-47　单面提花—平针复合组织

（二）双面复合组织及设计

由罗纹组织与其他组织复合而成的双面织物称为罗纹型复合组织，编织时上下织针呈一隔一交错配置。常用的罗纹型复合组织有罗纹空气层组织、点纹组织、罗纹网眼组织、胖花组织、衍缝组织等。

1. 罗纹类复合组织及设计

（1）罗纹—平针复合组织（罗纹空气层组织）及设计。图 2-48 所示为罗纹—平针复合组织，也称罗纹空气层组织，又称米拉诺罗纹组织。图中 3 路为一完全循环，第 1 路编织罗纹，第 2、3 路分别单独编织下针纬平针和上针纬平针。

该织物在纬平针横列处形成袋形双层空气层结构，并因单独编织的缘故，出现凹凸的横楞效应。罗纹空气层织物的正、反面外观相同，反面线圈一般不显露。织物的延伸性较小，尺寸稳定性提高，相比一般同类罗纹织物较厚实、保暖性好。

（2）罗纹集圈—提花复合组织及设计。图 2-49 所示为罗纹集圈—提花复合组织。图中 4 路为一个完全组织循环，第 1、2、3 路通过选针来编织不同颜色的纱线，形成单面提

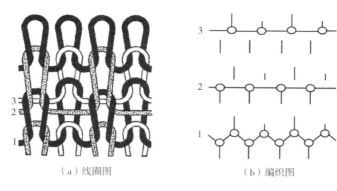

（a）线圈图　　　　　　　　（b）编织图

图 2-48　罗纹—平针复合组织（罗纹空气层组织）

花，即在正面形成 3 色提花效应。第 4 路编织罗纹集圈（上针成圈、下针集圈），且该路纱线不会显露在织物正面，而只在织物反面形成线圈。当第 4 路纱线采用不同性能的纱线时，如采用棉纱编织，而 1、2、3 路采用涤纶纱编织，则可形成正面色彩花型清晰，表面耐磨、挺括，反面柔软、穿着舒适的两面效应针织物。又由于集圈的复合，使织物不易脱散，服用性能提高。

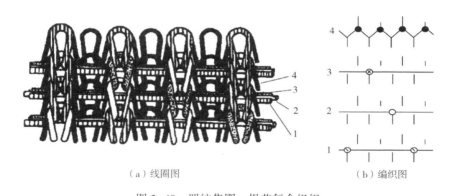

（a）线圈图　　　　　　　　（b）编织图

图 2-49　罗纹集圈—提花复合组织

（3）罗纹—提花复合组织（胖花组织）及设计。图 2-50 所示为罗纹—提花复合组织，也称胖花组织。图 2-50（a）为线圈结构图，图 2-50（b）为编织图与意匠图，图 2-50（b）左侧方格为对应的意匠图。图中 8 路进纱、4 个横列为一个完全组织，每 2 路编织一个横列。其中 2、4、6、8 路均单独选针编织黑纱（上针不编织），1、3、5、7 路则由白纱选针编织罗纹。由于黑纱形成的线圈不和上针联接，所以凸显在织物表面，并与白色线圈一起，在织物正面形成双色凹凸提花（胖花）效应。该图示为单胖组织。若需胖花线圈的凸出更加明显，则可采用双胖组织。

图 2-51 所示为双胖组织。图中 4 个横列 12 路进纱为一个完全组织，并仍以白纱做罗纹地组织，黑纱则按花纹要求连续 2 次正面单独编织（上针不编织），见 2、3 路，5、6 路，8、9 路，11、12 路。

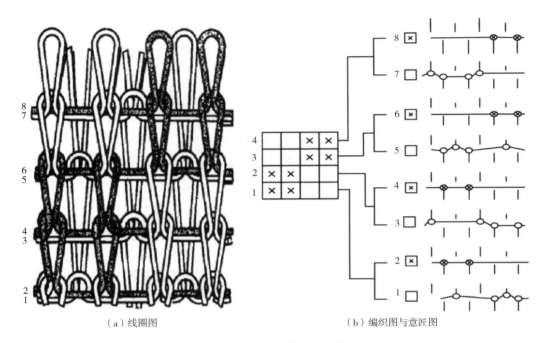

（a）线圈图　　　　　　　　　　（b）编织图与意匠图

图 2-50　罗纹—提花复合组织（单胖组织）

由于两个横列的单面编织，由此形成了胖花凸出更加明显的花纹效应。双胖织物的厚度、线密度均比单胖织物增加，但易勾丝或起毛起球。

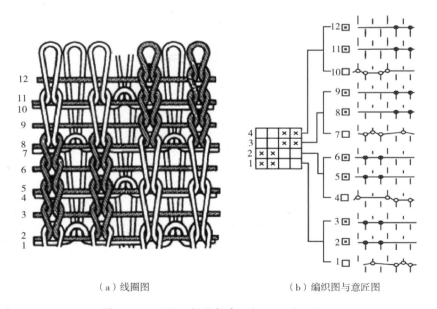

（a）线圈图　　　　　　　　　　（b）编织图与意匠图

图 2-51　罗纹—提花复合组织（双胖组织）

（4）罗纹—衬纬复合组织及设计。图 2-52 所示为罗纹—衬纬复合组织。图 2-52（a）为线圈结构图，图 2-52（b）为编织图。图中 12 路进纱为一完全组织，其中第 2、4、6、

8、10、12 路编织纬平针单面提花组织，第 1、3、5、7、9、11 路编织罗纹，并与 2、4、6、8、10、12 路互补一起形成正面花纹横列，若这两种组织分别采用色纱，则可形成色彩花纹效应。图中 a、b、c 为衬纬纱，分别衬在第 2、3 路间，第 6、7 路间和第 10、11 路间，在编织罗纹时衬入。如图 2-52（a）所示，衬纬纱被罗纹线圈夹在中间（即反面线圈纵行的前面，正面线圈纵行的后面），它由专门的导纱器完成，并以弹性纱线为主。

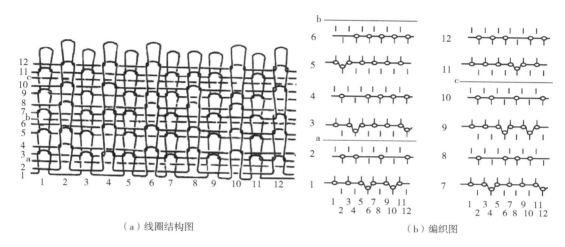

（a）线圈结构图　　　　　　　　　（b）编织图

图 2-52　罗纹—衬纬复合组织

罗纹提花—衬纬复合组织可使织物正反面的颜色和性能不同，并在正面形成提花效应的基础上，织物表面还会产生横条效应。又由于弹性衬纬纱的衬入，不仅使织物弹性增加，而且因罗纹反面纵行被收紧，织物正面线圈靠拢后，使织物正面花形更加清晰。

2. 双罗纹类复合组织及设计

在双罗纹组织基础上与其他组织复合而成的组织称双罗纹复合组织。其特点是织物结构较紧密，脱散性和延伸性较小。

（1）双罗纹—平针复合组织及设计。图 2-53 所示是一双罗纹与纬平针复合而成的双罗纹空气层组织，也称蓬托地罗马组织。图中 4 路进纱为一个完全组织，其中第 1、2 路分别编织高、低踵针罗纹，形成一个横列的双罗纹，第 3、4 路分别编织单面下针纬平针和上针纬平针，并在该单面编织处形成袋形空气层，同时出现横楞。该复合组织的织物较紧密，弹性较好。

（2）双罗纹—提花复合组织及设计。如图 2-54 所示为一双罗纹集圈与纬平针组成的复合组织。图中 4 路为一个完全组织，其中第 2、4 路分别按高、低踵针由涤纶丝编织上针集圈和下针成圈，完成下针一个横列线圈及上针一个横列集圈；第 1、3 路则采用棉纱，分别按低、高踵针单独编织上针单面纬平针，二路形成一个上针线圈横列。

该织物可呈两面效应，即织物正面为涤纶丝，反面为棉纱。因为涤纶丝编织的集圈被棉纱成圈线圈遮盖，而不显示在织物反面。若变换其他不同品种的原料纱线或上下针机号，则可以在织物正反面形成不同风格、不同性能、不同粗细的多种两面效应织物。

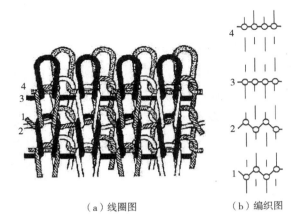

（a）线圈图　　　（b）编织图

图2-53　双罗纹空气层组织

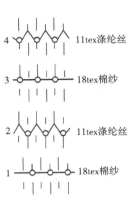

4 —— 11tex涤纶丝
3 —— 18tex棉纱
2 —— 11tex涤纶丝
1 —— 18tex棉纱

图2-54　双罗纹集圈—平针复合组织

❓ 思考题

1. 纬编针织物组织结构的表示方法有哪几种？各有何特点？

2. 线圈长度的近似计算和测量方法主要有哪几种？

3. 纱线线密度相同的条件下用来表示成形针织物稀密程度的指标有哪几个？请加以解释说明。

4. 影响成形针织物脱散性的因素有哪些？

5. 影响成形针织物延伸性的因素有哪些？

6. 影响成形针织物勾丝和起毛起球的因素有哪些？

7. 纬编成形针织物基本组织有哪几种？各有何特点？

8. 罗纹组织与双罗纹组织有何异同点？

9. 简述成形针织物花式组织的特点。

10. 简述罗纹空气层组织的结构及性能。

11. 已知纯毛针织绒线的公定回潮率为15%，在实际回潮率为60%时，求实际重量为500克的纯毛毛衫的单件重量。

12. 一块平针织物下机宽为20厘米，揉搓并静置后宽为21厘米，求其横向缩率。

13. 做出畦编、半畦编、空气层、半空气层组织的编织图。

14. 根据图2-55所给线圈结构图绘制出意匠图及编织图。

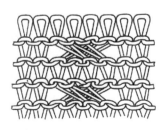

图2-55　线圈结构图

实训项目：成形针织服装的组织设计与上机织造

一、实训目的

1. 训练理论联系实际的能力。

2. 分析和设计成形针织物组织的能力。

3. 熟悉编织设备的实际操作，达到编织成形针织产品组织实物的效果。

二、实训条件

1. 材料：成形针织物样品若干、各种纱线若干。

2. 仪器用具：照布镜、天平、剪刀、烘干机、直尺、铅笔等。

3. 设备：编织针织物用的单双面纬编机。

三、实训任务

1. 分析成形针织样品组织结构。

2. 设计成形针织产品组织织物。

3. 调试设备，熟悉编织机的操作，完成试样编织。

四、实训报告

1. 测试成形针织物的实际参数。

2. 分析结果，与设计值进行对照，分析参数的异同，以及在织造过程遇到的问题及解决方法。

3. 总结本次实训的收获。

第三章　成形针织服装款式设计

第一节　色彩与针织面料

一、色彩的基础知识

（一）色彩的属性

1. 色彩的三要素

自然界的颜色归纳起来可以分为无彩色、有彩色和独立色三类。无彩色主要指黑色、白色以及各种深浅不同的灰色。有彩色是指光谱中所有具有色彩感的颜色，大量的有彩色是以赤、橙、黄、绿、青、蓝、紫作为基色，在基本色之间进行不同量的混合，从而产生千变万化的颜色。独立色是指金色和银色。

色相、明度、纯度是色彩的三大属性，也称色彩三要素，是人们认识色彩和区别色彩的重要依据。

（1）色相。色相指色彩的不同相貌，用 H（Hue）表示。色相取决于光线的波长，将不同波长的光按顺序，如红、橙、黄、绿、蓝、紫等排列，形成一个封闭的环状，称为色相环或色轮。在色相环中位置相近的色彩，它们之间所含相同颜色的成分就越多，颜色越相似（图3-1）。

（2）明度。明度是指色彩的深浅、明暗程度，用 V（Value）表示。明度是由色彩光波的振幅决定的，简单地来讲，当一个色彩加进白色时明度提高，加进黑色时明度降低，由此构成色彩的明度系列（图3-2）。

图3-1　24色相环

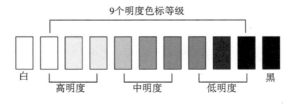

图3-2　明度等级

（3）纯度。纯度又称彩度、饱和度、含灰度等，也就是色彩的鲜艳程度，用 C（Chroma）表示。当一个色彩加入了其他色彩后其纯度就会变低，这种变化会得出高纯度色、中纯度色、低纯度色（图 3-3）。

图 3-3　纯度等级

2. 色调

色调是指色彩外观的重要特征与基本倾向，色调由色彩的色相、明度、纯度决定。

根据色相的不同，可以分为红色调、黄色调、蓝色调等；根据明度的不同，可以分为明色调、灰色调、暗色调等；根据纯度的不同，可以分为清色调、浊色调；根据给人带来的温度感觉的不同，可以分为冷色调、暖色调。

此外，将色相、明度和纯度因素结合起来考虑，还可以将色调分为对比色调、柔和色调、明快色调、明清色调、中清色调、暗清色调等。

（二）　色彩的情感

色彩是一种物理现象，但它能够让人们通过视觉产生联想从而引起心理反应。一种色彩究竟表现了怎样的情感，不仅因人而异，而且还受到各种客观条件的制约，使某些色彩在不同时代、不同地区具有不同的表情和意义。

以下是色彩的一些情感特性：

红色——火与血的颜色，象征热情奔放、喜庆、革命、危险等。

黄色——太阳光之色，象征光明、希望、明朗、温暖等。

绿色——大自然的草木之色，象征生命、健康、新生、希望等。

蓝色——天空海洋之色，象征平和、宁静、安定等。

白色——白雪之色，象征纯洁、素雅、庄严、坦率等。

黑色——黑夜之色，象征死亡、恐怖、庄重、严肃等。

紫色——高贵而庄重的颜色，象征优雅、虔诚、稳定、忧郁等。

二、色彩与面料

在造型设计中，色彩依附于一定的物质载体。成形针织服装色彩设计要考虑染料和纱线材质的因素。准确地说，针织面料的色彩属性受到染料类型、纤维对染料的可上染性、染料在纤维内的扩散速度以及温度和助剂等相关条件的影响。相同色号的颜色在不同的针织面料上会显示出不同的色感和风格，这些不同的表现与原料特点、染色性能、组织结构、织物风格等有着很大的关系。在进行针织服装色彩设计时，设计师必须了解针织面料的原料特点。

针织用纱种类很多，常用的有天然纤维纱与化学纤维纱，如棉纱、毛纱、麻纱、真丝、黏胶丝、涤纶丝、锦纶丝、腈纶丝、丙纶丝、氨纶丝等。由于不同纱线的纤维具有不同的截面形状和表面形态，面料对光的反射、吸收、透射程度也各不相同，从而赋予针织物不同的色彩感觉。总体来说，棉针织物着色后，色牢度较高，色彩丰富，一般会给人自然朴实、舒适、色泽较为稳重之感；麻织物具有淡雅、柔和的光泽，由于其具有优良的热交换性能，常作为夏季面料，色彩一般较为浅淡，给人凉爽、自然、挺括、粗犷之感；毛织物中，色彩花型根据品种而变化，用色力求稳重，常采用中性色，明度、纯度不宜过高，给人温暖、庄重、大方、典雅之感，色彩较为深沉、含蓄，即使是女装和童装的鲜艳色，色光也十分柔和；丝织物具有珍珠般的光泽，薄型织物光滑、轻薄、柔软、细腻，颜色高雅而柔美；化纤针织物可根据不同服装风格的要求，色彩极为丰富。

第二节　成形针织服装配色设计

一、成形针织服装的配色原理

（一）色彩的对比与调和

所谓色彩对比，就是说将色相、明度及纯度完全相异的颜色相互配置构成的配色效果。色彩的对比可以有强弱之分，可以根据设计目的有所侧重。色彩对比主要有以下几个方面。

色相对比：指将不同色相的色彩进行搭配形成的色彩关系，如蓝色与黄色、绿色与紫色等。

明度对比：指利用色彩的明暗关系所作的配色，如米白色与土黄色、深咖啡色与浅驼色、深灰色与浅灰色等。

纯度对比：指色彩鲜艳程度的对比关系，如单纯的浅红与复合的灰红、蓝与灰蓝等。

在配色过程中，如果充分地利用色彩的对比效果可以达到强调、突出色彩的配色目的。但是一味地注意色彩对比而忽略了色彩调和，则又会产生生硬、不和谐的配色关系。长期以来人们在追求对比变化的同时又不断地寻求着统一与和谐，为了达到这一目的，在配色时就得充分考虑色彩的对比与调和的平衡关系。在自然界中相同或相近的元素最容易达到调和。就色彩调和而言，有同一调和、类似调和、对比调和。

同一调和：指同一色相、不同明度、纯度色彩间产生的调和变化，如深蓝和浅蓝虽然明度差别较大，但因为它们属于同一色相因而显得十分谐调。

类似调和：指将色相相类似的颜色配合在一起，也就是说邻近色相互相配合而产生的舒服、和谐的色彩关系。

对比调和：指将色环中相互对比的颜色进行搭配，调整色彩的位置、面积以达到的调和。

一般色相、明度、纯度相近的颜色容易达到调和，而且类似调和较同一调和可以达到更加富于变化的色彩效果，但是搭配不好往往容易显得缺乏生气。而在色相环上近乎相对的补色及明度、纯度差别较大的色彩相互搭配时，虽然难度较大容易失败，但合理搭配可以得到新鲜、醒目的配色效果。

（二）色彩的面积与比例

色彩的面积与比例直接影响到色彩搭配的最终效果，无论是要达到色彩的统一调和还是对比变化，关键都在于控制色彩的面积与比例。特别是对比调和更须注意色相、纯度、明度三方面的比例关系。如红和绿是一对补色关系，如果用1：1的色彩关系，两色面积相当，势均力敌，无主次之分，就会互相排斥而产生一种十分不和谐的色彩效果；如果让其中一色处于强势，另一色处于从属地位的话，则会相安无事。俗语中的"万绿丛中一点红"就是利用色彩面积的悬殊对比达到醒目而和谐的配色效果。

（三）色彩的节奏与韵律

节奏与韵律原本是在音乐、舞蹈中使用的术语，借用到这里则是指色彩配置中出现的由颜色的组合排列形成的极富情调或意境的色彩关系。所谓节奏，可以理解为有规律的重复，而韵律则是富于情调及意境的节奏。常见的节奏可归纳为渐变节奏、反复节奏及复合节奏。

渐变节奏在色彩的配置上是指色相、纯度、明度按一定的色彩形状、色彩面积进行递增、递减，由小到大、由强到弱或由冷到暖、由深到浅、由纯到灰等逐渐过渡的色彩变化。

反复节奏是指将一个或由几个元素构成的色彩单元进行反复运用而形成的节奏。如在针织服装中纹样的交替与反复，同一色彩领、袖、袋的呼应都会构成反复节奏的效果。

复合节奏是指一种自由变化的节奏。它不同于渐变节奏和反复节奏那样有一定的规律可循，而是由较复杂的元素依设计者的心情及情绪等多种因素复合构成。复合节奏将色彩的明暗、鲜浊、冷暖以及形状加以综合考虑，形成极富生气且别具一格的配色效果。

总之，色彩的节奏与韵律是与人的视觉及心理感知密切相关的，必须经过大量的实践及体会才能获得真知。

二、成形针织服装的配色方法

（一）以明度为主的配色

如果将颜色组成的明暗关系称作明暗调子的话，就会形成由明亮色彩组成的高调、由深暗颜色组成的低调及由中度明暗色彩组成的中调。

1. 高调的配色（图3-4）

高短调：以高明度色彩为主形成明亮的弱对比效果，这种配色雅致、轻柔，富于女性化。高短调多用于春夏男女装。

高长调：在以高调为主的组合中配以明暗反差大的低调色，形成明暗对比很强的效果，如白与黑、浅米色与深棕色等。高长调给人一种明快、清爽、富于刺激的印象。多用于休闲、运动类服装。

高中调：在以高调为主的组合中配以中明度的色彩，形成有对比但不强烈的配色效果。这种组合明朗但不生硬，是日常装常用的色彩。

（a）高短调　　　　　　　（b）高长调　　　　　　　（c）高中调

图3-4　高调的配色

2. 中调的配色（图3-5）

中短调：由中明度色彩组合而成，是一种弱对比配色。其特点为朦胧、含蓄、安静，如果处理不好会产生沉闷之感。

中长调：以中明度色彩组合为主，采用高明度色或低明度色与之相对比，构成中调的强对比效果。中长调是一种具有男性化特点的配色关系。它沉稳有力、丰富饱满，是青年男性常用的配色，如牛仔蓝配米白、土黄灰配深棕色。

3. 低调的配色（图3-6）

低短调：以低调为主，是一种弱对比配色。其效果为低沉忧郁、稳重端庄。冬季服装配色多采用低短调。

（a）中短调　　　　　　　　　　（b）中长调

图 3-5　中调的配色

低中调：是以低调为主加少量亮色或暗色的配色。其效果庄重有力、明快利落，适合作为男女秋冬季服装的配色。

低长调：以低调为主配合反差大的高调色与之对比，构成低调中的强对比配色。此配色有爆发力，有时会显得刺目、突然，要小心使用。

（a）低短调　　　　　　　　（b）低中调　　　　　　　　（c）低长调

图 3-6　低调的配色

（二）以色相为主的配色（图 3-7）

1. 同类色配色

同类色是指对一个颜色进行不同明度、纯度的变化，得出一系列的色彩。如蓝色分别加进不同量的黑、白、灰，得出深蓝、淡蓝、灰蓝。由于同类色只是单一色相，不含其他色相，所以是非常容易调和的。同类色配色是服装配色中最常用的手段，也是学习配色的基础。配色时要注意处理色彩之间的明度对比关系，以防做出单调乏味的配色。

2. 邻近色配色

邻近色是指在色相环中选一个色并找到与之相邻的另一色，如黄色的邻近色是橙色、绿色，绿色的邻近色是黄色、蓝色等。邻近色配色形成的对比关系较同类色有所加强，其效果显得活泼。

3. 对比色配色

对比色是指在色相环上间隔120°左右的两色。例如，绿与紫、蓝与黄、红与蓝等，近乎三原色之间的对比。对比色的配色设计要比类似色更加鲜明，具有饱满、华丽、欢乐的感情特点。

4. 互补色配色

互补色是指在色相环上间隔180°左右的两色。例如，红与绿、黄与紫、蓝与橙等。互补色的配色设计，对比强烈，可刺激人的视觉感官。在设计过程中可以运用色彩间隔的原理在补色中加入黑、白进行间隔处理，形成醒目而单纯的色彩效果；也可以在任选的补色中将其中一色进行灰度处理，降低其色彩的鲜艳程度，让另一色保持原有鲜艳程度，产生强烈的鲜浊对比，有主有次；或者运用两对或三对补色进行并置，产生空间混合的色彩效果。

（a）同类色配色　　　（b）邻近色配色　　　（c）对比色配色　　　（d）互补色配色

图3-7　以色相为主的配色

（三）以纯度为主的配色（图3-8）

1. 高纯度配色

高纯度配色着重考虑色相关系，突出色彩的本来面貌，可配出强烈、浓艳的色彩效果。

2. 中纯度配色

中纯度配色加进适当的灰色，色彩显得浑厚沉稳，多由中等明度的色彩组成。

3. 低纯度配色

低纯度配色朴素无华，柔和中带有一点忧郁的气质。有时在其中点缀一些饱和色则会显得富有生气。

（a）高纯度配色　　　　　　　　（b）中纯度配色　　　　　　　　（c）低纯度配色

图 3-8　以纯度为主的配色

第三节　成形针织服装图案设计

织物的图案类型随流行周期、使用地区和产品大类的不同而不同，在设计手法、内容、风格、题材、情调等方面有各种不同的表现。从平面图形设计的角度，可以将针织物的花型图案分为几何纹样、写实纹样、抽象纹样等类型。

成形针织服装的花型图案设计可以通过以下途径实现，一是通过针织物的组织结构和织造方法在面料表面表现出肌理感和图形效果；二是通过后处理加工，将设计好的花型图案印染在成形衣片上。

例如，在针织织造过程中，每一横列或每几横列线圈，轮流喂入不同种类的纱线进行纱线调换，织物表面以色纱效应为主，显示色条图案；当色纱按照织造要求有选择地在某些织针上编织成圈时，色纱与组织同时起作用，织物表面则呈现提花图案。

一、几何纹样

几何图案具有简洁明快的造型特点，此类图案的取材可以参考二方连续和四方连续图案、民族图案、编织织物图案等。成形针织服装中最典型的几何纹样是条纹和格纹，形式多样，可变化组合运用。

（一）条纹（图 3-9）

条纹是花型图案中最简单的一种，是针织物在编织过程中轮流喂入纱线，用不同种类、不同色彩的纱线组成各个线圈横列的纬编织物，普遍应用于各种针织服装设计中。其在形状上可形成纵条、横条、斜条、阔条、窄条、凸条、提花条、花式条等，通过色彩及其宽窄的变化，可得到不同的外观效果。

图 3-9　条纹

（二）格纹（图 3-10）

　　格纹图案适用于各种针织物，有正方形、长方形、菱形等。格纹有由几个线圈组成的小方格，也有诸多线圈组合而成的大方格；色彩上有素色格、彩格；外形上有对称格和不对称格。格纹可以通过格子的组织结构、色彩提花以及各种组合进行种种变化。

图 3-10　格纹

（三）其他几何纹样（图3-11）

在成形针织服装中除了典型的格纹和条纹以外，还有一些其他类型的几何纹样。这些几何纹样多为一些简单几何形，例如三角形、八角形、十字形、圆形等，以及这些图形的组合形态。这些纹样在针织服装中运用可以是规则的也可以是不规则的。这些几何纹样结合不同的面料织造工艺，可以形成变化多样的服装风格。

图3-11　其他几何纹样

二、写实纹样

针织产品花型在编织过程中会受到一定的工艺限制，所以成形针织服装中的写实纹样主要通过两个途径获得。一是将写实图案通过艺术加工，进行简化处理，然后通过提花工艺表达出来。另一种是依靠各种印花方法使针织物表面形成花型图案。印花除了传统凹凸版印花和丝网印花以外，还可以采用数码印花，这是通过数据传输，将图案输入计算机，经计算机分色制版软件编辑处理后，由计算机直接控制特定设备，将染料印制到针织产品上而获取花型图案的一种印花技术。它具有印花精确度高、套色准确、色彩丰富和过渡自然的艺术特点。写实纹样根据题材的不同，可以分为植物、动物、人物等类型，具有生动活泼、造型丰富的特点，如图3-12所示。

图3-12　写实纹样

三、抽象纹样

抽象纹样是指对自然形象进行简化或重新安排所产生的具有新视觉形象特征的纹样类型。此类纹样大多具有自由、多变、无法具象描述等特点。在成形针织服装中，可以通过组织纹样、特种结构的纱线、各种印染后处理等方式获得各种抽象的纹样形式，如图 3-13 所示。

图 3-13　抽象纹样

第四节　成形针织服装款式设计

一、成形针织服装设计的灵感来源

成形针织服装设计是集基本设计元素为一体的综合行为，每一种基本元素在设计作品中都相互配合，形成统一的视觉效果。这些设计元素被称为设计的"灵感来源"。灵感具有偶然性、突破性和短暂性的特征，它常常需要外来因素的诱发启示和心理刺激。灵感来源的刺激是多方面的，对于服装设计师而言，不但要对时尚、色彩和服装敏感，还要对各种艺术形式感兴趣，如音乐、建筑、历史、民族传统文化、宗教文化以及绘画艺术等，这些都有可能成为设计亮点。及时用笔记录是一个很好的习惯，由灵感瞬间激发出的设计想法或款式构思，不但可以丰富调研报告的内容，也可以作为日后设计的参考。

（一）灵感来源于自然界

可以从大自然中直接获取灵感，大自然中一切花草树木、动物生灵、景色意境等，都是针织服装创作的优秀启迪者，它们以自己独特的美为设计者提供了丰富的设计素材（图 3-14）。

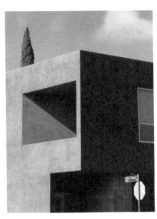

图 3-14　灵感来源于自然界

（二）灵感来源于历史文化

历史文化是人类生活要素形态特征的传承、积累和扩展，是人类文明发展的轨迹，是各地区、国家、民族之间相互交流、了解沟通、共同发展的媒介。

在世界文化之林，从工艺美术到绘画艺术，从淳朴的民间文化到豪华的宫廷气质，民族文化遗产是服装设计师灵感来源的经典范本。同样，从古希腊的瓶画到罗马的艺术装饰，从蒙德里安的冷抽象到康定斯基的热抽象，从日本的浮世绘画到欧洲的现代派绘画，从休养生息的瑜伽到足球运动的激情，从音乐的联想到文学的意境表达都能启发针织服装艺术设计的灵感构思（图 3-15）。

图 3-15　灵感来源于民族服饰文化的针织服装设计

（三）灵感来源于时尚资讯

把握服装流行发展的脉搏，需要设计师在各种资讯中找到创作的灵感，现代快捷丰富的资讯向设计师展示了几乎所有与纺织服装相关的产品信息。相关的时尚款式、美容化妆、服饰潮流等可使设计师保持新鲜的时尚意识，同时均可作为设计背景素材，为设计师提供相应的理论和形象依据（图3-16）。

图3-16　灵感来源于时尚资讯

二、成形针织服装的主题设计

成形针织服装的主题设计首先应收集相关的灵感素材图片，根据图片进行色彩元素提取，然后使用AI软件进行面料色彩创意、面料花型设计，最终将以上内容整合成完整的主题版面。

（一）面料色彩创作

利用Adobe Illustrator cc2017设计软件进行针织面料色彩创作，包括色彩采集、色卡制作、色彩比例分配等相关内容。

具体步骤如下：

（1）新建文档：启动Adobe Illustrator cc2017，可进入其操作界面，选择菜单栏中【文件】下的【新建】（图3-17），在新建对话框中修改名称"成形针织服装主题设计"，设置画板大小、单位、方向以及色彩模式（图3-18）。

（2）置入灵感来源图片：选择菜单栏中【文件】下的【置入】（图3-19），选择所需的灵感来源图片，左手按shift键，同比例放大缩小到合适尺寸。

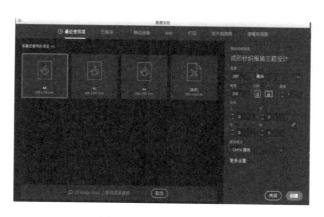

图 3-17　新建主题文件　　　　　　　图 3-18　设置文件参数

（3）创建色卡：在灵感来源中，设计人员需要根据设计主题挑选出图片中主要的几种色彩，并且将其标志性色彩分别展现出来。

接下来，使用工具箱中的【吸管工具】（图 3-20），鼠标回到灵感来源图片中，左键点击所选的色彩区域，工具箱中填充色即显示出吸管所吸取的颜色。

然后选择工具箱中的【矩形工具】（图 3-21），在画板中单击左键即弹出矩形对话框。

在选项框中调整宽度为 35mm，调整高度为 15mm，最后点击确定创建一个矩形方框，随即选择的颜色就被填充到所创建的矩形框中（图 3-22）。

图 3-20　选择吸管工具

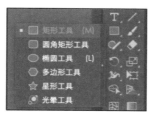

图 3-19　置入灵感来源图片　　图 3-21　选择矩形工具　　　图 3-22　设置矩形参数

按照以上方法找到图片中的 7 种主要颜色（图 3-23）。

（4）创建色彩比例搭配设计：创建一个宽度为 15mm、高度为 125mm 的矩形框（图 3-24）。然后使用工具箱中的【直线段工具】，在矩形框内画横线分割线，用于色彩分区（图 3-25）。

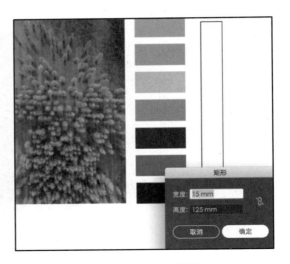

图 3-23　采集图片色彩并制作色卡　　　　　图 3-24　创建矩形框

接下来使用工具箱中的【选择工具】，全选所画的矩形路径，再使用工具箱中的【实时上色工具】，给每个色彩区域填色（图 3-26）。

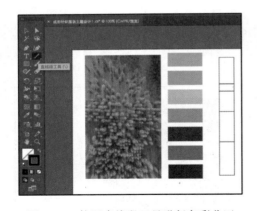

图 3-25　使用直线段工具进行色彩分区　　　　图 3-26　使用实时上色工具进行区域填色

（5）复制调整新的色彩搭配：使用工具箱【选择工具】，全选前一个色彩搭配方案，按下 Alt 键，拖动复制一个新的色彩搭配矩形框放在旁边（图 3-27）。然后再使用工具箱中的【直接选择工具】，逐一调整横向直线，以此调整色彩比例搭配关系（图 3-28）。按照以上方法，复制一系列矩形色彩比例搭配图样，并且注意调整不同色彩的比例搭配关系（图 3-29）。最后，使用【选择工具】，框选所有色彩比例搭配图样，并且在工具箱中将描边调整为无，目的是避免后期在创建四方连续图案时描边线。

（二）图案花型创作

利用 Adobe Illustrator cc2017 设计软件进行成形针织服装常用图案花型的创作，主要介绍条纹面料和提花面料的纹样设计与制作方法及步骤。

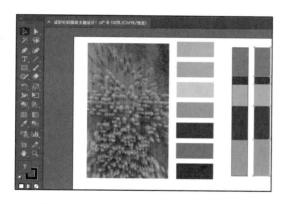

图 3-27　拖动复制新的色彩搭配矩形框

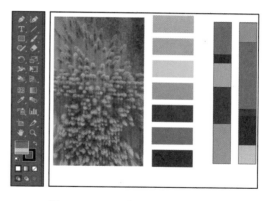

图 3-28　调整色彩比例搭配关系

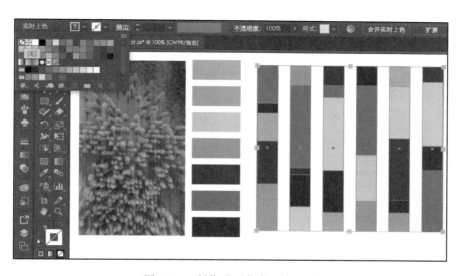

图 3-29　制作系列色彩比例搭配

具体步骤如下：

（1）针织面料间条花型系列设计：使用工具箱中的【选择工具】，框选某一个色调，调整色彩比例搭配方案，选择菜单栏中【窗口】下的【变换】，将宽度和高度都调整为15mm，并且拖动至【色板调色板】中，用创建四方连续图案的方法可以设计出不同的间条（图 3-30）。使用【矩形工具】建立一个 56mm×56mm 的无描边矩形，并填充之前制作出的色板（图 3-31）。按照以上方法，使不同色彩搭配方案，能够形成不同效果的系列间条设计（图 3-32）。

（2）针织面料提花花型系列设计：创建一个路径图案，并且进行实时上色，选择填充色卡中的色彩（图 3-33）。然后使用【选择工具】框选图案，将描边设置为无，并且拖动至【色板调色板】中。接下来，在工具箱中的填充色中使用该图案，鼠标单击【矩形工具】配合 shift 键，拖出一个正方形的四方连续图案。同时，可以配合工具箱中的【比例缩放工具】，使同一色彩图案形成不同的面料设计效果（图 3-34）。

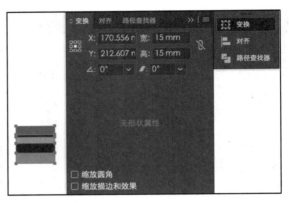

图 3-30　工具选择与参数设置

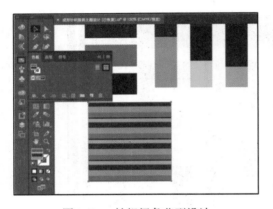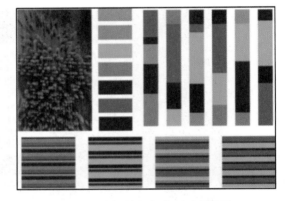

图 3-31　针织间条花型设计　　　　　　　图 3-32　针织间条花型系列设计

（3）多种色彩搭配设计：利用【实时上色工具】，将图案改变成不同的色彩搭配，同时可以在底部使用不同颜色，以设计出丰富多彩的针织提花花型（图 3-35）。

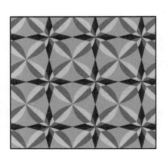

图 3-33　色彩填充　　　图 3-34　连续纹样　　　图 3-35　系列针织提花花型设计

（4）实例制作四方连续纹样：

①新建文档：启动 Adobe Illustrator cc2017 之后，即可进入操作界面，选择菜单栏中【文件】下的【新建】，在弹出的对话框中设置文件名称、尺寸、纸张方向、颜色模式。

②符号喷绘：使用工具箱中的【星形工具】和【椭圆工具】（图3-36），并按shift在不同的图层中绘制出五角星和圆形图案（图3-37）。然后使用【选择工具】选择所有图案，右键选择建立剪切蒙版（图3-38）。对图形进行调整，按照如上方法制作各种装饰图案。打开菜单栏中【窗口】—【符号】，打开【符号】选择其中一个符号（图3-39）。使用工具箱中【符号喷枪工具】，在画面中点击鼠标左键（图3-40），然后使用【选择工具】按照设计预想，等比例放大、缩小和移动位置，获得最终效果（图3-41）。

图3-36　使用形状工具

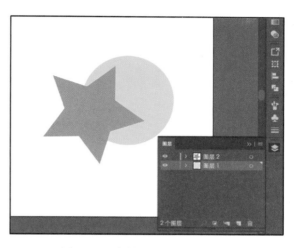

图3-37　绘制星形与椭圆形图案

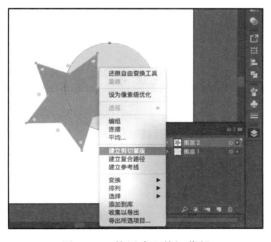

图3-38　使用建立剪切蒙版

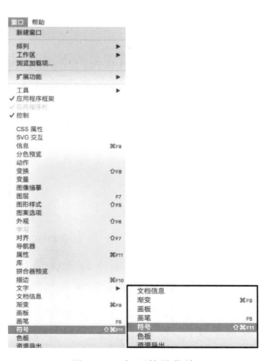

图3-39　打开符号菜单

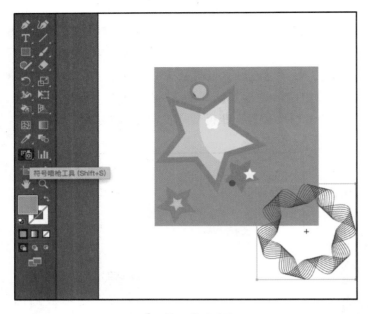

图 3-40　使用符号喷枪工具

图 3-41　调整图形比例

③使用【选择工具】选择所有元素，拖至【色板调色板】，再使用【矩形工具】，随意在空白处绘出一个矩形，并用刚才新建的色板进行填充。利用不同的图案组合、颜色搭配和比例缩放将得到各种丰富多彩的四方连续图案（图 3-42）。

三、成形针织服装的款式设计

（一）平面款式图

步骤如下：

（1）新建文档：启动 Adobe Illustrator cc 2017 之后，即可进入操作界面，菜单栏下选择【文件】—【新

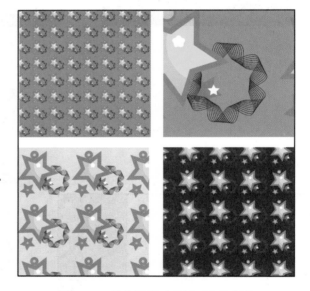

图 3-42　单位图形元素循环变化所得
的四方连续图案

建】，在弹出的对话框中设置文件名称、尺寸、纸张方向、颜色模式。

（2）置入参考图片：菜单栏下选择【文件】—【置入】，选择所需参考图片，使用【选择工具】，按下 shift 键，等比例缩放至合适大小。使用菜单栏下【窗口】—【透明度】，使用【选择工具】选择图片，修改透明度（图 3-43）。然后使用【直线工具】在不同图层绘制出对称参考线（图 3-44）。

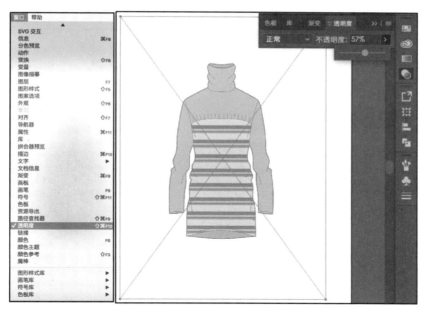

图 3-43　选择图片，修改透明度

（3）绘制轮廓：使用【钢笔工具】绘制出服装的半边轮廓（设置为无填色、黑色描边、描边粗细为 2pt）（图 3-45），使用【选择工具】选择路径，然后使用【镜像工具】，按 Alt 键定对称中心，并设置成垂直对称进行复制（图 3-46），使用【选择工具】选中全部路径，打开菜单栏下【窗口】—【路径查找器】，并将路径进行合并（图 3-47）。

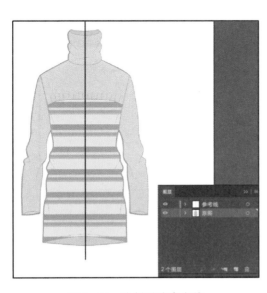

图 3-44　绘制对称参考线

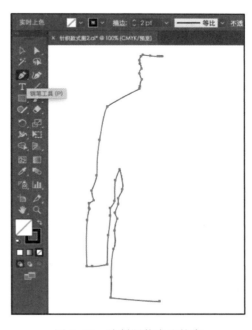

图 3-45　绘制服装半边轮廓

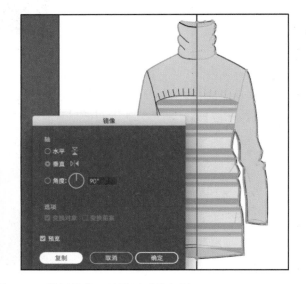

图 3-46 使用镜像工具设置对称复制

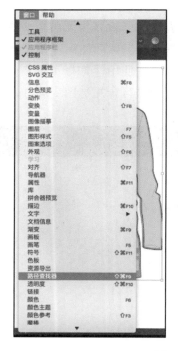
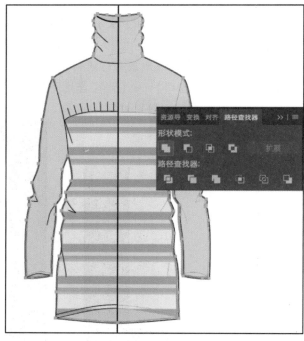

图 3-47 合并路径绘制完整外轮廓

（4）绘制服装褶皱：在不同图层使用【钢笔工具】绘制出服装的褶皱（设置为无填色、黑色描边、描边粗细为1pt），同步骤（3）复制出另一半（图3-48）。

（5）上色：使用【选择工具】全选路径，利用【实时上色工具】进行上色，可使用条纹花型系列设计色板进行填色（图3-49）。

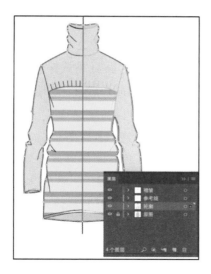

图 3-48 绘制服装褶皱

图 3-49 对面料进行填色

（二）服装效果图

步骤如下：

（1）新建文档：启动 Adobe Illustrator cc2017 之后，即可进入操作界面，菜单栏下选择【文件】—【新建】，在弹出的对话框中设置文件名称、尺寸、纸张方向、颜色模式。

（2）置入图片：打开菜单栏下【文件】—【置入】，置入所需图片，调整透明度，锁定图层（图 3-50）。

（3）绘制路径：鼠标单击工具箱中的【钢笔工具】绘制出人物基本路径（外轮廓设置为无填色、黑色描边、描边粗细为 2pt，其他褶皱线为 1pt），为了方便后续操作在绘制路径时最好建立图层并对其命名（图 3-51）。

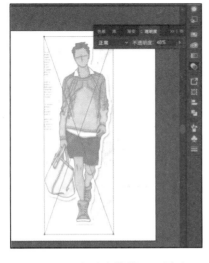

图 3-50 新建文档并置入图片

图 3-51 描绘人物

（4）在上一步绘制路径的基础上，利用【实时上色工具】对各个图层填充需要的前景色，或使用色板中前面所绘制的不同四方连续元素，最后以 ai 格式保存（图 3-52）。

（5）利用 Adobe Photoshop cc2017 处理服装效果图的后期修饰：

①启动 PS 之后，即可进入操作界面，在菜单栏下选择【文件】—【打开】，打开之前保存为 ai 格式的效果图。

②新建图层，命名为"阴影"，设置为正片叠底，不透明度为 74%（图 3-53）。使用工具箱中的【快速选择工具】，快速选区（图 3-54）。在"阴影"图层，使用【画笔工具】，并设置画笔硬度为 0%（图 3-55），绘制人物和服饰的阴影部分（图 3-56）。

图 3-52　进行各图层填色

图 3-53　新建"阴影"图层并设置参数

图 3-54　快速选区

图 3-55　在"阴影"图层使用画笔工具

图 3-56　绘制人物与服饰的阴影细节

③完成：添加图层，利用工具箱【油漆桶工具】，用白色对图层进行填色作为底色（图 3-57）。最后，保存为 jpg 格式。

图 3-57　完成背景色彩绘制

（三）款式设计完整主题板制作

经过面料设计、成形针织服装平面款式设计、服装效果图绘制的学习，可以根据设计思路，将所有的素材元素进行整合，以主题板的形式表达出来。

成形针织服装设计主题板制作，包括主题名称、设计构思、色卡、面料小样、平面款式图、成衣效果图等内容（图 3-58、图 3-59）。

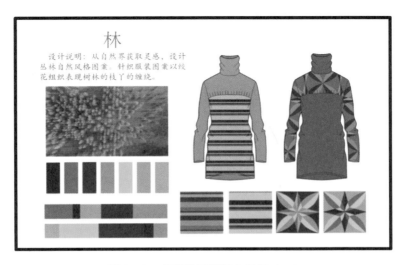

图 3-58　成形针织服装主题板（一）

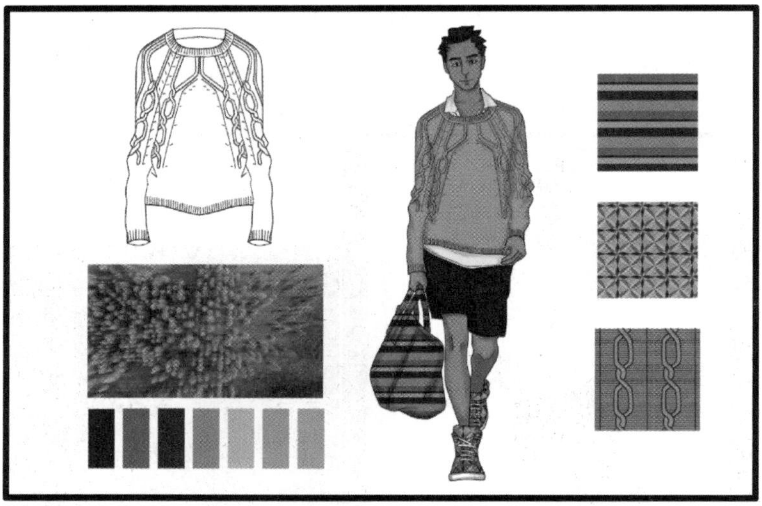

图 3-59　成形针织服装主题板（二）

思考题

1. 色彩的三要素指的是什么？各有什么含义？
2. 什么是色调？色调的分类是什么？
3. 简述色彩对比的内容。
4. 简述成形针织服装常见的图案纹样。
5. 简述成形针织服装设计的灵感来源。

实训项目一：绘制成形针织服装色彩间条和提花

一、实训目的

1. 训练理论联系实际的能力。
2. 熟悉成形针织服装色彩和花型的灵感创作。
3. 掌握计算机辅助设计在成形针织服装设计中的应用。

二、实训条件

1. 作图工具：铅笔、直尺、纸张、剪刀等。
2. 计算机辅助设计软件：Adobe Illustrator 设计软件，或者其他相关软件。

三、实训任务

1. 寻找灵感来源图片一张，提炼 5 个主要色彩。
2. 进行色彩间条二方连续设计。
3. 进行色彩提花四方连续设计。

四、实训报告

1. 色彩模式为 CMYK。

2. 灵感来源、色卡、面料设计和图案展示在一张 A4 纸上。

3. 总结本次实训的收获。

实训项目二：绘制成形针织服装款式线描图

一、实训目的

1. 训练理论联系实际的能力。

2. 掌握成形针织服装款式图的绘制方法。

3. 掌握计算机辅助设计在成形针织服装款式图绘制中的应用。

二、实训条件

1. 作图工具：铅笔、直尺、纸张、剪刀等。

2. 计算机辅助设计软件：Adobe Illustrator 设计软件，或者其他相关软件。

三、实训任务

1. 网络下载或者通过拍摄、扫描等方法收集成形针织服装图片若干张。

2. 使用钢笔工具线描成形针织服装款式结构。

四、实训报告

1. 色彩模式为 CMYK。

2. 纸张页面为 A4。

3. 绘制成形针织服装款式图，要求图层分解细致、清楚。

4. 总结本次实训的收获。

第四章　成形针织服装规格设计

第一节　人体特征以及人体测量

服装的服务对象是人，无论是服装款式设计、结构设计都是以人体为核心展开的。人体的体型千差万别，它直接决定服装结构设计的技巧和原理。"量体裁衣"四个字很好地展现了人体与服装的关系，所有的服装规格设计都离不开人体体型数据和基本结构。只有分析人体构造形态，掌握大量的人体体型数据才能做出适合人体体型的服装。成形针织服装以人体为载体，结合人体形态、款式与针织服装特性最终确定服装纸样。

一、人体主要部位构成

人体的不同部位、体表的形态对服装结构设计起着指导作用。根据人体外形及关节活动，人体可以划分为头部、躯干、上肢、下肢四个部分，如图4-1所示。

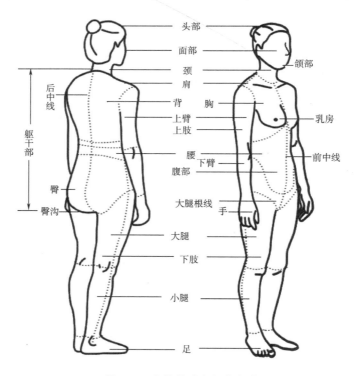

图4-1　人体构成各部位名称

1. 头部

头部与颈部的界线为从下颌的下缘沿左右耳根的下端到达头部后面隆起的线。头部的结构在服装设计中涉及比较少，只在连帽衫、雨衣、风衣等帽子起到一定功能性的服装中才加以考虑。

2. 躯干

躯干由颈、肩、胸、腰、臀五个部分组成。其中胸、腰、臀是主要部分，其变化会直接影响服装结构及造型的变化。

（1）颈部。颈部是人体躯干中最活跃的部位之一，它将躯干与头部连接起来，主要决定衣片领窝线及领片。颈部与头部均是设计连帽领的依据。

（2）肩部。肩部位于躯干部位最上面，与胸部没有明确的界线，在服装款式设计上肩部决定造型的形态风格，肩线是前后衣片的分界线，受人体肩斜度影响。

（3）胸部。胸部包括胸前后部位，胸部的后面被称为"背部"，胸背部的分界以胁线为基准，胁线即身体厚度中央线。胸部的形态因性别、年龄、种族、发育、营养等因素各不相同，是服装结构设计中的重点和难点。

（4）腰部。腰部除后面的体表有脊柱之外无其他骨骼，它对服装结构设计的重要价值是确定腰围线。

（5）臀部。腰围线以下至大腿根线以上之间的躯干部位。在服装结构设计中通常将臀部与腹部结合在一起考虑，它们与下肢紧密相连，形成下装衣片。

胸部和臀部是以腰线划分的，腰部活动时，整个躯干形成由腰部连接的运动体。因此，在服装结构设计时，应综合考虑胸、腰、臀静态和动态活动需要。

3. 上肢

上肢是由上臂、下臂和手三部分组成，肘关节至肩部为上臂，肘关节至手腕部位为下臂，手腕至指尖为手部。当上肢自然下垂时，其中心线并不是直线，从人体侧面观看，下臂略向前倾斜，当手心向前时，下臂略向外侧倾斜。

上肢与肩部以通过肩端点、前腋点、后腋点的矢状面即臂根切断面为分界。上肢的活动范围较大，整个上肢由肩关节带动，可以前后摆动、侧举、上举和环转，肘关节处上臂与下臂之间可以屈伸。腕关节处可以二维方向转动。因此，在服装结构设计中，不仅要关注上肢的静止形态，还要了解其运动中的形态特征，掌握其活动规律。

4. 下肢

下肢由大腿、小腿和足三部分组成，大腿根线是下肢与躯干的分界线，大腿根线至膝线的部位为大腿，膝线至脚踝为小腿，脚踝到趾尖为足部。腿部从人体正面观察上粗下细，大腿从上至下略向内倾斜，而小腿近于垂直状。从人体侧面观察，大腿略向前弓，小腿略向后弓，形成S形曲线，如图4-2所示。

膝关节处大腿与小腿之间可以屈伸，踝关节处可以二维方向转动。与服装结构关系较大的是大腿与躯干连接部位的形态与活动以及膝关节的动态特征。

二、人体基本构造

人体由骨骼、关节、肌肉、脂肪和皮肤等组成。骨骼、肌肉和脂肪共同形成了人体的外部形体特征。骨骼是人体的支架，它主要决定了人体的高度及各部位比例关系，对人体围度也有影响。骨骼与骨骼连接的部位被称为关节，它决定人体的运动特点和运动范围。肌肉和脂肪附着于骨骼和关节之上，是体表形态的决定因素。皮肤起着保护人体的作用，皮肤的伸缩能很好地适应人体活动。

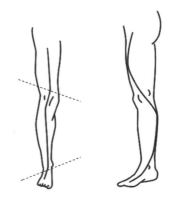

图 4-2　人体下肢

1. 骨骼与关节

人体有 206 块骨骼，主要骨骼构造如图 4-3 所示。这些骨骼大多是成对生长的，少数是单独生长的。关节是骨骼与骨骼的连接部位。骨骼的构造极其复杂，它决定着人体外形的大小和高矮，以下只对与服装结构关系密切的骨骼和关节加以介绍。

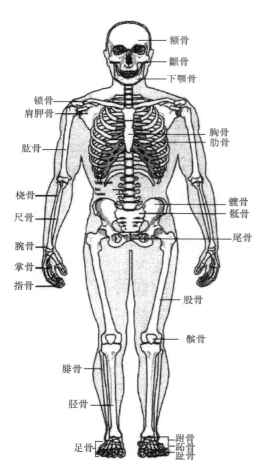

图 4-3　人体骨骼示意图

（1）脊柱。脊柱由颈椎、胸椎、腰椎三部分组成，形成背部凸起腰部凹陷的"S"形，且整体可以屈伸。对服装结构产生影响的主要是颈椎和腰椎。颈椎共有七块，第七颈椎是头部和胸部的连接点和交界点，也是服装结构设计的后颈点。腰椎共五块，第三块是腰节，通常作为服装结构的腰线标准。

（2）胸部骨系。胸部骨系是构成胸廓骨架的骨骼系统，主要由锁骨、胸骨、肋骨、肩胛骨等组成。锁骨位于颈和胸的汇合处，它的内侧与胸骨相连，外侧与肩峰相连。人体左右锁骨的内端形成颈窝，是服装结构设计前颈点的位置。锁骨的外侧与肩胛骨、肱骨上端连接，形成肩点。

（3）上肢骨系。上肢骨系由肱骨、尺骨、桡骨和掌骨构成。肱骨上端与锁骨、肩胛骨相接形成肩关节，肩关节的截面呈椭圆形，是袖窿形状设计的依据，肩关节的活动直接影响袖山和袖窿的结构设计。尺骨和桡骨的下端与掌骨连接构成腕关节，是袖长测量的基准，主要影响收紧袖口服装的袖口尺寸。

（4）骨盆。骨盆是由两侧髋骨、耻骨、骶骨和坐骨构成。髋骨连接腰椎，其下方两侧与下肢股骨连接，呈臼状形，谓之大转子，它是测定臀围线的基准。大转子的运动幅度很大，主要是前屈，人体左右大转子的运动方向相反，导致伸展空间更加大，因此，对服装在此部位的设计要求就更为严格。

（5）下肢骨系。下肢骨系由内股骨、髌骨、胫骨、腓骨和足骨组成。髌骨正置于股骨、胫骨和腓骨连接处的中间，形成膝关节，它的运动方向通常为后屈，主要决定裤子膝围线的位置和松量。胫骨和腓骨的下端与足骨连接构成踝关节，是裤长、裙长测量的基准，也是人体踝围的测量基准，踝围可作为裤口尺寸的重要参考依据。

人体骨骼是服装结构设计点的设置依据，它影响着服装结构线的位置和形状，表4-1反映了骨骼和服装结构设计点的对应关系。

表4-1　骨骼和服装结构设计点的对应关系

人体部位	骨骼	服装结构设计点
躯干	锁骨内端	前颈点（基本领口前中位置）
	第七颈椎	后颈点（基本领口后中位置）
	第三腰椎	腰节（腰线的基准）
上肢	肱骨、锁骨和肩胛骨的汇合处	肩点（衣身与袖的分界点）
	尺骨、桡骨和掌骨的汇合处	腕关节（袖长的基准）
	髋骨和股骨的汇合处	大转子（臀围线的基准）
下肢	髌骨和股骨、胫骨与腓骨的汇合处	膝关节（膝围线的基准）
	胫骨、腓骨和足骨的汇合处	踝关节（裤长的基准）

2. 肌肉

人体共有600多块肌肉，它的构成形态与发达程度影响人体体型，肌肉发达则体型丰满，肌肉干瘪则体型瘦小。人体靠肌肉收缩牵动骨骼产生动作，因此肌肉与服装造型与结构关系极大。人体的肌肉有骨骼肌、平滑肌、心肌三大类，其中骨骼肌的收缩会影响人体形体结构的变化，靠体表较近的浅层肌对人体外形有直接影响。

（1）颈部肌肉。胸锁乳突肌是位于人体颈部的浅层肌肉，这块肌肉的起始部位为胸骨靠近锁骨中间的地方，终止于耳后的乳状凸起处，这块肌肉运动时，会在肩部形成不同的形态，如在提较重物品时，左右胸锁乳突肌强烈地收缩，在肩部会形成前凹后凸的造型，因此必须在服装结构设计和工艺设计时进行相应处理，可采用肩线前短后长的结构设计或前肩线拔开后肩线归拢的工艺处理，达到与人体肩部形态吻合的目的，见图4-4。

（2）躯干部肌肉。躯干部肌肉主要包括胸大肌、腹直肌、腹外斜肌、斜方肌、背阔肌、臀大肌等，见图4-4。

胸大肌：较大面积覆盖于人体胸骨左右两侧，形状像展开的扇形，起于锁骨，至胸骨及肋骨的一部分，上至上臂的前端，上肢上举时，胸大肌处于并列的状态，上肢下垂时与

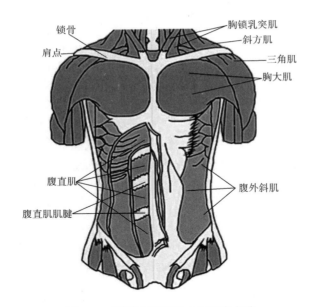

图 4-4　颈部和躯干部主要肌肉名称

前腋窝点相交。胸大肌是胸廓最丰满的部位，因此成为测定胸围的依据。

　　腹直肌：覆盖于腹部前面的肌肉，通常称为八块腹肌，上与胸大肌相连，下与肋骨、耻骨相连，该肌肉运动时躯干呈前屈状态，是测定腰围和腹围的依据。

　　腹外斜肌：包裹腹直肌，斜行向上位于人体外侧，止于肋骨，形成腹部侧面的肌肉，腹外斜肌单侧运动时，脊柱向运动的一方屈曲，身体则向反方向运动。两侧的腹外斜肌同时运动时，人体处于前屈的状态。

　　斜方肌：人体背部最为发达的肌肉，覆盖于肩、背部最浅层，在男体中尤为突出。它从头部枕骨下端开始，与颈椎和胸椎相连，向下左右伸展至肩胛骨外端，下部延伸到胸椎尾部，在后背部中央构成硕大的菱形肌肉。斜方肌越发达，其肩斜度就越大，同时颈侧处隆起越明显。

　　背阔肌：位于斜方肌下端两侧，斜行向上，止于上臂部。形成背部隆起的形态，男性更为突出。背阔肌可将上肢拉下，还可将上臂向后拉．使背部的活动量远远大于胸部，背阔肌与腰部形成上凸下凹的体型特征，在结构设计中应特别注意这一特性，使服装适合人体静态体型和动态活动需要。

　　臀大肌：构成臀部形状的肌肉，当两腿直立时，臀大肌向后隆起形成臀部最丰满的肌肉，在大转子后方形成臀窝，在胯部下方形成臀股沟，当大腿向前屈时，臀窝与臀股沟则消失。

　　（3）上肢肌肉。对于非特殊功能的服装结构，一般不考虑上肢肌肉的细部特征。只将其作为一个圆柱体去认识，见图 4-5。

　　三角肌：起于锁骨外侧，形成上臂外侧形状的肌肉，是上臂上举的肌肉，与胸大肌形成腋窝。

　　肱二头肌：位于上臂前面的肌肉，与三角肌汇合。肘部弯曲时，该肌肉膨胀隆起。

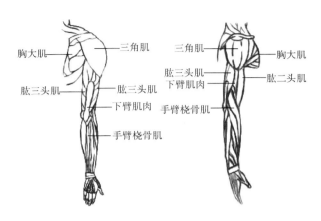

图 4-5　上肢肌肉名称

肱三头肌：位于上臂后部，起始于肩胛骨和上臂上部，止于尺骨的肘关节处，上臂伸直时该肌肉弯曲。

下臂的肌肉：在下臂上，有很多起始于上臂上部，止于手掌、指骨的肌肉，这些肌肉控制手腕、手掌、手指的运动和伸屈功能。

（4）下肢肌肉。下肢肌肉较为明显的是以髌骨为分界点的大腿和小腿的表肌层。大腿肌肉包括股四头肌、股二头肌、半腱肌和半膜肌等，见图4-6。

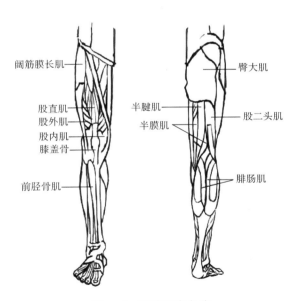

图 4-6　下肢肌肉名称

股四头肌：该肌肉位于大腿前面，面积较大的肌肉，始于髌骨及股骨的上部，止于髌骨及胫骨前面上部，主要使膝关节伸直或弯曲。

股二头肌：该肌肉位于大腿后面外侧，作用是使膝弯曲，股关节伸直。

半腱肌、半膜肌：位于大腿后面内侧，同股二头肌作用一样。

小腿肌肉中的前胫骨肌和腓肠肌主要是使脚踝及足部运动的肌肉。

肌肉决定人体表面形态，特别是浅表肌肉的分布，决定了人的细部廓形。了解肌肉形态构成即了解人体体表曲面变化原理，这对于进行服装结构设计是至关重要的。肌肉的集中带也是人体运动的主要部位，因此在服装结构设计时还应考虑其运动舒适性。

3. 脂肪和皮肤

附在肌肉外的脂肪也是构成人体外形的重要因素。脂肪容易堆积的位置为胸部、腰腹部、臀部、上臂、大腿等。女性的皮下脂肪比男性多，多为脂肪型体型，因此女体的表面平滑、柔和、曲线优美；男性多为肌肉型体型，因此男体肌肉发达，表面显得棱角分明。由于表层组织的特点，决定了女装纸样主要研究的是省道和褶裥的变换与运用，男装则是注重功能和工艺上的设计。肥胖的人和肌肉发达的人在体型特征上具有明显差异，肥胖型体型整体呈菱形，肌肉型体型整体呈"X"形。

人体的皮肤包裹着骨骼、肌肉、内脏，处于身体最外层，对人体内部器官起保护作用，且具有感觉器官及各种各样的生理机能。因为皮肤富有弹性，所以它可以随身体运动而收缩伸展，但根据位置不同差异很大，靠近躯干正中线附近的皮肤前后滑移程度很少，而腋下部位和腹部到背部斜向部分皮肤滑移程度最大。

当皮肤的弹性或脂肪数量发生变化时，人体的体表形态就随之改变，特别是人体腰腹部和臀部的形态受皮肤和脂肪变化的影响最大。例如肥胖的人腰围与胸围、臀围的差小于正常人，甚至腰围尺寸超过胸围和臀围。

三、人体差异

由于不同性别年龄的人体有较大的差异，因此在服装结构设计时要着重考虑性别、年龄对体型的影响。

1. 性别差异

男女体型特征有着较大的差异，主要体现在肩颈部、胸廓部、腰部、臀部和四肢的造型上，见图4-7。男性体型的主要特征是躯干部由肩线到髋骨呈倒梯形，上大下小，颈围较粗，胸部骨骼肌肉宽大，肩宽且平，肩宽大于臀宽，腰节线较低，腰部以上较发达。因此，男装常设计成"V"和"H"廓型。女性体型的主要特点是躯干部由肩线到髋骨呈梯形，上窄下宽，颈部上细下粗，整体细长，肩窄且肩斜度较男性大，胸部隆起，腰部凹进，臀部凸起，体型整体呈曲线状，臀宽大于肩宽，股骨和大转子结构较为明显，腰节线较高，腰部以下较发达，因此，女装常设计成"X"和"A"廓型。

2. 年龄差异

不同年龄，人体轮廓形状不完全相同。幼儿时期的体型特点是头大，颈短，肩窄，躯干长，四肢短，腹部突出，腰围大于胸围；学龄儿童时期的体型发育逐渐平衡，躯干和四肢各部位相应增长，腹部也趋于平坦；青年时期不论男女多数体型匀称，体态优美，肌肉和皮肤富有弹性；老年时期的体型特点是胸廓扁平，背部略呈弓形，各部分肌肉皮肤松弛

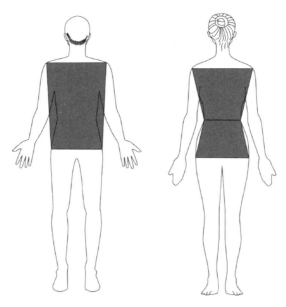

图4-7　男女体型差异对比

下垂，脂肪增多，大部分都成为肥胖体型。因此，老年服装多设计得较为宽松。

除此之外，不同的种族、职业习惯、生活环境与饮食结构等也会引起人体差异。

四、人体测量

人体测量是服装结构设计的依据，在人体观察的基础上通过精确的数据表示人体各部位的形态。掌握人体各部位资料后再进行服装结构分解，可以保证服装设计规格的完善，使设计出的服装更加贴体舒适。人体测量根据人体结构的点、线、面而定，由点连成线，决定线的长度，由线构成面，形成服装的裁片，因此，人体测量时必须经过人体部位的相关结构的测量点。

1. 确定基准点

由于人体各不相同，人体测量需要依据基准点。基准点无论在谁身上都是固定的，一般是骨骼的端点、突起点和肌肉的沟槽部位，见图4-8。

（1）头顶点：头部最高点，位于人体中心线上方，是测量身高的基准点。

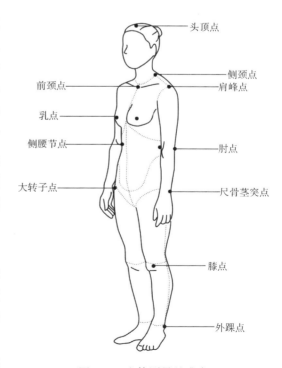

图4-8　人体测量基准点

（2）前颈点：是人体左右锁骨近人体中心一侧端点连线的中点，是前领口定位的参考点。

（3）侧颈点：位于人体颈侧根部稍偏后的位置，是测量人体前后腰节长的起始点。

（4）肩峰点：是人体肩关节处向外突出的点，是测量人体肩宽、臂长和袖长的起始点。

（5）乳点：位于人体乳头处，是测量胸围的基准。

（6）侧腰节点：位于人体腰部侧面正中，是前后腰的分界点，也是测量裤长的起始点。

（7）肘点：当手臂弯曲时，肘关节处向外突起的点，是测量上臂长的基准点，也是测量袖长的参考点。

（8）大转子点：位于人体臀侧部正中央，是腹部与臀部的分界点。

（9）尺骨茎突点：位于手腕部突出处，是尺骨的下端点，是测量全臂长的基准点。

（10）膝点：是膝关节的中心点，位于大腿与小腿的分界处。

（11）外踝点：人体踝关节向外侧突出的点，是测量裤长的基准点。

2. 测量部位和方法

人体测量根据测量的部位及方式分为围度测量、长度测量、宽度测量、厚度测量和高度测量。围度测量是先确定测量点，然后作水平测量。长度测量一般随人体起伏，其数值是相关测量点间距的总和。宽度测量一般为人体左右测量点的间距。厚度测量则是人体前后测量点间距。高度测量一般是指测量点之间的垂直距离。人体测量的常见部位及测量方法如下：

（1）身高：从头顶点测量至地面的垂直距离。它是服装号型的长度标准。

（2）前腰节长：从侧颈点经过乳点测至腰围线的长度。可作为前衣片长度的参考尺寸。

（3）后腰节长：从侧颈点至后身腰围线的长度。可作为后衣片长度的参考尺寸。

（4）臀高：腰围至臀围随臀部体形测量的长度。可作为下装臀围线位置的参考依据。

（5）背长：从后颈点至腰围线随背形测量的长度。可作为后衣片中心长度的参考尺寸。

（6）全臂长：从肩峰点经肘点测至尺骨茎突点的长度。可作为袖长的参考尺寸。

（7）腰围高：从腰围线测量至地面的垂直距离。可作为裤长的参考尺寸。

（8）股上长：被测者坐姿，从腰围线测至椅面的长度。可作为裤子直裆线位置的参考依据。

（9）胸围：经过乳点，沿人体水平测量一周。胸围是上衣纸样围度的制图依据。

（10）腰围：在人体腰部最细处水平测量一周。腰围是下装纸样的重要尺寸。

（11）臀围：在臀部最丰满处水平测量一周。臀围是下装纸样围度的制图依据。

（12）中腰围：中腰围也称腹围，在腰围至臀围的 1/2 处水平测量一周。中腰围虽在制图时极少使用，但它是复核服装腰腹部合体度的唯一参考依据。

（13）颈根围：沿颈根部，即经过前颈点、侧颈点、后颈点测量一周。它是领口合体度的参考依据。

（14）头围：经过前额丘、耳上方和后枕骨测量一周。它是帽子、连身帽和套头式服装结构设计和制图尺寸的依据。

（15）臂根围：经过肩峰点沿上臂根部测量一周。它是袖窿、袖山合体度的参考依据。

（16）臂围：在上臂最丰满处水平测量一周。它是袖子合体度和运动松量的基本参考尺寸。

（17）腕围：经过腕部的尺骨茎突点水平测量一周。它是袖口的基本参考尺寸。

（18）肘围：经过肘点水平测量一周。它是紧身袖和七分袖等袖子合体度或袖口的基本参考尺寸。

（19）掌围：将拇指并入掌心，在掌部最丰满处水平测量一周。它是手套、不开衩紧身袖口的基本参考尺寸。

（20）大腿围：在大腿最粗处水平测量一周。它是裤子在大腿处合体度和运动量的基本参考尺寸。

（21）膝围：经过膝点水平测量一周。它是紧身裤和七分裤等在膝盖处的合体度和运动量的基本参考尺寸。

（22）踝围：经过踝骨点水平测量一周。它是紧身裤裤口制图的参考尺寸，也是一般裤型裤口放松度的参考依据。

（23）足围：足跟至脚背测量一圈。它是一般裤口制图的最小尺寸。

（24）肩宽：自一侧肩峰点经过后颈点至另一侧肩峰点。它是复核肩部合体度的主要参考尺寸。

（25）背宽：左右后腋点间的距离。它是复核肩胛部活动松量的唯一参考尺寸。

（26）胸宽：左右前腋点间的距离。它是复核上胸围部活动松量的唯一参考尺寸。

3. 静态测量与动态测量

静态测量是指人体保持静止的状态下，一般取标准的立姿和坐姿进行测量。动态测量通过测量皮肤弹性变化以及人体动态活动尺度，作为服装放松量设置的参考依据。

（1）静态测量。静态测量要求保持标准立姿或坐姿。立姿要求如下：被测者挺胸直立，平视前方，肩部松弛，上肢自然下垂，手伸直并轻贴躯干，左右足跟并拢而前端分开，呈45°。坐姿要求如下：被测者挺胸坐于腓骨高度的平面上，平视前方，左右大腿基本平行，膝弯成直角，足放在地面上，手轻放在大腿上。人体静态尺度对服装结构设计的影响见表4-2。

（2）动态测量。人体是一个生命活动体，在日常生活中，人体需要不停地呼吸，会做出行走、坐、跑、跳、蹲等动作及其他各种活动，每一种活动都会影响到人体尺寸，因此了解人体动态是非常重要的。表4-3列出了人体主要部位的伸长率，表4-4列举了人体各部位活动尺度对服装结构的影响。

表4-2 人体静态尺度对服装结构设计的影响

部位	尺度	对结构设计的影响
肩斜度	男性21°，女性20°	落肩量
颈斜度	男性17°，女性19°	后衣片肩省、领口形状
手臂下垂自然弯曲平均值	男性6.8cm，女性4.99cm	袖子前偏量
胸坡角	男性16°，女性24°	前衣片撇胸
臀突角	男性19.8°，女性21°	裤后上裆缝倾斜度

表4-3 人体主要部位的伸长率

部位	胸部	背部	臀部	肘部	膝部
横向伸长率（%）	12~14	16~18	12~14	18~20	18~20
纵向伸长率（%）	6~8	20~22	28~30	34~36	38~40

表4-4 人体各部位活动尺度对服装结构的影响

活动部位	活动种类	活动尺度	结构影响
腰脊关节	前屈	80°	后衣片结构加量
髋关节	前屈	120°	臀部结构加量
膝关节	后伸	135°	膝部和足后跟增加强度
肩关节	由上前举	180°	后袖根加量
肘关节	前屈	150°	肘部增加强度
颈关节	侧屈	45°	连衣帽及领型设计参考依据

第二节　成形针织服装测量方法

　　成形针织服装规格是在分析和综合大量人体测量数据基础上而设定的成衣尺寸，是设计和检验成形针织服装的依据。成形针织服装的尺寸是计算编织工艺参数的重要依据之一。成形针织服装各部位的尺寸测量方式因服装品种的不同而有不同的规定，测量时要求将被测量服装平摊于平整的台面上，并使其不受任何张力。

1. 上装的测量部位及要求

　　（1）衣长：从肩折缝距领肩接缝1.5cm处量至下摆底边。

　　（2）胸围：挂肩下1.5cm处横量一周。

　　（3）袖长：从肩袖接缝处量至袖口边，或自后领宽中点量至袖口边。

　　（4）挂肩：从肩袖接缝处顶端或后领宽中点至腋下斜量。

　　（5）袖阔（袖肥）：从腋下沿坯布横列方向量一周。

（6）肩阔：从左肩袖接缝处量至右肩袖接缝处。

（7）下摆罗纹宽：从衣身与下摆罗纹交接处量至下摆底边。

（8）袖口罗纹宽：从袖身与袖口罗纹交接处量至袖口边。

（9）领深：开衫 V 字领的领深是从后领接缝中点量至第一粒钮扣中心；套衫的领深是从后领接缝中点量至前领内口，也有至前领外口的。

（10）后领阔：通常指领内口的宽度，也有指领外口的宽度，高领领阔在领中横量。

（11）门襟宽：从门襟边量至门襟连接缝处。

2. 下装的测量部位及要求

（1）裤腰围：在裤腰口或裤罗纹下 3cm 处横量一周。

（2）裤长：从裤腰边量至裤口边。

（3）前（后）直裆：从前（后）裤腰边至裤裆底直量。

（4）横档宽：在裤裆底单腿横量。

（5）裤口宽：在裤口处横量。

（6）裤口罗纹高：从裤身与裤口罗纹交接处量至裤口边。

（7）裤腰罗纹高：从裤身与裤腰罗纹交接处量至裤腰边。

3. 各类成形针织服装的测量部位

（1）V 领背心。V 领背心主要测量部位如表 4-5 所示，测量方式如图 4-9 所示。

表 4-5　V 领背心主要测量部位

代号	①	②	③	④	⑤	⑥	⑦	⑧	⑨
部位	胸宽	衣长	挂肩带宽	挂肩	肩宽	下摆高	领宽	领深	领高

（2）V 领套衫。V 领套衫主要测量部位如表 4-6 所示，测量方式如图 4-10 所示。

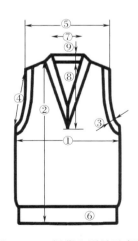

图 4-9　V 领背心测量示意图

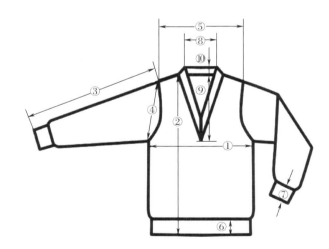

图 4-10　V 领套衫测量示意图

表4-6 V领套衫主要测量部位

代号	①	②	③	④	⑤	⑥	⑦	⑧	⑨	⑩
部位	胸宽	衣长	袖长	挂肩	肩宽	下摆高	袖口高	领宽	领深	领高

（3）V领插肩开衫。V领插肩开衫主要测量部位如表4-7所示，测量方式如图4-11所示。

表4-7 V领插肩开衫主要测量部位

代号	①	②	③	④	⑤	⑥	⑦	⑧	⑨
部位	胸宽	衣长	袖长	袖肥	袖口高	下摆高	领宽	领深	门襟宽

（4）V领马鞍肩开衫。V领马鞍肩开衫主要测量部位如表4-8所示，测量方式如图4-12所示。

表4-8 V领马鞍肩开衫主要测量部位

代号	①	②	③	④	⑤	⑥	⑦	⑧	⑨	⑩	⑪	⑫	⑬
部位	胸宽	衣长	袖长	袖肥	单肩宽	下摆高	袖口高	领宽	领深	门襟宽	袋宽	袋深	袋边宽

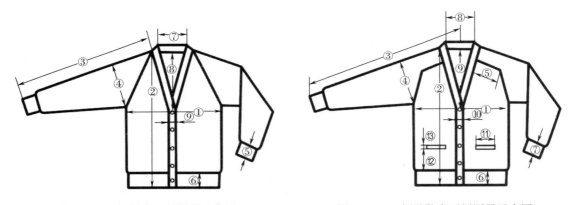

图4-11 V领插肩开衫测量示意图　　　　图4-12 V领马鞍肩开衫测量示意图

（5）圆领套衫。圆领套衫主要测量部位如表4-9所示，测量方式如图4-13所示。

表4-9 圆领套衫主要测量部位

代号	①	②	③	④	⑤	⑥	⑦	⑧	⑨	⑩
部位	胸宽	衣长	袖长	挂肩	肩宽	下摆高	袖口高	领宽	领深	领高

（6）蝙蝠袖套衫。蝙蝠袖套衫主要测量部位如表4-10所示，测量方式如图4-14所示。

表 4-10　蝙蝠袖套衫主要测量部位

代号	①	②	③	④	⑤	⑥	⑦	⑧	⑨	⑩
部位	胸宽	下摆宽	衣长	挂肩	袖长	下摆高	袖口高	领宽	领深	领高

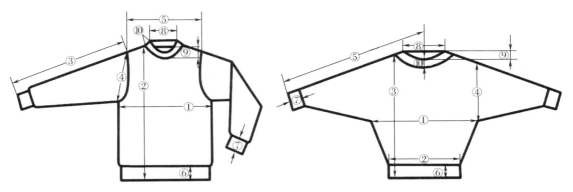

图 4-13　圆领套衫测量示意图　　　　图 4-14　蝙蝠袖套衫测量示意图

（7）直筒裙。直筒裙主要测量部位如表 4-11 所示，测量方式如图 4-15 所示。

表 4-11　直筒裙主要测量部位

代号	①	②	③	④	⑤	⑥
部位	臀宽	裙长	腰宽	臀长	腰头高	折边高

（8）游泳裤。游泳裤主要测量部位如表 4-12 所示，测量方式如图 4-16 所示。

表 4-12　游泳裤主要测量部位

代号	①	②	③	④	⑤	⑥
部位	横裆	直裆	腰宽	腰头高	裤口宽	底裆

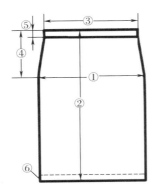
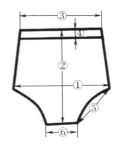

图 4-15　直筒裙测量示意图　　　　图 4-16　游泳裤测量示意图

（9）长裤。长裤主要测量部位如表 4-13 所示，测量方式如图 4-17 所示。

表 4-13　长裤主要测量部位

代号	①	②	③	④	⑤	⑥	⑦
部位	横裆	裤长	直裆	方块裆	腰头高	裤口高	腰宽

（10）短筒袜。短筒袜主要测量部位如表 4-14 所示，测量方式如图 4-18 所示。

表 4-14　短筒袜主要测量部位

代号	①	②	③	④	⑤
部位	总长	口长	口宽	筒长	跟高

（11）双角帽。双角帽主要测量部位如表 4-15 所示，测量方式如图 4-19 所示。

表 4-15　双角帽主要测量部位

代号	①	②	③	④	⑤
部位	帽宽	帽檐高	帽身高	帽顶长	帽顶宽

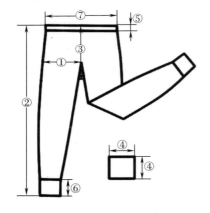

图 4-17　长裤测量示意图

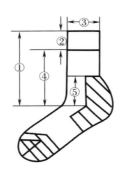

图 4-18　短筒袜测量示意图

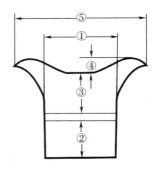

图 4-19　双角帽测量示意图

第三节　成形针织服装号型规格

成形针织服装号型规格是成形针织服装样板设计和工艺参数计算的依据和基础。

一、号型规格及体型分类

1. 号型规格

号型规格是用人体体型尺寸来表示的服装规格，"号"表示人体的身高，是设计和选择服装长短的依据。"型"表示人体的净胸围或净腰围，是设计和选择服装肥瘦的依据。

需要注意的是。"号型"与"规格"的意义是不同的。号型指的是测量人体的净体尺寸，规格指的是测量服装成品或细部的尺寸。根据不同的用途分为示明规格、成品规格、细部规格三种。

示明规格是成衣上标明的具体尺寸。由简单的数字、字母组成，用以表示成形针织服装的大小，以及适穿对象的体型。示明规格一般要在商品包装上醒目地表示出来。成形针织服装常以上装的胸围或下装的臀围来表示服装的规格，以显示服装的大小。

成品规格表示是成形针织服装的主要部位的尺寸，是服装检验的依据。成品规格的主要部位，因品种、款式的不同而有差异，通常上装有衣长、袖长、胸围、领宽、领深、肩宽等部位；下装有裤长、直裆、腰围等部位。

细部规格是成形针织服装主要部位以外的各较小部位的成品尺寸。这种规格是根据服装款式及主要部位的成品规格计算或推导出来，并配合或从属于服装款式及主要规格尺寸的，如袖肥、肩斜度等。细部规格虽不是服装主要部位的尺寸，但其对服装的总体规格起着协调的作用，也影响着服装的款型风格及舒适度。

成品规格和细部规格决定了服装的大小和造型，以及拼接部位的范围及衔接位置，同时也是成形针织服装板型和上机工艺参数计算的主要依据。

2. 体型分类

同样的身高，随着人体胖瘦程度的不同，各部位围度尺寸也不相同。研究发现，人体的胖瘦可由胸围和腰围的差值表现出来，因此，我国国家标准根据胸围和腰围的差数，将人体体型分为 Y、A、B、C 四类，Y 为瘦体，A 为标准体，B 为较胖体，C 为胖体。具体的分类依据如表 4-16 和表 4-17 所示。

表 4-16　女性人体体型分类

体型分类代号	Y	A	B	C
胸围与腰围之差（cm）	24~19	18~14	13~9	8~4

表 4-17　男性人体体型分类

体型分类代号	Y	A	B	C
胸围与腰围之差（cm）	22~17	16~12	11~7	6~2

总结号、型和体型的分类数据可以得到成形针织服装适穿对象的体型信息。如女式上装的规格为 165/88A，表示此款服装的适穿者身高尺寸在 163~167cm，净胸围尺寸在 86~89cm，胸腰差尺寸在 18~14cm。

二、人体号型系列及档差

1. 儿童号型系列

正常同龄儿童体型区别不大，一般不进行体型分类，身高 80~130cm 的儿童服装不分男女，身高 135~160cm 的分男女，儿童体型参考尺寸如表 4-18~表 4-20 所示。

表 4-18　80~130 儿童号型系列分档数值　　　　　　单位：cm

部位	参考规格						档差
号	80	90	100	110	120	130	
身高	80	90	100	110	120	130	10
坐姿颈椎点高	30	34	38	42	46	50	4
全臂长	25	28	31	34	37	40	3
腰围高	44	51	58	65	72	79	7
胸围	48	52	56	60	64	68	4
颈围	24.2	25	25.8	26.6	27.4	28.2	0.8
总肩宽	24.4	26.2	28	29.8	31.6	33.4	1.8
腰围	47	50	53	56	59	62	3
臀围	49	54	59	64	69	74	5

表 4-19　135~160 男童号型系列分档数值　　　　　　单位：cm

部位	参考规格						档差
号	135	140	145	150	155	160	
身高	135	140	145	150	155	160	5
坐姿颈椎点高	49	51	53	55	57	59	2
全臂长	44.5	46	47.5	49	50.5	52	1.5
腰围高	83	86	89	92	95	98	3
胸围	60	64	68	72	76	80	4
颈围	29.5	30.5	31.5	32.5	33.5	34.5	1
总肩宽	34.6	35.8	37	38.2	39.4	40.6	1.2
腰围	54	57	60	63	66	69	3
臀围	64	68.5	73	77.5	82	86.5	4.5

表 4-20　135~160 女童号型系列分档数值　　　　　　单位：cm

部位	参考规格						档差
号	135	140	145	150	155	160	
身高	135	140	145	150	155	160	5
坐姿颈椎点高	50	52	54	56	58	60	2
全臂长	43	44.5	46	47.5	49	50.5	1.5
腰围高	84	87	90	93	96	99	3
胸围	60	64	68	72	76	80	4
颈围	28	29	30	31	32	33	1
总肩宽	33.8	35	36.2	37.4	38.6	39.8	1.2
腰围	52	55	58	61	64	67	3
臀围	66	70.5	75	79.5	84	88.5	4.5

2. 成人号型系列

成人体型分为 Y、A、B、C 四种类型，号型系列以中间体型向两边依档差递增或递减。身高系列一般以 5cm 分档、胸围系列以 4cm 分档、腰围系列以 2cm 或 3cm 分档，身高与胸围、腰围搭配分别组成 5·4 号型系列和 5·2 号型系列或 5·3 号型系列。男女号型系列参考尺寸及其档差如表 4-21 和表 4-22 所示。

表 4-21　男体号型系列分档数值　　　　　　　　　单位：cm

体型	Y			A			B			C		
	规格	档差		规格	档差		规格	档差		规格	档差	
部位	中间体型	5·4系列	5·3系列	中间体型	5·4系列	5·3系列	中间体型	5·4系列	5·3系列	中间体型	5·4系列	5·3系列
身高	170	5	5	170	5	5	170	5	5	170	5	5
颈椎点高	145	4	4	145	4	4	145.5	4	4	146	4	4
坐姿颈椎点高	66.5	2	2	66.5	2	2	67	2	2	67.5	2	2
全臂长	55.5	1.5	1.5	55.5	1.5	1.5	55.5	1.5	1.5	55.5	1.5	1.5
腰围高	103	3	3	102.5	3	3	102	3	3	102	3	3
胸围	88	4	3	88	4	3	92	4	3	96	4	3
颈围	36.4	1	0.75	36.8	1	0.75	38.2	1.2	0.75	39.6	1	0.75
总肩宽	44	1.2	0.9	43.6	1.2	0.9	44.4	1.2	0.9	45.2	1.2	0.9
腰围	70	4	3	74	4	3	84	4	3	92	4	3
臀围	90	3.2	2.4	90	3.2	2.4	95	2.8	2.1	97	2.8	2.1

表 4-22　女体号型系列分档数值　　　　　　　　　单位：cm

体型	Y			A			B			C		
	规格	档差		规格	档差		规格	档差		规格	档差	
部位	中间体型	5·4系列	5·3系列	中间体型	5·4系列	5·3系列	中间体型	5·4系列	5·3系列	中间体型	5·4系列	5·3系列
身高	160	5	5	160	5	5	160	5	5	160	5	5
颈椎点高	136	4	4	136	4	4	136.5	4	4	136.5	4	4
坐姿颈椎点高	62.5	2	2	62.5	2	2	63	2	2	62.5	2	2
全臂长	50.5	1.5	1.5	50.5	1.5	1.5	50.5	1.5	1.5	50.5	1.5	1.5
腰围高	98	3	3	98	3	3	98	3	3	98	3	3
胸围	84	4	3	84	4	3	88	4	3	88	4	3
颈围	33.4	0.8	0.6	33.6	0.8	0.6	34.6	0.8	0.6	34.8	0.8	0.6
总肩宽	40	1	0.75	39.4	1	0.75	39.8	1	0.75	40.2	1	0.75
腰围	64	4	3	68	4	3	78	4	3	82	4	3
臀围	90	3.6	2.7	90	3.6	2.7	96	3.2	2.4	96	3.2	2.4

3. 服装规格设计

细部规格主要有长度规格和围度规格。长度规格一般用号来推算，如衣长、袖长、裤长、裙长等。围度规格一般用型加放松量来推算，如领围、肩宽、胸围、腰围、臀围。放松量一般由人体生理需求、活动尺度、服装类型及款式、服装材料缩率等因素来决定，常用服装的各部位规格计算见表 4-23。

表 4-23 服装各部位规格计算 单位：cm

部位	计算公式	部位	计算公式
腰节长、短裙长	1/4 号	肩宽	$S+1\sim5$（变量）
短里衣长、及膝裙长	3/10 号+0~6	胸宽/2	$0.15B+4\sim5$
短外衣长、中裙长	2/5 号+0~6	背宽/2	$0.15B+5\sim6$
短大衣长、长裙	1/2 号±0~4	袖隆深	$0.15B+7\sim8$（变量）
中长大衣长、裤长	3/5 号±0~4	袖口宽	$0.15B+3\sim5$
长大衣长、连衣裙长	7/10 号±0~4	腹臀宽	$0.16H$
短袖长	1/10 号+0~4	裤口宽	$0.2H+3\sim5$
长袖长	3/10 号+6~8 +1~2（垫肩厚）	直裆	1/8 号+6（净） +1~2（空隙量）
胸围	$B+0\sim16$ +0~8（内穿厚）	领围	$N+1.5\sim2.5$（合体） 3~7（春秋外衣） 8~10（秋冬外衣）
腰围	$W+0\sim2$（内穿厚）	大裆宽	$0.1H$
臀围	$H+0\sim20$ +0~5（内穿厚）	小裆宽	$0.045H$

第四节 成形针织服装结构设计

款式设计、结构设计、工艺设计是现代服装工程的组成部分。其中，结构设计是服装设计的核心，是将款式图具体化，解析成服装平面结构图形。再进一步通过工艺设计实现平面到立体的转化，结构设计是工艺设计的前提和基础。成形针织服装的基本结构是制定编织工艺及生产工艺的基础。

一、结构制图的准备

1. 服装结构制图工具

结构设计就是纸样绘制的过程，即通常所说的打板或制板。服装企业在批量生产时利用计算机软件绘制结构图，然后打印输出服装纸样，或直接将数据传输到自动裁剪系统。

而传统的手工绘制结构图就需要以下一些基本的工具。

（1）工作台：桌面平坦，无接缝，工作台长一般为 120 ~ 140cm，宽为 90cm，高为 75 ~ 80cm。

（2）纸：牛皮纸、白板纸、白卡纸及牛卡纸等。

（3）铅笔和其他笔：铅笔常用规格为 2H、H、HB、B 和 2B，划粉是把纸样拓到布料上划线用。

（4）尺：直尺、比例尺、三角板、曲线板、专用曲线尺（如 L 形曲线尺、D 形曲线尺）、弯尺、放码尺等。L 形曲线尺主要用于测量直线和弧线，有缩小比例度数，可作为比例尺使用。D 形曲线尺弧度较大，主要用于绘制袖窿弧线、袖山弧线和领窝弧线等。弯尺略有弧形，用于画裙子、裤子的侧缝、下裆、袖缝及衣下摆等弧线。放码尺用于绘制平行线、放缝份和缩放规格。

（5）描线器：描线器主要在纸样绘制重叠或面里放缝不同时用于纸样的复制，也可与复写纸一起使用，将样板形状转移到薄纱织物上。

（6）剪刀：剪刀应选用专用的，剪纸和剪布的剪刀应分开为宜。

（7）打孔器：主要在纸样保存时打孔用。

（8）锥子：主要用于在纸样上钻孔，以便在裁片上定位，如省尖、口袋、纽扣位置的确定。

（9）透明胶带：用于补正纸样。

（10）高脚图钉：用于纸样处理和将布样转换到纸上。

（11）圆规：用于绘制圆形或圆弧等。

（12）量角器：用于测量角度等。

（13）其他：挂钩、刀口记号剪、卷尺、大头针、针插、镇铁、人台等。

2. 服装结构制图绘制常用符号

服装样板是服装结构设计人员对服装结构的表达，常会因个人经验和习惯的不同而不同。因此为了便于理解和操作，提高制图效率，服装行业就形成了统一通用的表达符号。

服装结构制图绘制常用符号如表 4-24 所示。

（1）经向：表示服装材料布纹的经纱方向。纸样上布纹符号中的直线段在裁剪时应与经纱方向平行，但在成衣化工业排料中，根据款式可以稍作调整，否则偏移过大，会影响产品的质量。

（2）顺向：表示服装材料表面毛绒的方向是顺向，箭头的指向与毛绒顺向相同，如裘皮、丝绒、灯芯绒等，通常采用倒毛的裁剪方式。

（3）正面：表示服装材料的正面。

（4）反面：表示服装材料的反面。

（5）对格：表示对准格子和其他图案的准确连接标记。符号的纵横线与布纹对应。

（6）对条：表示对准条纹的准确连接标记。符号的纵横线与布纹对应，如采用有条纹的面料制作男衬衫时，胸部贴袋的条纹必须与前片一致。

表 4-24　服装结构制图绘制常用符号

序号	名称	表示方法	序号	名称	表示方法
1	经向		14	虚线	
2	顺向		15	缩缝	
3	正面		16	扣眼	
4	反面		17	重叠	
5	对格		18	褶	
6	对条		19	省道	
7	直角		20	等长	
8	等分		21	罗纹	
9	细实线		22	合并	
10	粗实线		23	归拢	
11	单点划线		24	拔开	
12	双点划线		25	纽位	
13	明线		26	钻眼	

（7）直角：表示 90°角的标记。一般用于衣片轮廓线转角的部位。

（8）等分：表示线的同等距离，虚线内的直线长度相同。

（9）细实线：用于基础线和辅助线的绘制。

（10）粗实线：用于轮廓线和结构线的绘制。

（11）单点划线：表示衣片连折不可裁开的线条。一般用于对称衣片绘制时的中心线。

（12）双点划线：表示衣片的翻折线条，如衣领翻折部位。

（13）明线：表示衣片上某部位需要缉明线的记号。多见于牛仔服装。

（14）虚线：表示不可视轮廓线。

（15）缩缝：表示衣片需要抽缩的部分，如衣袖吃势、抽褶部位。

（16）扣眼：表示衣片扣眼位置的定位。

（17）重叠：表示两个衣片交叉、重叠。一般在绘制结构图样板有重叠时使用。

（18）褶：表示衣片需要打褶的部分。

（19）省道：表示衣片需要缝制省道的记号。

（20）等长：表示线的长度相等。

（21）罗纹：表示衣片需要缝制罗纹的部位。

（22）合并：表示衣片需要合并的部位。

（23）归拢：表示衣片需要归拢熨烫的部位，张口方向表示裁片的收缩方向。

（24）拔开：表示衣片需要拔开熨烫的部位。

（25）纽位：表示服装上钉纽扣的位置。

（26）钻眼：表示衣片某部位钻眼定位记号。

3. 服装结构制图代号

在服装结构制图时，为了简化制图过程，方便书写，一些常用部位往往用代号标记，这些代号通常由各部位的英文名词首字母组成。

常用代号如表 4-25 所示，主要用于在服装结构上标记各种部位和各部位比例分配时的计算。

表 4-25　服装结构制图代号

人体部位名称	英文名称	代号	人体部位名称	英文名称	代号
衣长	Length	L	裤长	Trousers Length	TL
前衣长	Back Length	BL	裙长	Skirt Length	SL
后衣长	Front Length	FL	前裆	Front Rise	FR
前腰节长	Front Waist Length	FWL	后裆	Back Rise	BR
后腰节长	Back Waist Length	BWL	裤口宽	Slacks Bottom	SB
袖长	Sleeve Length	SL	胸围	Bust	B
袖窿	Arm Hole	AH	腰围	Waist	W
袖肥	Biceps Circumference	BC	臀围	Hip	H

续表

人体部位名称	英文名称	代号	人体部位名称	英文名称	代号
袖口	Cuff Width	CW	领围	Neck	N
袖山	Arm Top	AT	胸围线	Bust Line	BL
领长	Collar	C	腰围线	Waist Line	WL
领宽	Neck Width	NW	臀围线	Hip Line	HL
领深	Neck Drop	ND	肘线	Elbow Line	EL
领高	Collar Height	CH	膝线	Knee Line	KL
肩点	Shoulder Point	SP	前颈点	Front Neck Point	FNP
肩宽	Shoulder Width	SW	后颈点	Back Neck Point	BNP
肩斜	Shoulder Slope	SS	侧颈点	Side Neck Point	SNP
胸宽	Front Width	FW	胸高点	Bust Point	BP
背宽	Back Width	BW			

二、成形针织服装结构图设计

成形针织服装衣片结构是以原型结构为基础，然后根据服装款式特征和成衣规格加长、放宽，并留出缝份和其他消耗量而得到的最终的版型。

1. V领马鞍肩套衫结构图设计

V领马鞍肩套衫的领口、袖口、衣摆均为罗纹组织，缝份均为0.5cm。图4-20所示为V领马鞍肩套衫款式图，图4-21所示为V领马鞍肩套衫的结构图。

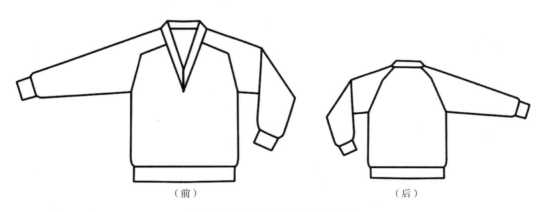

（前）　　　　　　　　　（后）

图4-20　V领马鞍肩套衫款式图

2. V领插肩袖套衫结构图设计

V领插肩袖套衫的领口、袖口、衣摆均为罗纹组织，缝份均为0.5cm。图4-22所示为V领插肩袖套衫款式图，图4-23所示为V领插肩袖套衫的结构图。

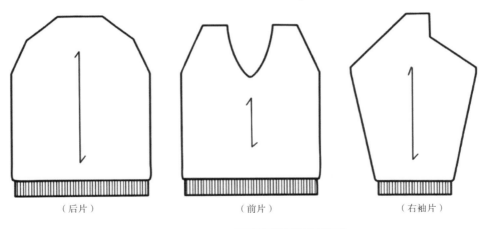

（后片）　　　　　　　　（前片）　　　　　　　　（右袖片）

（领口罗纹）

图 4-21　V 领马鞍肩套衫结构图

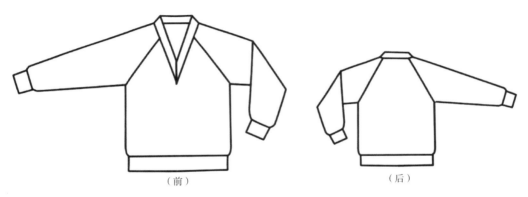

（前）　　　　　　　　　　　（后）

图 4-22　V 领插肩袖套衫款式图

（后片）　　　　　　　　（前片）　　　　　　　　（右袖片）

（领口罗纹）

图 4-23　V 领插肩袖套衫结构图

3. V领斜肩斜袖套衫结构图设计

V领斜肩斜袖套衫的领口、袖口、衣摆均为罗纹组织，缝份均为0.5cm。图4-24所示为V领斜肩斜袖套衫款式图，图4-25所示为V领斜肩斜袖套衫的结构图。

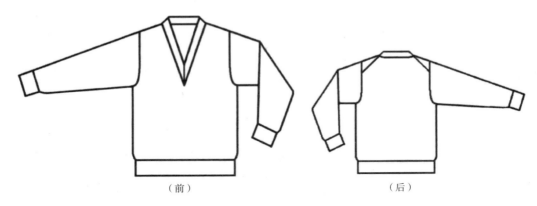

（前）　　　　　　　　　　　　（后）

图4-24　V领斜肩斜袖套衫款式图

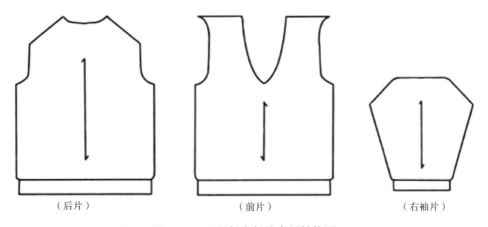

（后片）　　　　　　　（前片）　　　　　　（右袖片）

图4-25　V领斜肩斜袖套衫结构图

4. 圆领斜肩斜袖收腰套衫结构图设计

圆领斜肩斜袖收腰套衫的领口、袖口、衣摆均为罗纹组织，缝份均为0.5cm。图4-26所示为圆领斜肩斜袖收腰套衫款式图，图4-27所示为圆领斜肩斜袖收腰套衫的结构图。

5. V领直肩直袖套衫结构图设计

V领直肩直袖套衫的领口、袖口、衣摆均为罗纹组织，缝份均为0.5cm。图4-28所示为V领直肩直袖套衫款式图，图4-29所示为V领直肩直袖套衫的结构图。

6. 直筒裙结构图设计

直筒裙为大小相同的两片织物样片组成，腰部为原身出双层结构，直筒裙身组织为纬平针；腰和下摆组织为1+1罗纹。图4-30所示为直筒裙款式图。图4-31所示为直筒裙结构图。

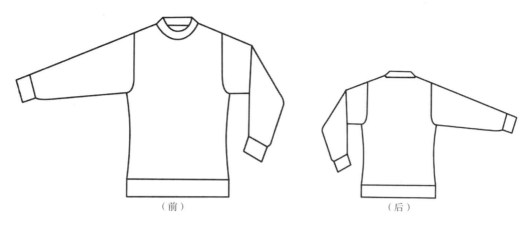

图4-26　圆领斜肩斜袖收腰套衫款式图

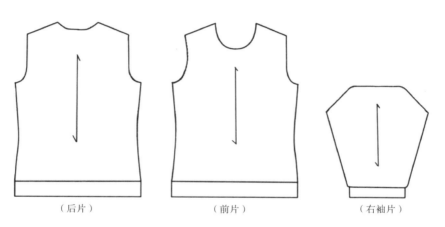

（后片）　　　　　　（前片）　　　　　　（右袖片）

图4-27　圆领斜肩斜袖收腰套衫结构图

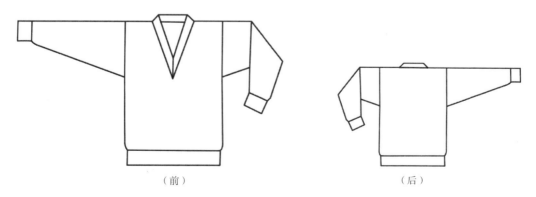

（前）　　　　　　　　　　　　（后）

图4-28　V领直肩直袖套衫款式图

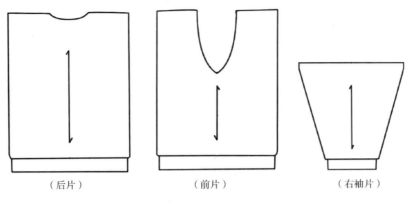

（后片）　　　　　　　（前片）　　　　　　　（右袖片）

图 4-29　V 领直肩直袖套衫结构图

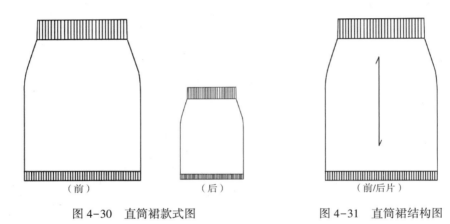

（前）　　　　　　　（后）　　　　　　　　　（前/后片）

图 4-30　直筒裙款式图　　　　　　　图 4-31　直筒裙结构图

7. 长裤结构图设计

　　长裤由大小相同、左右对称的两片织物样片组成，腰部为原身出双层结构。裤身组织为纬平针，下摆和腰部组织为 1+1 罗纹。图 4-32 所示为长裤款式图。图 4-33 所示为长裤结构图。

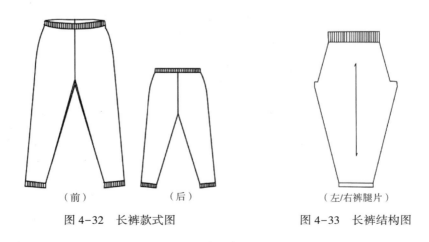

（前）　　　　　　　（后）　　　　　　　　（左/右裤腿片）

图 4-32　长裤款式图　　　　　　　图 4-33　长裤结构图

8. 贝雷帽

贝雷帽由帽身和帽檐组成。帽身组织为纬平针，帽檐组织为 1+1 罗纹。图 4-34 所示为贝雷帽款式图。图 4-35 所示为贝雷帽结构图。

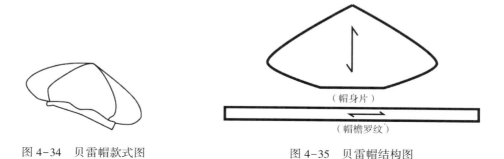

（帽身片）

（帽檐罗纹）

图 4-34　贝雷帽款式图　　　　　　图 4-35　贝雷帽结构图

9. 护耳帽

护耳帽由大小相同、左右对称的两片织物样片以及圆球装饰组成，组织均为纬平针。图 4-36 所示为护耳帽款式图。图 4-37 所示为护耳帽结构图。

（帽身片）

图 4-36　护耳帽款式图　　　　　图 4-37　护耳帽结构图

10. 瓜皮帽

瓜皮帽由大小相同的六片织物样片组成，组织为纬平针。图 4-38 所示为瓜皮帽款式图。图 4-39 所示为瓜皮帽结构图。

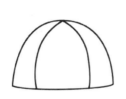

（帽身片）

图 4-38　瓜皮帽款式图　　　　　图 4-39　瓜皮帽结构图

思考题

1. 简述人体静态测量和动态测量的含义。
2. 简述成形针织服装号型规格的含义。
3. 简述示明规格、成品规格、细部规格的含义。

实训项目：成形针织产品规格设计

一、实训目的

1. 掌握示明规格的定义及表示方法。
2. 掌握成形针织服装测量部位及规定。
3. 掌握成形针织服装规格尺寸设计的方法。

二、实训条件

1. 成形针织服装若干件。
2. 人台若干。
3. 直尺、铅笔、白纸。

三、实训任务

1. 从日常生活中找出不同种类的成形针织服装，测量各部位规格尺寸。
2. 测量人体各部位数据。
3. 分析人体测量部位数据与服装主要规格之间的关系。
4. 针对所设计的成形针织服装款式，确定该款式的各部位规格尺寸。

四、实训报告

1. 简述示明规格的定义及表示方法。
2. 画出所测成形针织服装丈量图。
3. 在丈量图上标注测量方法，并制作规格尺寸数据表。

第五章　成形针织服装造型设计

第一节　成形针织服装造型要素

针织服装由于面料组织结构的特殊性而区别于其他服装，针织服装设计既遵循服装设计的一般规律，又具有其自身的特点。针织面料具有线圈结构、良好的弹性、尺寸不稳定、易变形、易卷边等特点，会为成形针织服装的造型设计带来新颖的设计效果。

服装造型设计的基本构成要素包括点、线、面、体四大要素。服装构成主要是通过对点、线、面、体的基本形式进行分割、积聚、组合、排列，从而产生形态各异的服装造型。

造型设计中的各要素与数学概念中的点、线、面、体既有联系又有区别。点、线、面、体造型元素的使用既相互联系又各具变化，设计中运用形式美的法则将这些要素组合，形成理想完美的造型。

一、造型要素

（一）点

1. 点的概念

点是一切形态的基础。几何意义上的点产生于线的端点和两条直线的相交之处，或者是直线的转折、直线和面的相交之处。点是只有位置、无方向、无长度的几何图形。造型设计中点是指相对小的点状物，面积越小，点的感觉越强。造型设计中的点有大小、形状、色彩、质地的变化。

点是构成形式美中不可缺少的一部分，点的重复可形成节奏和韵律；点的组合产生平衡；点可以协调整体关系；点可以构成统一感。在设计中，由于点的数量、位置、大小、虚实、厚薄的不同，可以产生不同的设计效果（图5-1）。同样一个点，不同的放置位置、不同的排列形式，都会让人产生不同的视觉感受和情感体验。

2. 点在成形针织服装中的表现形式

点在针织服装造型设计中是最小、最简洁同时也是最活跃的因素，它既有宽度也有深度，既有色彩又有质感，能够吸引人的视线。在针织服装设计中点的表现形式很多，例如，通过提花、印花等方法得到点状图案；通过集圈、移圈等针法可以形成凸起或镂空的

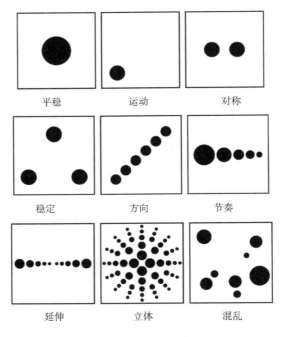

图 5-1　点的性质

点状肌理效果；或通过钩针工艺补缀或织造嵌入点状部件。衣体完成后，还可以在表面缝缀、烫贴上例如水晶、金属片、亚克力等点状装饰辅料，纽扣也是一种很典型、常用的点状元素（图 5-2）。

（a）点状图案　　　　　　（b）珠片缝缀　　　　　　（c）纽扣运用

图 5-2　点在成形针织服装中的表现

（二）线

1. 线的概念

线是指一个点不断地任意移动时留下的轨迹，也是面与面的交界。在几何学中，线被认为只有位置、长度及方向变化，没有宽度和深度。

造型设计中的线不仅有长度，还可以有宽度、面积、厚度和虚实，还会有不同的形状、色彩和质感，是立体的线。造型艺术中的线加入了人的感情和联想，线便产生了性格和情感倾向。线也是构成形式美不可缺少的一部分，线的组合可以产生节奏、比例、视错等美的效果。

线可以分为直线和曲线两大类，他们是决定一切形象的基本要素。通常来说，直线造型的艺术感觉较为理性化，具有正直、明确、强硬的个性和男性化风格；曲线造型的艺术较为感性化，具有动感、优雅、温柔的个性和女性化风格。造型设计中的线具有各自的特性，可以给人带来不同的视觉效果和情感体验（图5-3）。

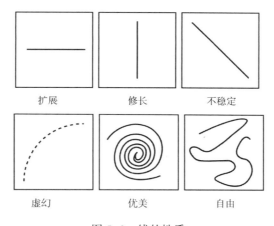

图5-3 线的性质

例如，水平直线给人无限延伸的广阔感和沉着稳重的安定感；竖直线给人苗条、挺拔、刚直的感觉；斜线给人轻快、运动、活泼的感觉。

几何曲线，如圆、椭圆、半圆等，给人充实、饱满、规律的感觉；抛物线、双曲线、涡旋曲线等，给人活泼、速度、拉伸的感觉。各种自由曲线，具有活跃、随意的特性，给人激情、奔放、弹性、浪漫、自由的感觉。

实线给人连贯、确定、有力、坚实的感觉，虚线则给人柔弱、温和、疏松、虚幻的感觉。

2. 线在成形针织服装中的表现形式

线的形式千姿百态，具有丰富的表现力，在设计过程中，可以利用线的重复、交叉、放射、扭转、渐变等构成形式来体现出不同的造型风格。

线的造型元素在针织服装中可以通过面料图案的形式体现出来。例如，在针织横机的织造工艺中，间隔换线就能形成横向条纹，通过控制用线的量可以把握横条的宽度，通过选择线的色彩可以得到不同的色彩效果，通过组织织纹可以得到多种粗细的线条效果。著名的针织服装品牌米索尼（Missoni）以富于变化的线条元素表现出丰富动感的色彩层次，工艺复杂程度高，效果独特，其设计和工艺已经形成一种风格，在针织服装行业具有极高地位。现代成形针织服装还常常使用印花、提花等工艺获得丰富多样的线状图案。

此外，线在成形针织服装上还可通过结构线、饰品、辅料等来表现。成形针织服装的结构线主要指服装的外轮廓线、衣片与衣片之间的拼接缝合线、褶皱线等。利用针织面料的卷边性，还可以得到立体的肌理线条效果（图5-4）。

（a）衣片轮廓线　　　　　（b）褶皱线　　　　　（c）拉链

图5-4　线在成形针织服装中的表现

（三）面

1. 面的概念

面是线在宽度上的不断增加以及线的运动轨迹，是点和线的扩大。面具有二维空间的性质，有平面和曲面之分。几何学里的面可以无限延伸，但却不可以描绘和制作出来。

造型设计中的面可以有厚度、色彩和质感，是比点大、比线宽的形态，其形态具有多样性和可变性，包括几何形的面和任意形的面。

几何形的面，具有秩序性、机械性，如正方形、三角形和圆形等。

任意形的面，具有随意性、自然性，有偶然形、有机形和不规则形等。

2. 面在成形针织服装中的表现形式

成形针织服装是由各种形状的衣片组合而成，大部分衣片都是大小不一的面，这些面围拢人体后，形成了立体的服装空间形态。

在针织服装上，面造型元素以重复、渐变、扭转、折叠、连接、穿插等构成形式，使服装具有虚实量感和空间层次感。针织服装面与面之间的比例分配、肌理变化、色彩配置以及装饰手段的不同应用能产生风格迥异的艺术效果（图5-5）。

（四）体

1. 体的概念

体是面的移动轨迹和面的重叠，是有一定长度和深度的三维空间。点、线、面是构成

（a）衣片形状　　　　　　　　　（b）色块搭配　　　　　　　　　（c）图案纹样

图 5-5　面在成形针织服装中的表现

体的基本要素。造型设计上的体可以是面的合拢和点、线的排列集合等，设计上的体有色彩、有质感。体的形状千差万变，可以是球体造型、立方体造型、圆柱体造型、锥体造型等，只要是设计需要而且工艺上能够实现，体可以是任意的造型。

2. 体在成形针织服装中的表现形式

由于空间感强，体造型的数量对服装整体感觉的影响很大。在服装上大量使用体造型，会感觉特别烦琐笨重，非常夸张，适合于创意性服装造型设计。在日常生活服装中，少量、局部使用体造型，可以增强视觉效果，体现服装的层次性。

体在针织服装上的表现形式主要为明显凸出整体的较大零部件，或服装表面的凹凸设计。成形针织服装可以通过卷边、叠加、缠绕等方式形成体量效果，还可以通过用粗线编织或增加有厚度的造型来增加服装的体积感（图 5-6）。

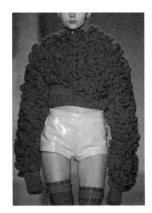

（a）组织结构与花型　　　　　　（b）卷边叠加　　　　　　　　　（c）立体廓型

图 5-6　体在成形针织服装中的表现

二、形式美法则

从本质上讲，形式美的基本原理和法则就是变化与统一的协调，是对自然美加以分析、组织、利用并形态化了的反映。

它贯穿于包括绘画、雕塑、建筑等在内的众多艺术形式之中，是一切视觉艺术都应遵循的美学法则，同样也是自始至终贯穿于针织服装设计中的美学法则。

形式美主要包括比例、平衡与对称、节奏与韵律、对比与调和、强调、以及视错等方面的内容。

（一）比例

比例是事物间的相互关系，体现各事物间长度与宽度、部分与部分、部分与整体间的数量比值。对于服装来讲，比例就是服装各部分尺寸之间的对比关系。

当对比的数值关系符合美的统一和协调原则，被称为比例美。例如，服装色彩之间的面积对比关系、各部分衣片之间的长度或宽度的比例关系、饰物在整件服装当中所占的大小比例关系等。

（二）平衡与对称

在一个交点上，双方不同量、不同形但相互保持均衡的状态，称为平衡。其表现为对称和不对称两种平衡形式。

对称平衡是双方在面积、大小、质量上保持相等状态下的平衡，这种平衡关系可表现出一种严谨、端庄、安定的风格。

同样，设计师为了打破对称平衡的呆板与严肃感，追求活泼新奇，在设计中以不失重心为原则，追求静中取动，将不对称平衡设计元素应用于现代服装设计中，也可以获得不同凡响的艺术效果。

（三）节奏与韵律

节奏和韵律本是音乐术语，指音与音之间的高低以及间隔长短在连续奏鸣下反映出的感受。在服装设计中，节奏主要体现在点、线、面、体的规则和不规则的疏密、聚散、反复的综合运用，是通过形态或色彩的反复、渐变或交替来表现的。

这种重复变化的形式有三种，即有规律的重复、无规律的重复和等级性的重复。韵律变化的关键在于造型元素的重复变化必须要表现出一种抑扬顿挫的优美情调。

（四）对比与调和

对比与调和是艺术设计中相辅相成的两个要素。相异较明显，相同较少，便为对比；反之，相同较明显，而相异较少，便为调和。

服装设计中的调和是指将构成服装的各要素保持一种秩序与和谐，即将形状、颜色、材料、装饰之间的相互关系进行有效地调和，从而达到令人愉悦和舒适的效果。而对比则反其道而行之，强调各要素之间的差异性，强调冲突感。调和可以给人以安静、舒适、柔和之感，对比则给人活跃、竞争、鲜明的感觉。在针织服装设计中处理好对比与调和的关系，可以使设计作品既符合大众审美，又具有流行时尚感。

（五）强调

强调即突出重点和主题，强化事物的主从关系。服装的强调是指突出服装的某个设计元素，使其成为注意的焦点、设计的核心以及整个作品的兴奋点。服装从外轮廓造型到各局部结构，都有助于展示人体的最美部位，针织服装的重点强调部位经常出现在领、胸、肩、腰、下摆、袖口等处。此外，还可以从服装的色彩、材料质地、装饰手法等方面进行个性化设计，以突出重点。

（六）视错

由于光的折射及物体的反射关系或人的视角不同、距离方向不同，以及人的视觉器官感受能力的差异等因素，会给人造成视觉上的错误判断，这种现象称为视错。视错在服装设计中具有十分重要的作用，利用视错规律进行综合设计，可以弥补或修整人体缺陷；利用图底反转原理设计的图案，可以使人感到人体和服装都产生了变形或具有运动感。

视错经常会产生出其不意的美妙效果，这种效果被借鉴运用在针织服装中，可以形成较强烈的视觉中心。

第二节　成形针织服装廓型设计

一、廓型的定义

廓型（Silhouette）原意是指影像、剪影、侧影、轮廓，在服装设计中引申为外部造型、外轮廓、大型等意思，服装廓型代表了一个时代的服饰文化特征和审美观念。针织服装的廓型即人体着装后的外轮廓造型，它摒弃了服装局部细节，充分展示出针织服装的整体效果，给人以深刻的总体印象。

针织服装的变化主要可归纳成合体紧身型、A 型、H 型、X 型、Y 型、O 型六种基本型。在基本型基础上稍作变化和修饰又可产生出多种变化造型来，例如，以 A 型为基础能变化出帐篷型、人鱼型、喇叭型等造型；对 H 型进行修饰也能产生箱型、筒型、沙漏型等更富情趣的轮廓形状（图5-7）。

(a) 紧身型　　　　　　　　(b) A型　　　　　　　　(c) H型

(d) X型　　　　　　　　(e) Y型　　　　　　　　(f) O型

图 5-7　成形针织服装的基本廓型

二、影响廓型的因素

针织服装的造型离不开人体的基本形态，因此决定针织服装廓型的主要部位是支撑服装的肩、三围和底摆。

（一）肩部

肩部是支撑针织服装重量和把握针织服装轮廓造型的重要部位。服装穿在人体上，其重量主要由肩部承担。

由于针织组织结构的特点，它的柔软性和随形特征大大高于一般梭织服装，所以在确定针织服装的肩部时，一般不宜设计过于强调刚性的肩部造型，而以自然的肩型为主，不加垫肩、不耸肩。如果要形成耸肩效果，可以在肩部添加衬布、垫肩、或局部增加褶量等手段。还可以通过减去局部袖片的方法，形成露肩效果。

（二）三围

胸围、腰围、臀围合称三围。在针织服装轮廓造型设计中，虽然针织的弹性因素对胸围尺寸要求不是太高，但胸围的大小与合体度对服装廓型变化起着重要作用。

腰围松紧度的把握也是影响服装轮廓造型的重要因素。腰部的造型变化有束腰（X型）、松腰（H型）以及腰节线的变化（即高、中、低腰位置的变化）。腰节线高低位置的不同可带来服装上下长度比例上的差异，从而使整体造型风格呈现丰富各异的变化。

臀围对服装廓型的影响最大。腰围和臀围尺寸的比例直接影响到服装款式造型的美感。一般来说，臀围应考虑适合下肢运动的功能需要，但在创意针织服装设计的时候，也可以运用比较夸张的臀围尺寸设计。

（三）底摆

针织服装底摆主要集中在下摆的变化上，底摆的大小和长短变化影响针织服装的廓型。因为下摆左右对称、上下层叠平行、直线或曲线变化会直接引起服装廓型的变化。另外，底摆宽度的大小也同样制约着廓型的变化，例如，超大裙摆的针织裙设计造型带来的绝对不会是 Y 型的廓型。

第三节　成形针织服装内部设计

针织服装的内部造型设计，是在服装的外轮廓线确定以后，对内部结构做分割规划安排。从一定意义上来说，成形针织服装的内部造型设计包括结构线设计和部件设计。它们之间可以进行相互组合与变化，使服装的各部件与整体之间结构合理，在符合比例美的同时，服装更具层次感、立体感和装饰效果。

一、结构线设计

由于成形针织服装是先在织机上织出完整的衣片形状，再将各衣片缝合起来的成衣过程，所以成形针织服装的结构线主要体现在服装的各个拼接部位，包括拼接线、褶等。针织服装的结构线在设计中具有塑造服装外型、适合人体体型和方便加工的要求。

（一）拼接线

成形针织服装的衣片形态完整，一般不将衣片裁剪开，衣片与衣片之间的拼接线是根据人体曲线形态与廓型要求在服装上增加的结构缝。衣片缝合时，在服装上形成缝线，所产生的线条在服装造型中起到分割和装饰美化的作用。根据衣片边缘形态，拼接线可以是直线形、曲线形、或者是任意形（图 5-8）。

（a）直线形

（b）曲线形

（c）任意形

图5-8 拼接线的形态

（二）褶的设计

褶是服装结构线的另一种形式，是将布料折叠并且进行缝制，形成多种形态的自由线条。褶的外观具有立体感，同时具有很好的服装装饰效果。在使用功能上具有一定的放松度，能够适应人体活动需要。褶在静态时收拢、动态时张开，富于变化。褶通常分为三大类：褶裥、细褶皱和自然褶（图5-9）。

（a）褶裥

（b）细皱褶

（c）自然褶

图5-9 褶的形态

二、部件设计

任何一个整体，均由许多局部组成，局部设计是依附于整体存在的，但局部与整体又具有各自的独立性，成形针织服装设计也是同样的道理。成形针织服装的部件设计包括衣领、衣袖、口袋、下摆、门襟、裤口以及边口设计。在处理服装的局部结构时，应该在满足其服用功能的前提下，寻求与服装整体造型之间的内在联系。

（一）领型设计

由于服装的衣领与人的脸部最接近，是全身最引人注目的服饰部位。针织服装，特别是实用类针织服装的款式造型如何，衣领起着决定性的作用。成形针织服装的领型分为两大类，即无领型和有领型。在结构上，衣领由领口和领子两部分组成。领口是衣身上空出脖颈的缺口，又称为领窝。各种无领型的变化实际上主要是领窝的变化。在领窝上独立于衣身之外的部分称为领子。衣领的构成因素主要是领窝的形状、领角的高度、翻折线的形态、领面轮廓的形状以及领尖的修饰等。

1. 无领型

无领是针织服装的特色领型，常用于针织内衣、针织毛衫等，造型简洁大方、穿脱方便。基本造型有方形、圆形、一字形、鸡心形等，还有一些变化形如挂脖领、抽带领、斜肩领、连身出领等。通过折边、滚边、饰边、加罗纹边等工艺手法对边口进行工艺处理，解决了针织面料边口易脱散和卷边的问题。设计师在设计挖领时要注意领口的尺寸，在工艺上要保证人体头部能正常穿脱，必要情况下，可适当增加纽扣、拉链或者开衩设计（图5-10）。

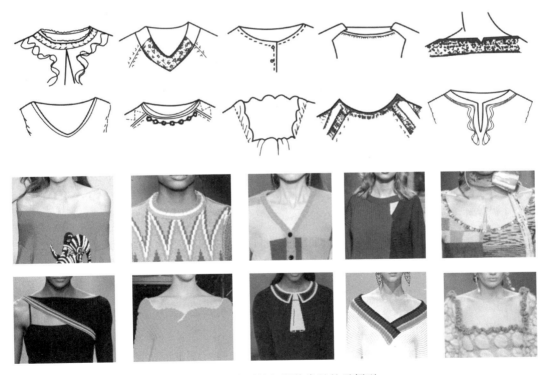

图5-10　成形针织服装常见的无领型

2. 有领型

有领型是由领口和领子两部分构成，多用于针织外衣中。从领片的形态上可以分为立领、翻领、波浪领三类。

（1）立领：立领是从领围线沿脖颈立起来的领子，与脖子的贴合度较好，整体形态根据领口宽度、深度以及领片的大小进行变化。

立领设计可以用在套头衫中，也可以用在开衫中（图5-11）。

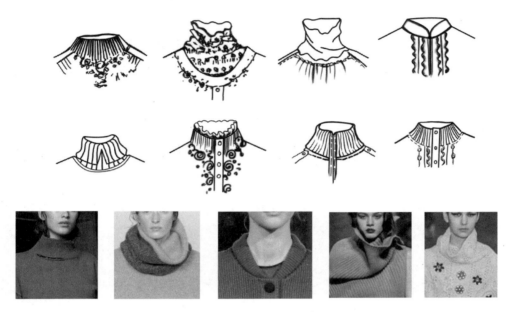

图5-11　成形针织服装常见的立领

（2）翻领：翻领是领面外翻的一种领型，一般没有领座或者领座很低。

例如横机翻领是T恤的专用领型，它是采用针织横机进行编织的成形产品，结构上属于直角结构，多利用色织、边口组织的变化来丰富衣领的造型。

例如驳领也是翻领的一种，由领片前部与衣身的一部分共同翻折而形成。

翻领由于领子和驳头都可以进行设计，所以款式变化丰富，广泛应用于针织外衣设计（图5-12）。

（3）波浪领：由于领边与荷叶相似，所以也叫荷叶领。波浪领属于宽松造型设计，并具有优雅的女性气质，故波浪领在针织女装中应用非常广泛（图5-13）。

（二）袖型设计

袖子是包裹肩部和手臂的服装部位，以筒状为基本形态，与衣身的袖窿相连接，构成完整的服装造型。根据袖子与衣片的结构关系，一般分为连身袖、装袖、插肩袖、无袖四类（图5-14）。

（1）连身袖：又称连衣袖，是袖子与衣片连在一起织出的造型。连身袖穿着舒适，肩部造型自然圆顺，腋下衣片多有余量，手臂活动不受束缚，属于宽松型结构，多用于针织休闲类服装或家居服设计中（图5-15）。

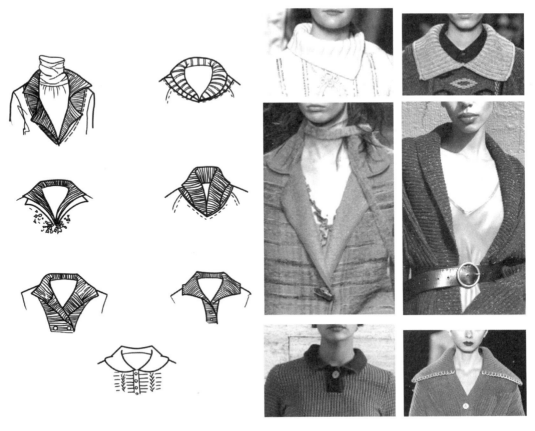

图 5-12　成形针织服装常见的翻领

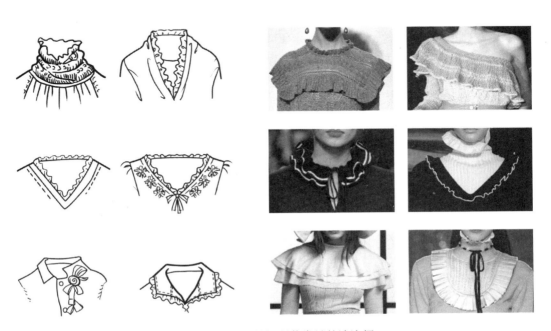

图 5-13　成形针织服装常见的波浪领

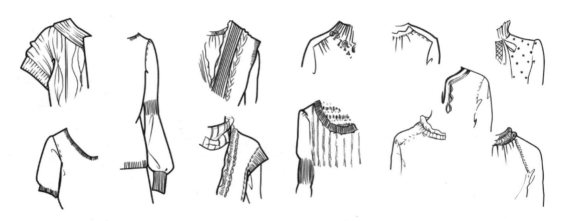

图 5-14　成形针织服装常见的袖型

图 5-15　成形针织服装常见的连身袖

（2）装袖：袖子单独织成，再与衣身在袖窿处进行缝合而成。装袖对人体的包裹程度较好，穿着舒适合体，外观平整流畅，便于活动。袖窿线形态的差异可以影响袖部结构的舒适性。例如，袖窿线造型为直线，袖型比较宽松休闲；袖窿线造型为弧线，则袖型比较合体大方。此外，在装袖结构的基础上，还可以演变出喇叭袖、灯笼袖、羊腿袖、抽褶袖等体积感较强的袖型（图 5-16）。

图 5-16　成形针织服装常见的装袖

（3）插肩袖：插肩袖的袖窿与衣身在肩膀上相连，袖窿较深，将衣片的一部分转化成了袖片，因此整个肩部被袖片覆盖。这种袖型视觉上增强了手臂的修长感，袖型简洁、流畅而宽松，在休闲运动风格的针织毛衫和针织外套中经常使用（图5-17）。

图5-17 成形针织服装常见的插肩袖

（4）无袖：也称肩袖，是指没有袖片，而由袖窿形状直接构成袖型。由于它仅在袖窿处进行工艺处理和装饰点缀，又称花袖窿（图5-18）。

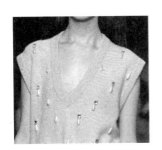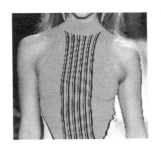

图5-18 成形针织服装常见的无袖

此外在进行成形针织服装袖型设计的时候，还可以从袖口的形态、袖片的数量、以及袖身装饰等方面进行变化运用。例如，袖口有收紧式的罗纹袖口、传统的马蹄袖口、钟形袖口、外翻袖口等。设计师还常在衣袖上做各种装饰，如刺绣、烫贴、缝缀、抽褶等手法，在突出服用功能性的同时，还能反映出穿着者的个性美。

（三）口袋设计

口袋也是针织服装局部设计的组成部分，它既有实用功能也有装饰功能，口袋的设计与运用丰富了成形针织服装的款式设计。在设计时要注意口袋款式与服装风格要统一，口袋的尺寸及在服装中的位置要合理。由于成形针织服装制作工艺的特殊性，全成形针织电脑横机可以通过程序设计直接在衣身上织出口袋结构而无需缝制。一般贴身穿着、或质地轻薄的毛衫、连衣裙、内衣等都不加口袋或仅加装饰性的口袋，而针织外套类则多有口袋设计。现代成形针织服装中衣袋设计的实用性在降低，而其装饰性却在不断增加（图 5-19）。

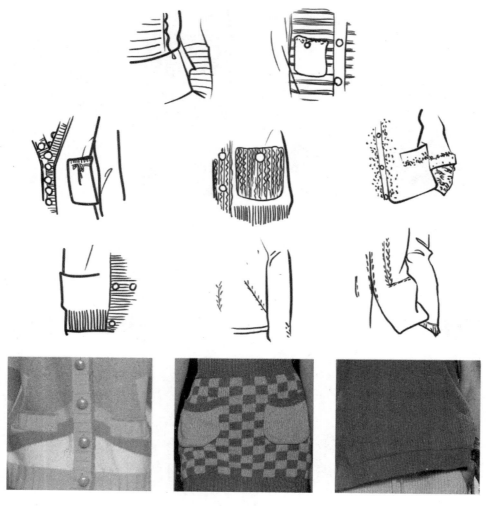

图 5-19　成形针织服装常见的口袋

针织服装中口袋的设计要结合服装的领边、门襟边、下摆边、袖口边来进行，需要整体构思。其工艺有以下几点要求：

（1）各种口袋的设计都要便于人的手和手臂的活动，注意口袋位置、尺寸的设计。

（2）口袋的外形要与针织服装各部位相协调统一。例如，圆领配合圆口袋，方领配合方口袋等。

（3）内衣式的紧身针织服装不适合搭配口袋。另外，因为针织面料的特殊性，料质比较薄透、布质松散的针织面料不适合做插袋和挖袋。

（4）口袋设计要注意男女装的差异，男性强调实用性，而女性更强调装饰性。

（四）门襟设计

门襟具有实用和装饰双重功能，是针织服装局部造型的重要部位。门襟设计主要体现在针织服装中的开衫搭门处，一般与领的结构、襟的闭合方式结合起来考虑。

成形针织服装门襟的种类很多，根据长短不同可以分为全开襟和半开襟；根据款式可以分为明门襟和暗门襟、对襟和搭襟、对称门襟和不规则门襟。门襟的闭合可以使用拉链、绳带、纽扣等方式。门襟有改变领口和领型的功能，根据开口方式的不同，可以使圆领变尖领、立领变翻领、平领变驳领等。门襟的形式较多样，主要呈条带状。在设计门襟时要注意考虑其平整性和挺括性，具有特别款式造型的门襟也要注意其装饰效果。

通常情况下，针织服装门襟工艺设计所用的织物组织有：满针罗纹、2+2 罗纹、1+1罗纹、畦编、波纹、提花等（图 5-20）。

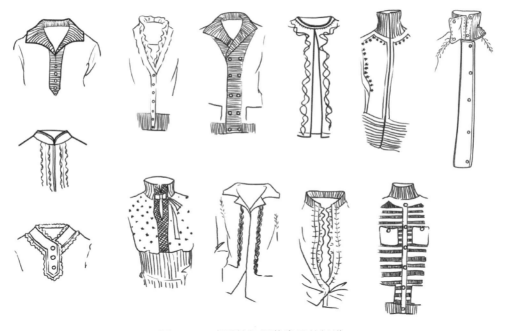

图 5-20 成形针织服装常见的门襟

（五）下摆设计

上衣或裙子下摆的形状、大小及缝制加工方法的变化也是成形针织服装设计的重要组成部分。下摆造型及缝制方法的不同，服装的整体风格效果也不同。例如直下摆显得大方，弧线下摆显得活泼；摆大活动方便，摆小精巧利索。休闲装下摆可采用前后不等长、侧缝开衩等方式；时装则可多层边、滚边、加花边等多种方法来丰富服装的下摆。针织裙装的下摆设计尤其丰富，按形态分有宽摆、窄摆、圆摆、扇形摆、波浪摆等，既可以单层设计也可以多层重叠，灵活多样（图 5-21）。

下摆的加工形式有直边、折边、包边三种。直边式下摆是直接编织而形成的，通常采用各类罗纹组织和双层平针组织；折边式下摆是将底边外的织物折叠成双层或三层，然后缝合而成；包边式下摆是将底边用另外的织物进行包边而形成的。

图 5-21　成形针织服装常见的下摆

（六）裤口设计

裤口属于下装款式变化比较醒目的部位，也是受运动因素影响最大的部分。在传统成形针织服装设计中，裤口设计多以罗纹组织居多，针织时装类的裤口设计还可以用折边、包边、卷边、装饰边等。裤口设计受到裤子整体造型的影响，常用的裤口类型有紧裤口、松裤口、宽边裤口、褶皱裤口等。

（七）边口设计

针织面料由于具有脱散性、卷边性的特点，因此其领口边、袖口边、裤口边、下摆边的处理非常重要。边口设计既能改善服用性能、增加牢度，还能影响服装的整体造型风格。

（1）罗纹饰边。罗纹饰边是成形针织服装最常见的边口设计形式。为了穿脱方便，通常在针织服装的领口、肩部或背部开门襟，在脚口、袖口开衩或做成敞口形式。罗纹结构良好的伸缩性完全能适应人体头部、手部、腰臀等处尺寸变化的需要，无需开襟、开衩也能方便地穿脱。

（2）边口修饰的其他方法。

①滚边、加边：滚边或加边的布料可以与大身相同，也可采用罗纹或其他相适应的组织。如男式加边背心、侧开口男内裤等，还可以有其他装饰边口。

②缝迹处理：采用弹性好、防脱散并有装饰作用的缝迹（如绷缝）进行处理，也可得到好的效果。

③卷边利用：在羊毛织物上可利用针织物的卷边性，使边口外翻，形成有立体感的圆柱形边口，但对边口要进行防脱散处理，羊毛衫可用收口的方法，薄型针织物需加防脱散线迹。

第四节　成形针织服装装饰设计

随着时代的发展，人们消费理念的提升，现代成形针织服装朝着时装化、品牌化、绿色环保的方向不断发展。随着新原料、新工艺的开发，成形针织服装的装饰性特点也越来越强。

由于针织面料不宜采用复杂的分割线和过多的缉缝线，为消除造型的单调感，常常采用装饰手段来弥补其不足。针织面料组织结构富有独特的肌理效果，本身就具有很强的装饰性，同时配合色彩设计和图案花型设计，可以设计出风格各异的针织服装产品。成形针织服装中常用的装饰手法包括异料镶拼、饰件添加等。使用时，除了在视觉上符合设计意图外，还要注意其质地、手感及重量要与针织服装协调，避免过于粗硬、沉重饰物的添加。

一、异料镶拼

异料镶拼是利用针织面料不同性质、不同外观效应的组合，使服装不仅具有实用功能、同时还兼有装饰效果，是针织服装设计中常用的手法。例如使用不同厚薄、不同织纹肌理等针织面料进行镶拼；或将针织面料与机织面料相组合，产生材料质感对比的装饰效果（图5-22）。

图5-22　异料镶拼

二、饰件添加

在式样平淡的服装上巧妙地加配各种饰件，如在衣领、袖口和下摆上点缀飘带或抽结，在腰部加腰带或腰巾，在服装上适当加缀装饰纽扣和佩戴胸针、胸花、项链等，均能改变平淡单调的气氛，在平面与立体的对照中增加活力与华丽感。或者在针织服装上使用贴花、补花、织花、素绣、彩绣、缎带绣、珠绣、烫钻等手法，进行一些图形装饰，与服装整体相协调，起到锦上添花的作用（图 5-23）。

图 5-23 饰件添加

 思考题

1. 简要说明成形针织服装造型设计的基本构成要素。
2. 形式美法则主要包括哪几方面的内容？
3. 简述成形针织服装廓型的含义。

实训项目一：绘制成形针织服装单线效果图

一、实训目的

1. 熟悉成形针织服装的廓型。
2. 掌握成形针织服装效果图的绘制方法。
3. 掌握计算机辅助设计在成形针织服装效果图绘制中的应用。

二、实训条件

1. 作图工具：铅笔、直尺、纸张、剪刀等。
2. 计算机辅助设计软件：Adobe Illustrator 设计软件，或者其他相关软件。

三、实训任务

1. 网络下载或者通过拍摄、扫描等方法收集成形针织服装图片若干张。

2. 绘制成形针织服装效果图。

四、实训报告

1. 色彩模式为 CMYK。

2. 纸张页面为 A4。

3. 绘制成形针织服装效果图，要求图层分解细致、清楚。

4. 总结本次实训的收获。

 实训项目二：成形针织服装效果图中的面料填充

一、实训目的

1. 训练理论联系实际的能力。

2. 掌握在成形针织服装效果图填充面料的方法。

二、实训条件

1. 作图工具：铅笔、直尺、纸张、剪刀等。

2. 计算机辅助设计软件：Adobe Illustrator 设计软件，或者其他相关软件。

三、实训任务

1. 网络下载或者通过拍摄、扫描等方法收集成形针织服装面料图片若干张。

2. 在成形针织服装单线效果图中填充面料。

四、实训报告

1. 色彩模式为 CMYK。

2. 纸张页面为 A4。

3. 成形针织服装效果图中填充面料，要求图层分解细致、清楚。

4. 总结本次实训的收获。

第六章　成形针织横机产品设计

第一节　成形针织横机产品概述

一、成形针织横机产品特点

成形针织横机产品主要包括羊毛衫及其配饰，如围巾、手套、帽子等，其主要特点是延伸性强，弹性好。因此能紧贴人体，又不妨碍人体运动，且具有良好的柔软性和保暖性，因而穿着舒适，服用性能优良。

成形针织横机产品适应原料范围广、投资少、见效快、利润大、消耗低、生产工艺流程短、应变流行趋势快、尤其适合于小批量生产，已被越来越多的生产厂家和企业家所接受。生产设备的科学化、电脑化，新技术的不断应用，生产规模的不断扩大，更进一步促进了我国成形针织工业的发展。

目前，羊毛衫服装正向外衣化、系列化、时装化、艺术化、高档化方向发展。成形针织横机产品以其柔软的手感、优良的弹性、多变的风格而深受人们的青睐。随着生活水平的不断提高，人们对横机产品的款式风格和服用性能的追求日渐加强。近些年，电脑横机编织的运动鞋面逐渐兴起，横机编织成形的鞋面材料具有质量轻、透气性好、成型性好、加工工序简单、用工少等优点。

二、成形针织横机产品工艺设计

成形针织横机产品既是良好的保暖衣着，又是一种艺术的装饰品，因此成形针织横机产品设计是一项技术与艺术相结合的综合性设计。应对所用的原料、纱线细度、织物密度和组织结构、服装款式、花型图案及色彩、后整理及产品的装饰等作全面的设计，以适应各类不同消费者的需求。

1. 成形针织横机产品生产工艺流程

原料进厂→原料检验→准备工序→编织工序→成衣工序→成品检验→包装入库。

纱线原料进厂入库后，由测试化验部门及时抽取试样，对纱支的线密度、条干均匀度等项目进行检验，符合要求方能投产使用。

进厂的针织毛纱大都为绞纱形式，须经过络纱工序，使之成为适宜针织横机编织的卷装。编织后的半成品衣片经检验进入成衣工序。成衣车间按工艺要求进行机械或手工缝合，根据产品特点，成衣工序还包括拉毛、缩绒及绣花等修饰工序。最后经过检验、熨烫定型、复测整理、分等包装入库。

（1）原料检验的目的。原料的线密度偏差、条干均匀度、回潮率和色牢度，直接影响产品的质量。因此，对原料进行检验，发现问题，可及时修订工艺，采取技术措施防止影响成品的质量。

（2）准备工序的目的和要求。送到成形针织横机产品厂的各种毛纱，大都是绞纱形式，不能直接在针织横机上进行编织加工；同时在这些纱线上还存在着各种疵点和杂质，影响编织的质量和产量。因此，准备工序的目的是将绞纱绕成筒装形式，以适应编织生产中纱线退绕的需要；清除毛纱表面的疵点和杂质，对毛纱进行蜡处理，使之柔软光滑；根据工艺要求对毛纱作加捻、并股处理以提高毛纱牢度和增加毛织物厚度。络纱时应尽量保持毛纱的弹性和延伸性，要求张力均匀，退绕顺利。

（3）成形针织横机产品编织设备、编织类型及衣片检验。编织是成形针织横机产品生产的主要工序，其编织机械主要是横机，可用增减针数的手段来编织与人体相适应的衣片，不需通过裁剪就可成衣，既节约原料又减少工序，花型变化多，翻改品种方便。

按成形针织横机产品编织类型可分为全成形和裁剪形两大类。全成形编织是采用放针和收针工艺来达到各部位所需的形状和尺寸，编织后不需要进行裁剪就可成衣，多用来织以动物纤维为原料的高档产品。裁剪类可分局部裁剪和整体裁剪两种方式，局部裁剪一般在挂肩和袖山头处采用台阶式拷针（直接脱圈）工艺，然后局部裁剪来获得所需的形状和尺寸，裁剪的损耗量小，而产量可以提高，这种方法多用来编织全毛的细针距织物、提花组织等中高档产品。整体裁剪一般是指通过圆机编织成匹布后，完全通过裁剪形式来获得所需的形状和尺寸，采用这种方式，裁剪损耗大，一般在低档原料中应用。

横机上生产的衣片下机后，必须经过逐片检验，符合要求才能进入成衣工序。衣片检验的内容有衣片的规格（即单片的长度、罗纹长短、挂肩转数、收针/放针次数等），单片重量及外观质量（即漏针、花针、豁边、单丝等）。

检验衣片的密度、规格应待衣片充分回缩后方可进行。衣片在编织过程中，受穿线板、挂锤等的纵向拉伸，加之编织时的张力，使下机后衣片的密度、各部位尺寸与成品实际要求有较大差异，因此下机后的衣片，经过静置一定时间后，不再回缩才可反映实际密度、规格。但是这种自然回缩（松弛收缩）的办法时间较长，实际操作中往往采取各种外界加压法，如揉缩、掼缩、卷缩等方法来使衣片快速回缩。

2. 成形针织横机产品编织工艺计算方法

成形针织横机产品编织工艺的设计与计算，是成形针织横机产品设计过程中的重要环节，其工艺的正确与否直接影响产品的款式造型及规格尺寸，并对劳动生产率、成本均有很大的影响。成形针织横机产品的工艺计算，是以成品密度为基础，根据产品各部位的规格尺寸，计算并确定所需要的针数（宽度）、转数或横列数（长度）。同时要考虑在成衣过程中的损耗（缝耗）。成形针织横机产品编织工艺计算的方法不是唯一的。各地区、各企业、甚至各设计者都有自己的计算方法和习惯，只要设计计算生产出符合要求的产品则均为正确，但其计算的原理是完全相同的。

（1）工艺计算流程。成形针织横机产品工艺计算流程如图6-1所示。

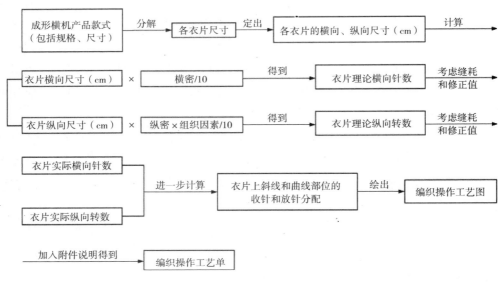

图6-1　成形针织横机产品工艺计算流程图

（2）工艺计算通式。成形针织横机产品各部位的针数（纵行数）N、横列数 R 和编织转数 K 可以通过下面的公式计算出来。

$$N_i = \sum_{i=1}^{n}(W_i + \Delta W_i) \times P_{Ai}$$

$$R_i = \sum_{i=1}^{n}(L_i + \Delta L_i) \times P_{Bi}$$

$$K_i = R_i \times C$$

式中：N——针数（纵行数），针；

$\quad\quad R$——横列数，横列；

$\quad\quad K$——转数，转；

$\quad\quad W$——产品宽度（横向尺寸），cm；

$\quad\quad L$——产品长度（纵向尺寸），cm；

$\quad\quad \Delta W$——横向缝耗和修正值尺寸，cm；

$\quad\quad \Delta L$——纵向缝耗和修正值尺寸，cm；

$\quad\quad P_A$——横向密度，纵行/10cm；

$\quad\quad P_B$——纵向密度，横列/10cm；

$\quad\quad C$——组织因素，为常数。

如果在计算宽度 W 内只有一种横密 P_A（纵行/10cm），则此宽度内的针数 $N = (W + \Delta W) \times P_A / 10$。同样，如果在计算长度 L 内只有一种纵密 P_B（横列/10cm），则此长度内的横列数 $R = (L + \Delta L) \times P_B / 10$，对应的编织转数 $K = R \times C$，C 为组织因素。设计中也可以先将纵密 P_B（横列/10cm）换算为 P_B（转/10cm），则编织转数 $K = (L + \Delta L) \times P_B / 10$。

组织结构、转数及组织因素的关系如表 6-1 所示。

表 6-1　组织结构、转数及组织因素的关系

组织结构	线圈横列数与转数	组织因素
畦编、半畦编（正面）、双罗纹、罗纹半空气层（正面）	一转一横列	1
纬平针、半畦编（反面）、四平、罗纹半空气层（反面）	一转二横列	1/2
罗纹空气层（四平空转）	三转四横列	3/4

（3）收放针分配。成形针织横机产品的曲线和斜线部位需要进行收针或者放针的操作，工艺计算过程中，设计人员需要确定这些部位的收针或者放针针数、转数，以及收针或者放针采用的段数。

在产品的工艺设计及操作图中，常用阿拉伯数字与运算符号的组合来表示收、放针分配，如第 i 段的收针可以表示为 $a_i - b_i \times c_i$，即在第 i 段的收针情况为 a 转收 b 针，重复 c 次；放针可以表示为 $a_i + b_i \times c_i$，即在第 i 段的放针情况为 a 转放 b 针，重复 c 次。$a_i \times c_i$ 是该段的收针或者放针转数，$b_i \times c_i$ 是该段每边的收针或者放针针数。一般情况下，横机产品的曲线和斜线部位多采用一段、两段或者三段收放针分配，即 i 的取值为 1~3，在实际设计中，要根据产品的内在质量、外观要求等进行综合确定。工艺中先收或者先放是指先进行收、放针操作再平摇；否则为先平摇再进行收、放针操作。

关于收针或者放针的分配有拼凑法、方程式法等多种方法，实际生产中，设计人员也可以根据经验直接进行分配，再通过打样进行校正。

（4）机号的确定。

$$Tt = \frac{1000C}{G^2}$$

式中：Tt——纱线线密度，tex；

　　　C——常数，取值 7~11，一般绒毛类纱线取值为 9，化纤类纱线取值为 8；

　　　G——机号，针/25.4mm。

第二节　成形针织围巾产品设计

一、款式特征及结构设计

1. 款式特征

针织围巾款式多样，根据形状的不同，可分为长围巾、方巾、三角巾、斜脚巾、披肩巾等。尺寸大一点的可披在肩头或垂到脚踝，小一点的仅仅系在颈部，可选择单色、花色，粗针织或细针织。款式上包括缠绕式、披肩式、套头式等（图6-2）。多使用造型样式、组织变化、配色花型等设计元素。常常使用抽穗、平边、包缝边、荷叶边、牙边、钩边等巾边样式。针织围巾色彩富于变化，能适应不同服装配饰的需要。

（a）缠绕式

（b）披肩　　　　　　　　　　　　（c）套头式

图6-2　针织围巾款式分类

2. 结构设计

针织围巾有经编围巾与纬编围巾两大类。经编围巾多为轻薄纱巾，纬编围巾多为平整厚重的毛围巾，使用横机或双反面机编织。围巾一般由巾身及两端流苏（穗档）构成，巾身可设计为不同组织结构，常用组织有四平组织、单罗纹组织、畦编与半畦编组织、波纹组织、双反面组织等。其花色主要为横条、绣花、印花、提花等。

二、测量部位及成品规格

1. 测量部位

围巾款式与测量方法如图 6-3 所示。

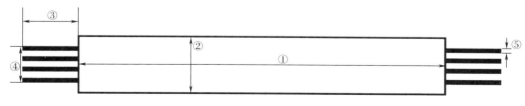

图 6-3　针织围巾测量方法

2. 成品规格

以腈纶畦编拉毛加长型围巾为例，其成品规格如表 6-2 所示。

表 6-2　针织围巾成品规格尺寸

编号	①	②	③	④	⑤
项目	长	宽	每档穗长	每端穗档	每档根数
尺寸	166cm	35cm	6cm	37 档	8 根

三、织物组织及成品密度

组织选择：畦编组织。

成品密度：$P_A = 20$ 纵行/10cm；$P_B = 44$ 横列/10cm。

下机密度：$P_A'' = 21$ 纵行/10cm；$P_B'' = 42$ 横列/10cm。

空转：起口空转 1-1。

四、原料及编织设备

针织横机编织围巾常用原料有羊毛、羊仔毛、羊绒纱、毛混纺纱等。精纺毛纱线密度为（56tex×2）～（28tex×2）［（18 公支/2）～（36 公支/2）］；粗纺毛纱线密度为 83～63tex（12~16 公支）或（83tex×2）～（63tex×2）［（12 公支/2）～（16 公支/2）］。本产品使用 2×38.5tex×2（26 公支/2×2）白色腈纶针织绒，在 6 针/25.4mm 普通手摇横机上编织。

五、编织工艺计算

（1）起针数 = 围巾宽×P_A/10 = 35×2 = 70，取正面 70 针，反面 69 针。

（2）编织转数=（围巾长–空转长）×P_B/10=（166–0.2）× 4.4=729.52，取 730 转。

空转一般取 0.2cm，横机一转编织一个畦编组织横列。

六、工艺操作图

腈纶拉毛围巾操作工艺如图 6-4 所示。

七、缝纫工艺

（1）手工锁边：对围巾末端的线圈横列进行手工锁边，以防脱散。

（2）蒸片：温度 50~60℃，汽蒸 1min 左右。

（3）拉毛：轻拉绒，对照标样进行。

（4）装穗：8 根一档，每端为 37 档，每档穗长为 6cm，穗用木梳梳顺。

平 730 转

正面 70 针
反面 69 针

图 6-4　腈纶拉毛围巾操作工艺图

第三节　成形针织帽子产品设计

一、款式特征及结构设计

1. 款式特征

针织帽款式变化丰富，适合各个年龄层消费者穿戴，样式不断推陈出新，从传统单纯的保暖功能变得款式丰富多样。款式包括针织翻折滑雪帽、针织贝雷帽、针织鸭舌帽、针织护耳帽、针织头巾帽、以及创意性针织帽等品种（图 6-5）。成形针织帽中最具经典的款式为翻折滑雪帽。

（a）翻折滑雪帽

（b）贝雷帽

（c）鸭舌帽

（d）护耳帽

图 6-5　针织帽款式分类

2. 结构设计

普通成形针织滑雪帽结构较简单，可编织一个长方形的织物片，然后缝合成圆筒形，并抽紧一端形成帽顶，最后在帽顶或帽边做装饰即可。有些较复杂的帽子，由于造型需要，常常对帽子顶部做分片设计，通过加减针织出若干个三角形织片，最后通过手工缝合而成。此外还有帽舌、护耳片等局部细节设计。

二、测量部位及成品规格

1. 测量部位

六角帽款式与测量方法如图 6-6 所示。

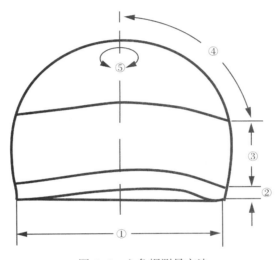

图 6-6　六角帽测量方法

2. 成品规格

选用女式中号规格，成品规格尺寸如表 6-3 所示。

表 6-3　中号女式六角帽成品规格尺寸　　　　　　　　单位：cm

编号	①	②	③	④	⑤
部位	帽身宽	帽边高	帽身高	帽顶长	帽顶围
尺寸	24	2.5	9	8.5	3

三、组织及成品密度

织物组织：帽边采用 1+1 罗纹，其他部位采用纬平针组织。

成品密度：$P_A = 34$ 纵行/10cm；$P_B = 56$ 横列/10cm。

下机密度：$P_A'' = 21$ 纵行/10cm；$P_B'' = 42$ 横列/10cm。

帽边罗纹纵密为：$P_B' = 70$ 横列/10cm。

空转：帽边罗纹起口空转 1—1。采用明收针。

四、原料及编织设备

编织机机号为 6 针/25.4mm。编织用原料为 2×83tex×1（12 公支/1×2）白色兔毛针织绒。

五、编织工艺计算

（1）帽身宽针数＝帽身宽×2×P_A/10+缝耗＝24×2×3.4+2＝165.2，取 164 针。

（2）帽顶围针数＝帽顶围×P_A/10+缝耗＝3×3.4+8＝18.2，取 18 针，式中 8 为总的缝耗。将帽顶分成 6 份，则每份帽顶为：18/6＝3 针。

（3）帽身转数＝帽身高×P_B/10×1/2＝9×2.8＝25.2，取 25 转。

（4）帽顶转数＝帽顶长×P_B/10×1/2＝8.5×2.8＝23.8，取 24 转。

（5）帽边罗纹转数＝（帽边高−空转长）×P_B'/10×1/2＝（2.5−0.2）×3.5＝8.05，取 8 转。

（6）帽身宽针数分配：将整个帽身分成 6 份，每份针数为：164/6＝27 又 2/6，取每份为 27 针。余下的 2 针，作为帽侧边的快收针（两边各收 1 针）。

（7）帽顶收针分配：六等份中的每份需收针数为：27−3＝24 针，每边需收 12 针。收针总转数为 24 转，取最后平摇为 1 转，则余下的收针转数为 23 转。

取每次收 1 针，则需收 12 次。则每次收针转数为：23/12＝2 又−1/12，介于 1~2 转之间，则最终收针分配式可确定为：

$$\begin{cases} \text{平 1 转} \\ 2\text{−}1×11 \\ 1\text{−}1×1 \end{cases}$$

六、工艺操作图

女式六角帽的操作工艺如图 6-7 所示。

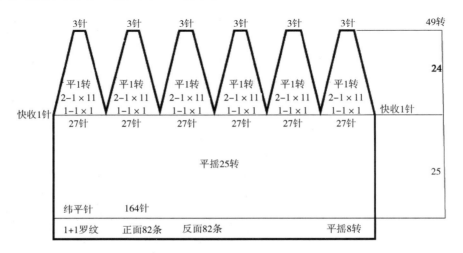

图 6-7　女式六角帽操作工艺图

七、缝纫工艺

（1）手缝：手缝帽边和帽顶。
（2）蒸烫定形：按成品规格汽蒸定形。
（3）整理、分等：按标准检验并分等。

第四节　成形针织手套产品设计

横机编织手套在毛衫服用中也是不可缺少的部分。横机编织手套产品与同类款式其他织物的产品相比，具有弹性强、延伸性好、手感柔软、舒适、保暖性好等优点，因此深受广大消费者的喜爱。

一、款式特征及结构设计

1. 款式特征

手套的品种较多，按手指式样一般可分为五指手套、无指手套、半指手套和独指手套等（图6-8）。其花色主要为绣花、印花、镶皮等。

（a）五指手套　　　　　（b）无指手套　　　　　（c）半指手套　　　　　（d）独指手套

图6-8　手套款式分类

2. 结构设计

手套可在手套编织机上编织，也可在一般横机上编织；可采用圆筒状编织法（只能编织单面织物），也可采用成片编织法（既可编织单面织物，又可编织双面织物）编织。下面以女式独指手套在一般横机上编织为例，来说明手套的设计方法。

二、测量部位及成品规格

1. 测量部位

测量部位及方法如图6-9所示，①为手掌围：手掌最宽处的围度尺寸；②为手尖围：食指、中指及无名指的围度尺寸；③为拇指围：拇指根部的围度尺寸；④为拇指长：从拇指根部到拇指指尖的长度；⑤为筒口长：从筒口线到大掌的长度；⑥大掌长：从筒口大掌连接处到拇指根部；⑦为收口长：从小拇指指尖到中指指尖的垂直距离；⑧为手套总长：筒口线到中指指尖的垂直距离。

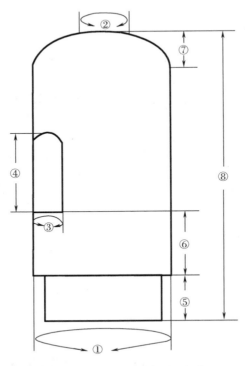

图6-9　女式独指手套测量部位

2. 成品规格

选用女式大号规格，成品规格尺寸如表6-4所示。

表6-4　女式独指手套成品规格尺寸　　　　　　　　　　　　　　　单位：cm

编号	①	②	③	④	⑤	⑥	⑦	⑧
部位	手掌围	手尖围	拇指围	拇指长	筒口长	大掌长	收口长	总长
尺寸	18	9	7.4	5.5	6	6	3	24

三、组织及成品密度

组织选择：手套筒口采用2+2罗纹组织；手套其余部段采用罗纹半空气层组织。

空转：手套筒口罗纹起口空转为1-1。

成品密度：$P_A = 27$ 纵行/10厘米；$P_B = 30$（反面）横列/10厘米。

下机密度：$P_A'' = 27$ 纵行/10厘米；$P_B'' = 28$ 横列/10厘米。

筒口纵向密度：$P_B' = 74$ 横列/10厘米。

四、原料及编织设备

原料采用 2×27.8tex×2（36 公支/2×2）腈纶针织绒线，选择 6 针/25.4mm 普通横机，缩片方法为掼缩，收针方式为明收针。

五、编织工艺计算

（1）手掌宽针数＝手掌围×P_A/10+缝耗＝18×2.7+2＝50.6，取 50 针。

（2）手套尖部宽针数＝手尖围/2×P_A/10＝9/2×2.7＝12.15，取 13 针。

（3）拇指嵌线宽针数＝拇指围/2×P_A/10-缝耗＝7.4/2×2.7-1＝8.99，取 9 针。

（4）筒口排针：2+2 罗纹对数为：50/3＝16 又 2/3，取 16 对。余 2 针作为大掌快放针（两边各放 1 针）。

（5）筒口转数＝（筒口长-起口空转长）×P_B'/20＝（6-0.2）×3.7＝21.46，取 22 转。

（6）大掌长转数＝大掌长×P_B/10＝6×3＝18，取 18 转。

（7）大掌以上平摇转数＝（总长-筒口长-大掌长-收口长）×P_B/10

$$=（24-6-6-3）×3＝27，取 27 转。$$

（8）手套尖部收口长转数＝收口长×P_B/10+缝耗＝3×3+1＝10，取 10 转。

（9）手套尖部收针分配：需收针 25-13＝12 针，每边需收 6 针。总收针转数为 10 转。取收针完后的平摇为 1 转；余下的收针转数为 9 转。取每次收 1 针，需收 6 次。

总的收针分配式为：

$$\begin{cases} 平\ 1\ 转 \\ 2-1×4 \\ 1-1×2（先收） \end{cases}$$

（10）大拇指编织针数＝拇指围×P_A/10+缝耗＝7.4×2.7+2＝21.98，取 22 针。

（11）大拇指编织转数＝（拇指长-起口空转长）×P_B/10＝（5.5-0.2）×3+2＝17.9，取 18 转。

六、工艺操作图

女式独指手套的操作工艺如图 6-10 所示。

七、缝纫工艺

（1）合缝：缝合手套的边缝。

（2）手缝：手缝手套尖部，手缝大拇指并用线抽紧指尖。

（3）蒸烫定形：按成品规格汽蒸定形。

（4）整理、分等：按标准检验并分等。

（5）包装：每双装一个小塑料袋。

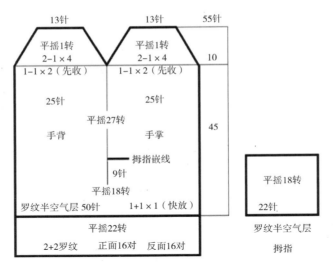

图 6-10　女式独指手套操作工艺图

第五节　成形针织毛衫产品设计

一、V 领男开衫设计

羊毛衫中 V 领男开衫是较典型、并且应用广泛的款式。本设计产品为 71.4tex×2（14 公支/2）的驼绒 V 领男开衫，其规格为 110cm。

（一）确定产品试样、测量部位及成品规格尺寸

本品为背肩平袖型产品，其试样及丈量图如图 6-11 所示，成品规格尺寸如表 6-5 所示。

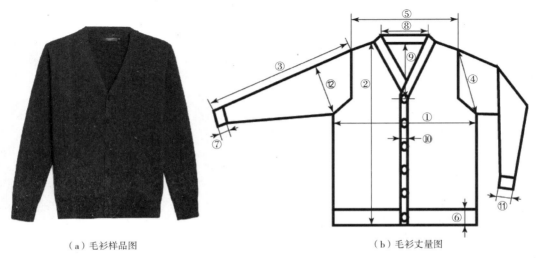

（a）毛衫样品图　　　　　　　　　　　　（b）毛衫丈量图

图 6-11　V 领男开衫

表 6-5　V 领男开衫成品规格尺寸　　　　　　　　　　单位：cm

编号	①	②	③	④	⑤	⑥	⑦	⑧	⑨	⑩	⑪	⑫
部位	胸宽	衣长	袖长	挂肩	肩宽	下摆罗纹	袖口罗纹	后领宽	前领深	门襟宽	袖口宽	袖宽
尺寸	55	70	56.5	24	43	5	5	10.5	27	3	13	20.5

（二）选择机号

根据 $Tt = 1000C/G^2$（C 的取值范围是 $7\sim11$）

得 $G =（1000C/Tt）^{1/2}$

因为：$Tt = 71.4\times2 = 142.8$，C 取 9

所以：$G =（1000\times9/142.8）^{1/2} = 7.94$

机号 G 为 7.94，即可选用 8 针/2.54cm 的横机，但由于 8 针/2.54cm 的横机较少，为了得到较紧密的织物，因此，此处选用 9 针/2.54cm 的横机。

（三）确定产品各部段组织结构与成品密度

毛衫各部段的组织结构为：前身、后身与袖子采用纬平针组织，前身下摆、后身下摆和袖口采用 1+1 罗纹组织，门襟带采用满针罗纹组织。

通过试织小样，确定出毛衫各衣片部位的成品密度如表 6-6 所示。

表 6-6　V 领男开衫各衣片部位的成品密度

衣片部段	前身	后身	袖子	下摆罗纹	袖口罗纹	门襟
横密（纵行/10cm）	42	42	43	—	—	44
纵密（横列/10cm）	66	66	62	88	86	80

（四）工艺计算

1. 后身

（1）后身胸宽针数：后身胸宽针数 =（胸宽尺寸–后折宽）$\times P_A/10+$摆缝耗$\times2 =（55-1）\times42/10+2\times2 = 230.8$，取 231 针。

（2）后身下摆罗纹排针数（条）：后身下摆罗纹排针数 =（后胸宽针数–快放针数$\times2$）/2。

下摆罗纹翻针完后，采用快放针为 1+1×2（先放）。

故：排针数 =（231–2×2）/2 = 113.5 条，取正面 114 条，反面 113 条。

快放针也称为连放针或者跑马针，下摆比大身少排几针，以获得较好的下摆式样。

（3）后肩宽针数：后肩宽针数 = 肩宽尺寸$\times P_A/10\times$肩宽修正值+缝袖缝耗$\times2 = 43\times42/$

10×95%+2×2＝175.6，取 175 针。

（4）后领口针数：后领口针数＝（后领宽+领边宽×2－两领边缝耗宽度）×P_A/10＝（10.5+3×2－1）×42/10＝65.1，取 65 针。

（5）衣长总转数：衣长总转数＝（衣长尺寸－下摆罗纹长+测量差异）×P_B/10×组织因素+肩缝耗＝（70－5+1.5）×66/20+2＝221.45，取 221 转。

由于此为背肩平袖收针品种，前、后身的衣长转数相同，因此，后身的衣长转数取 221 转。

（6）前后身挂肩总转数：前后身挂肩总转数＝（挂肩尺寸×2－几何差）×P_B/10×组织因素+肩缝耗×2＝（24×2－2）×66/20+1×2＝153.8，取 153 转。

（7）后身挂肩转数：后身挂肩转数＝前后身挂肩总转数/2－肩斜差/2×P_B/10×组织因素＝153/2－10/2×66/20＝60，取 60 转。

（8）后身挂肩收针转数：后身挂肩收针转数＝后身挂肩收针长度×P_B/10×组织因素。

取后身挂肩收针长度为挂肩长度的 1/3，即 8cm，代入得：

后身挂肩收针转数＝8×66/20＝26.4，取 27 转。

（9）后身挂肩平摇转数：后身挂肩平摇转数＝后身挂肩转数－后身挂肩收针转数＝60－27＝33，取 33 转。

（10）后肩收针转数：后肩收针转数＝后肩收针长度×P_B/10×组织因素。

取后肩收针长度为 10cm，代入得：

后肩收针转数＝10×66/20＝33，取 33 转。

（11）后身挂肩以下转数：后身挂肩以下转数＝后身衣片总转数－后身挂肩转数－后肩收针转数＝221－60－33＝128，取 128 转。

（12）后身下摆罗纹转数：后身下摆罗纹转数＝（下摆罗纹长度－空转长度）×下摆罗纹纵密/10×组织因素＝（5－0.2）×88/20＝21.12，取 21.5 转。

（13）后身挂肩收针分配：每边的收针数＝（后身胸宽针数－后肩宽针数）/2＝（231－175）/2＝28，取每次收针数为 2 针，需收 28/2＝14 次。

收针转数为 27 转。

由于挂肩收针为"先快后慢"，采用先收针，且两段收针，则分配式可写成：

$$\begin{cases} 3-2×1 \\ 2-2×13 \text{（先收）} \end{cases}$$

（14）后肩收针分配：每边需收针数：（175－65）/2＝55 针，取收针完后的平摇转数为 3 转，则实际收针转数为 33－3＝30 转。

此处后肩收针采用"先缓后急"收针法，采用三段收针，分配式为：

$$\begin{cases} \text{平摇 3 转} \\ 1-3×1 \\ 1-2×21 \\ 2-2×5 \text{（先收）} \end{cases}$$

2. 前身

（1）前身胸宽针数：前身胸宽针数＝（胸宽尺寸＋后折宽－门襟宽）×P_A/10＋（摆缝耗＋门襟耗）×2＝（55＋1－3）×42/10＋（2＋2.5）×2＝231.6，取 231 针。

（2）前身下摆罗纹排针数（条）：前身下摆罗纹排针数＝（前胸宽针数－快放针数×2）/2。

下摆罗纹翻针完后，采用快放针为 1＋1×2（先放）。

下摆罗纹排针数＝（231－2×2）/2＝113.5，取正面为 114 条，反面为 113 条。

下摆罗纹编织完，翻针及快放针完后，需在编织织针中部抽去一针，以便成衣时裁开，缝门襟。

（3）前肩宽针数：前肩宽针数＝（肩宽尺寸－门襟宽）×P_A/10＋（绱袖缝耗＋绱门襟缝耗）×2＝（43－3）×42/10＋（2＋2.5）×2＝177，取 177 针。

（4）前肩口间针数：前肩口间针数＝前肩宽针数＋劈势放针宽度×2×P_A/10＝177＋1.5×2×42/10＝189.6，取 189 针，劈势放针宽度取 1.5cm。

（5）前领口针数：V 领开衫的前领口针数＝后领口针数－门襟宽×P_A/10＝65－3×42/10＝52.4，取 51 针。

（6）前身长转数：与后身长转数相同，取 221 转。

（7）前身挂肩转数：前身挂肩转数＝前后身挂肩总转数/2＋肩斜差/2×P_B/10×组织因素＝153/2＋10/2×66/20＝93，取 93 转。

也可由之前的后肩收针转数推算得到：前身挂肩转数＝后身挂肩转数＋后肩收针转数＝60＋33＝93，取 93 转。

（8）前身挂肩收针转数：前身挂肩收针转数＝前后身挂肩转数×1/5＝153×1/5＝30.6，取 30 转。

前身挂肩收针转数也可由后身挂肩转数（27 转）加上多收一次针的转数（3 转）而得，还可直接由前身挂肩收针长度计算得到。

（9）前身挂肩平摇转数：前身挂肩平摇转数＝前身挂肩转数－前身挂肩收针转数＝93－30＝63，取 63 转。

需注意，此平摇转数（63 转）中，包括上袖"劈势"的放针转数在内。

（10）劈势转数：劈势转数＝劈势纵向尺寸×P_B/10×组织因素＝4×66/20＝13.2，取 13 转。

（11）前身挂肩以下转数：与后身挂肩以下转数相同，故为 128 转。

（12）前领深转数：前领深转数＝（领深尺寸－测量因素＋后直开领深＋前后身长之差尺寸）×P_B/10×组织因素＝（27－1＋0＋0）×66/20＝85.8，取 86 转。

（13）前身下摆罗纹转数：与后身下摆罗纹转数相同，故为 21.5 转

（14）前身挂肩收针分配：每边需收针数为（231－177）/2＝27 针，收针转数为 30 转。采用先收针，挂肩收针为"先快后慢"，采用三段收针，分配式为：

$$\begin{cases} 3\text{-}2\times6 \\ 2\text{-}2\times6 \\ 2\text{-}3\times1 \text{（先收）} \end{cases}$$

（15）劈势放针分配：每边需放针为（189-177）/2＝6针，放针转数为13转，取放针完后的平摇转数为3转，则实际放针转数为13-3＝10转。

放针采用每次放1针的方法，则放针次数为6次。

采用先放针，则每次放针转数为10/（6-1）＝10/5＝2转/次。

其放针分配式为：

$$\begin{cases} \text{平摇 3 转} \\ 2\text{+}1\times6 \text{（先放）} \end{cases}$$

（16）前领口收针分配：前领口针数51针，领深转数为86转。若按86转的收针转数进行收针，则在挂肩收针过程中，需进行领口收针，而由于两者的收针方式不同，若同时收针，会给编织操作带来许多不便。因此，在大规模生产中，常采用在挂肩收完针后，开始开领拷针，下机后，用裁剪法使领部达到工艺要求的方法。此处采用该法进行前领口的收针分配。

前领收针转数＝前身挂肩转数-前身挂肩收针转数＝93-30＝63转，由于与劈势放针对应的13转，领口部一般采用平摇，因此，前领实际收针转数为63-13＝50转。

领口收针针数，需考虑用于裁剪的余量8针（每边4针），则实际收针数为：51-8＝43针。

采用拷针法进行领口减针，一般开领口需先拷1.5cm左右的针数，此处为1.5×42/10＝6.3，取7针。余下需拷针数为43-7＝36针。每边需拷针数为36/2＝18针，实际拷针转数为50转。则拷针分配式可写为：

$$\begin{cases} \text{平摇 13 转} \\ 2\text{-}2\times1 \text{（拷针）} \\ 12\text{-}4\times4 \text{（拷针）} \\ \text{拷 7 针} \end{cases}$$

由于领深为86转，为了衣片完成后裁剪方便，需在领深最低点做一记号。由于前身挂肩转数为93转，因此做记号应在挂肩收针进行7转后，现近似采用挂肩第4次收完针后（即在挂肩收针进行6转后），将原来中抽的1针推上参加编织，来完成此记号。

在具有局部编织功能的横机上编织此衫，并且对领部质量要求较高，则通常采用左、右领分开编织的方法，在实际领深处开领收针，并且一般采用暗收针，其收针步调需尽可能与挂肩收针相协调。

3. 袖片

（1）袖宽针数：袖宽针数＝2×袖宽×P_A'/10+袖边缝耗×2＝2×20.5×43/10+2×2＝180.3，袖宽宜大，故取181针。

（2）袖山头针数：袖山头针数=（前后身挂肩平摇转数之和−肩缝耗×2）/（P_B/10×组织因素）×P_A'/10+袖缝耗针×2=（63+33−2×2）/（66/20）×43/10+2×2=123.9，袖山头宜小，取 123 针。

（3）袖子山头记号眼针数：袖子山头上第一只记号眼部位相当于后身挂肩平摇部位转数，因此：袖子山头记号眼针数=后身挂肩平摇转数/（P_B/10×组织因素）×P_A'/10=33/（66/20）×43/10=43，取 43 针。

袖子山头上第二只记号眼与第一只记号眼相对于袖子中心对称，因此，第二只记号眼应在袖山头另一边的 43 针处。两记号眼间的针数为 123−43×2=37 针。

需要注意的是，43 针中包括作为记号眼的那 1 针。

（4）袖口针数：袖口针数=袖口宽尺寸×P_A'/10×2+袖边缝耗×2=13×43/10×2+2×2=115.8，取 115 针。

袖罗纹针数分配为：正面 58 条，反面 57 条。

（5）袖长转数：袖长转数=（袖长尺寸−袖口罗纹长度）×P_B'/10×组织因素+绱袖缝耗=（56.5−5）×62/20+3=162.65，取 163 转。

（6）袖山收针转数：取与前身挂肩收针转数相同，为 30 转。

（7）袖阔平摇处转数：袖阔平摇处转数=4×P_B'/10×组织因素=4×62/20=12.4，取 12 转。袖阔平摇一般取 3~5cm。

（8）袖片放针总转数：袖片放针总转数=袖长转数−袖山收针转数−袖阔平摇处转数=163−30−12=121，取 121 转。

（9）袖口罗纹转数：袖口罗纹转数=（袖口罗纹长度−起口空转长度）×P_B/10×组织因素=（5−0.2）×86/20=20.64，取 20.5 转。

（10）袖山收针分配：每边需收针数为（181−123）/2=29 针，取收完针后平摇转数为 2 转，则实际收针转数为 30−2=28 转。袖山收针一般采用"先急后缓"来进行，分配式为：

$$\begin{cases} \text{平摇 2 转} \\ 4−2×1 \\ 3−3×9 \text{（先收）} \end{cases}$$

（11）袖片放针分配：每边需放针数为（181−115）/2=33 针。取快放针为 1+1×2（先放），余下每边需放针数为 33−2=31 针。

余下放针转数为 121−1=120 转。采用"先快后慢"的放针法，分配式为：

$$\begin{cases} 4+1×27 \\ 3+1×4 \\ 1+1×2 \text{（先放）} \end{cases}$$

4. 附件

（1）门襟带排针数：门襟带排针数=门襟带宽×门襟带横密/10+缝耗针数=3×44/10+2=15.2，取 16 针。

为了使门襟边口外观圆顺、光洁，其排针情况为：正面 16 针，反面 15+1 针。

（2）门襟带长：门襟带长=（衣长×2+后领宽+门襟宽+缝耗）=（70×2+10.5+3+2）=155.5cm。

门襟带的编织转数=门襟带长×门襟带纵密/10×组织因素=155.5×80/20=622，取 622 转。此处没考虑门襟带的回缩，门襟带的回缩率视实际情况而定。

（五）编制编织操作工艺单

确定出此毛衫的编织操作工艺单如下：

货号：×××××

品名：V 领男开衫

规格：110cm

机号：9 针/25.4mm

成品密度：P_A=42 纵行/10cm，P_B=66 横列/10cm

毛坯密度：P_A''=42.5 纵行/10cm，P_B''=59.5 横列/10cm

原料：71.4tex×2（14 公支/2）驼绒纱，深驼色

缩片方式：先揉后掼

空转：大身下摆罗纹，袖口罗纹均为 2-1（正面 2 反面 1）

收针方式：暗收针，收针辫子为 4 条

织物组织：前身、后身与袖子采用纬平针组织，前身下摆、后身下摆和袖口采用 1+1 罗纹组织，门襟带采用满针罗纹组织

衣片操作工艺图如图 6-12 所示。

二、圆领女套衫设计

设计产品规格为 85cm 的羊仔毛双层半高领女套衫，纱线原料用 47.6tex×2 的羊仔毛在 9 号横机上编织平针组织和 1+1 罗纹组织，分别作为大身织物和领罗纹。

（一）确定产品试样、测量部位及成品规格尺寸

本产品为平肩平袖产品，其试样及丈量部位如图 6-13 所示，其成品规格尺寸如表 6-7 所示。

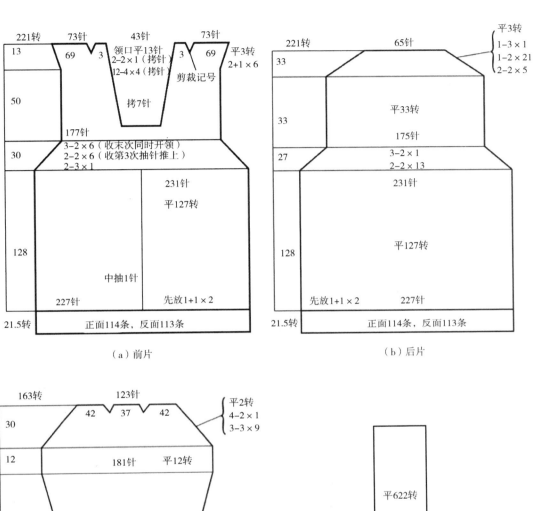

（a）前片　　　　　　　　　　　　（b）后片

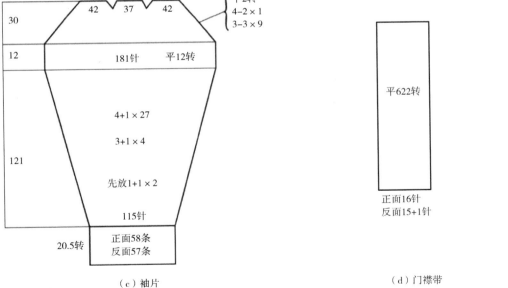

（c）袖片　　　　　　　　　　　　（d）门襟带

图 6-12　V 领男开衫衣片操作工艺图

（a）样品图　　　　　　　　　　　（b）毛衫丈量图

图6-13　圆领女套衫

表6-7　圆领女套衫成品规格尺寸　　　　　　　　　　单位：cm

编号	①	②	③	④	⑤	⑥	⑦	⑧	⑨	⑩	⑪	⑫
部位	胸宽	衣长	袖长	挂肩	肩宽	下摆罗纹	袖口罗纹	领宽	领深	领高	袖宽	袖口宽
尺寸	42	57	48	20	35	6	6.5	18	7	5.6	15	9

（二）选择机号

根据 $Tt = 1000C/G^2$

得 $G = (1000C/Tt)^{1/2}$

因为：$Tt = 47.6 \times 2 = 95.2$，$C$ 取 9

所以：$G = (1000 \times 9/95.2)^{1/2} = 9.7$

机号 G 为 9.7，即可选用 9 针/2.54cm 的横机。

（三）确定产品各部段组织结构与成品密度

其各部段的组织结构选取为：前身、后身、袖子采用纬平针组织；下摆罗纹、袖口罗纹与领罗纹采用 1+1 罗纹组织。

通过试织小样，确定出毛衫各衣片部位的成品密度为：前、后身横密 P_A 为 44.7 纵行/10cm、纵密 P_B 为 67.8 横列/10cm（33.9 转/10cm）；袖子横密 $P_A{}'$ 为 47.1 纵行/10cm、纵密 $P_B{}'$ 为 64.4 横列/10cm（32.2 转/10cm）（袖子的密度可由大身的密度加一定的修正值而得出）；下摆罗纹、袖口罗纹的纵密均为 83.4 横列/10cm（41.7 转/10cm）。

（四）工艺计算

1. 后身

（1）后身胸宽针数：后身胸宽针数＝（胸宽尺寸−后折宽−弹性差异）×P_A/10+摆缝耗×2＝（42−1−0.5）×44.7/10+2×2＝185.03，取185针。

（2）后身下摆罗纹排针（条）：下摆罗纹翻针完后，采用快放针：1+1×2（先放）。

后身下摆罗纹排针（条）＝（后胸宽针数−快放针数×2）/2＝（185−2×2）/2＝90.5，取正面91条，反面90条。

（3）后肩宽针数：后肩宽针数＝肩宽尺寸×P_A/10×肩宽修正值+缂袖缝耗×2＝35×4.47×95%+2×2＝152.6，取153针。

（4）后领口针数：后领口针数＝（领宽−两领边缝耗宽度）×P_A/10＝（18−1.5）×4.47＝73.76，取73针。

（5）衣长总转数：衣长总转数＝（衣长尺寸−下摆罗纹宽−测量差异）×P_B/10+缝耗＝（57−6−0.5）×3.39+2＝173.2，取174转。前、后身的衣长转数相同，都为174转。

（6）前后身挂肩总转数：前后身挂肩总转数＝（挂肩尺寸×2−几何差）×P_B/10+肩缝耗×2＝（20×2−3）×3.39+2×2＝129.4，取129转。

（7）后身挂肩转数：取肩斜差为10cm。后身挂肩转数＝前后身挂肩总转数/2−肩斜差/2×P_B/10＝（129/2−10/2×3.39）＝47.55，取48转。

（8）后身挂肩收针转数：取后身挂肩收针长度为8cm。后身挂肩收针转数＝后身挂肩收针长度×P_B/10＝8×3.39＝27.12，取27转。

（9）后身挂肩平摇转数：后身挂肩平摇转数＝后身挂肩转数−后身挂肩收针转数＝48−27＝21，取21转。

（10）后肩收针转数：后肩收针转数＝后肩收针长度×P_B/10＝10×3.39＝33.9，取34转。此处，后肩收针长度为肩斜差。

（11）后身挂肩以下转数：后身挂肩以下转数＝后身衣长总转数−后身挂肩转数−后肩收针转数＝174−48−34＝92，取92转。

（12）后身下摆罗纹转数：后身下摆罗纹转数＝（罗纹长度−空转长度）×下摆罗纹纵密/10＝（6−0.2）×4.17＝24.19，取24转。

（13）后身挂肩收针分配：每边需收针数为：（185−153）/2＝16针；收针转数为27转。采用先收针，收针分配为：

$$\begin{cases} 3\text{-}1×4 \\ 3\text{-}2×6（先收）\end{cases}$$

（14）后肩收针分配：每边需收针数为：（153−73）/2＝40针；取收针完后的平摇转数为2转；则实际收针转数为34−2＝32。

此处后肩收针采用"先缓后急"的收针方法，最终分配式为：

$$\begin{cases}\text{平摇 2 转}\\1-2\times8\\2-2\times12\end{cases}$$

2. 前身

（1）前身胸宽针数：前身胸宽针数=（胸宽尺寸+后折宽-弹性差异）$\times P_A/10$+摆缝耗$\times$2=（42+1-0.5）$\times$44.7/10+2$\times$2=193.98，取193针。

（2）前身下摆罗纹排针（条）：取下摆罗纹翻针完后，采用快放针为：1+1$\times$2（先放）。

前身下摆罗纹排针=（前胸宽针数-快放针数$\times$2）/2=（193-2$\times$2）/2=94.5，取正面95条，反面94条。

（3）前身肩宽针数：前身肩宽针数=肩宽尺寸$\times P_A/10\times$肩宽修正值+绱袖缝耗$\times$2=35$\times$4.47$\times$95%+2$\times$2=152.6，取153针。

（4）前领口针数：前领口针数=（领宽-两领边缝耗宽度）$\times P_A/10$=（18-1.5）$\times$4.47=73.76，取73针。

（5）前身挂肩转数：前身挂肩转数=（前后身挂肩总转数/2+肩斜差/2$\times P_B/10$）=（129/2+10/2$\times$3.39）=81.45，取82转。

（6）前身挂肩收针转数：前身挂肩收针转数=后身挂肩收针转数=27转。

（7）前身挂肩平摇转数：前身挂肩平摇转数=前身挂肩转数-前身挂肩收针转数=82-27=55，取55转。

（8）前身挂肩以下转数：前身挂肩以下转数=后身挂肩以下转数=92转。

（9）前身下摆罗纹转数：前身下摆罗纹转数=后身下摆罗纹转数=24转。

（10）前身挂肩收针分配：每边需收针数为：（193-153）/2=20；收针转数为：27转。

采用先收针，收针分配为：3-2$\times$10（先收）。

（11）前领深转数：前领深转数=领深尺寸$\times P_B/10$=7$\times$3.39=23.73，取24转。

（12）前领口收针分配：前领口针数为73针，领深转数为24转。

采用拷针方法进行领口减针，一般圆领领深最低处需先拷5cm左右的针数。

此处为：5$\times$4.47=22.35，取23针。

余下需收针数为73-23=50针，每边需收针数为50/2=25针。

所以最终分配为：

$$\begin{cases}\text{平摇 4 转}\\1-1\times15\text{（收针）}\\1-2\times5\text{（收针）}\\\text{拷 23 针}\end{cases}$$

3. 袖片

（1）袖宽针数：袖宽针数＝2×袖宽×P_A'/10+袖边缝耗×2＝2×15×4.71+2×2＝145.3，取145针。

（2）袖山头针数：袖山头针数＝（前身挂肩平摇转数+后身挂肩平摇转数-肩缝耗转数×2）/（P_B/10）×P_A'/10+缝耗针数×2＝（55+21-2×2）/3.39×4.71+2×2＝104.04，取103针。

（3）袖山头记号眼针数：袖子山头上第一只记号眼部位相当于后身挂肩平摇部位转数。

因此，后身挂肩平摇转数/（P_B/10）×P_A'/10＝21/3.39×4.71＝29.18，取29针。

袖子山头上第二只记号眼与第一只记号眼相对于袖子中心线对称，因此，其在袖山头另一边的29针处，两记号眼之间针数为103-29×2＝45针，需要说明的是，29针中包括作为记号眼的那1针。

（4）袖口针数：袖口针数＝袖口尺寸×P_A'/10×2+袖边缝耗×2＝9×4.71×2+2×2＝88.78，取89针。

袖罗纹针数分配为：正面45条，反面44条。

（5）袖长转数：袖长转数＝（袖长尺寸-袖口罗纹长度）×P_B'/10+缝袖缝耗＝（48-6.5）×3.22+4＝137.63，取138转。

（6）袖山收针转数：此处袖山即袖山收针转数，前身挂肩收针转数相同，即为27转。

（7）袖阔平摇处转数：一般为（3~5cm）×P_B'/10＝3×3.22＝9.66，取10转。

（8）袖片放针总转数：袖片放针总转数＝袖长转数-袖山收针转数-袖阔平摇处转数＝138-27-10＝101，取101转。

（9）袖口罗纹转数：袖口罗纹转数＝（袖口罗纹长度-起口空转长度）×袖口罗纹纵密/10＝（6.5-0.2）×4.17＝26.27，取26转。

（10）袖山收针分配：每边需收针数：（145-103）/2＝21针，取收针完后平摇1转。

则实际收针转数为：27-1＝26转。

最终分配为：

$$
\left\{
\begin{array}{l}
平摇1转\\
1-1×18\\
2-1×1\\
3-1×2
\end{array}
\right.
$$

（11）袖片放针分配：在此介绍利用方程式来求收放针分配式的方法。

袖身每边需放针数为：（145-89）/2＝28针。

取快放针为1+1×2（先放）。

余下每边需放针数为：28-2＝26针。若每次放1针，则放针次数为26次。

余下放针转数为：101-1＝100转。每次放针转数为100/26＝3又22/26，该值介于3

与 4 之间。

故可设放针分配式为：$\begin{cases} 4+1\times y \\ 3+1\times x \end{cases}$

列方程：$\begin{cases} x+y=26 \\ 3x+4y=100 \end{cases}$

解此方程得：$x=4$；$y=22$

因此，连同快放针在内的袖片放针分配式为：

$$\begin{cases} 4+1\times 22 \\ 3+1\times 4 \\ 1+1\times 2 \text{（先放）} \end{cases}$$

4. 领罗纹

可通过实测计算得领罗纹宽为 30.4cm；其横密为 38.3 纵行/10cm，纵密为 80 横列/10cm（40.0 转/10cm）。

（1）领罗纹排针数 = 30.4×38.3/10 = 116.43，正面取 117 针，反面取 116 针。

（2）领罗纹转数 = 5.6×2×40.0/10 = 44.8，取 45 转。领为双层半高领。

（五）编制编织操作工艺单

确定出此毛衫的编织操作工艺单如下：

货号：××××××

品名：圆领女套衫

规格：85cm

机号：9 针/25.4mm

成品密度：P_A = 44.7 纵行/10cm，P_B = 67.8 横列/10cm

毛坯密度：P_A'' = 44 纵行/10cm，P_B'' = 66 横列/10cm

原料：47.6tex×2 羊仔毛纱

颜色：蓝色

缩片方式：先揉后掼

空转：大身下摆罗纹，袖口罗纹均为 2-1

收针方式：暗收针，收针辫子为 4 条

织物组织：前身、后身与袖子采用纬平针组织，前身下摆、后身下摆、袖口和领采用 1+1 罗纹组织

衣片操作工艺图如图 6-14 所示。

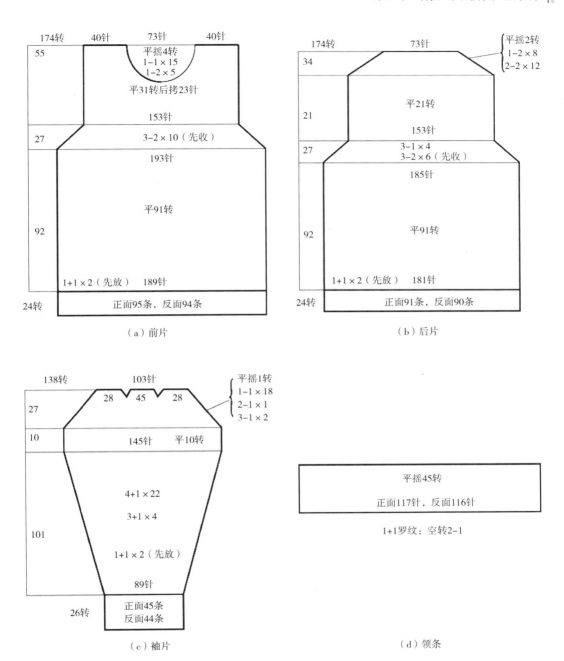

图 6-14　圆领女套衫衣片操作工艺图

三、V 领套头背心设计

（一）款式特征

V 领套头背心造型宽松，为平肩直腰型。其腰部与胸部等宽，衣片肩部没有倾斜度，肩斜通过成衣拷缝获得。采用羊绒双股纱，衣身组织为纬平针；下摆组织为 2+2 罗纹；挂肩带及领为纬平针双层包。

(二) 编织工艺

1. 工艺测量方法

V 领套头背心样品图及丈量示意图如图 6-15 所示。

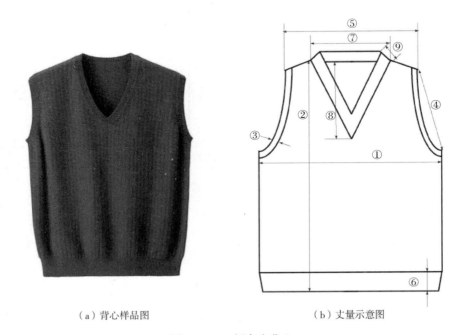

（a）背心样品图　　　　　　　　　（b）丈量示意图

图 6-15　V 领套头背心

2. 成品规格

V 领套头背心的前片肩部向后折 1cm，前片两侧部位共向后折 1cm，其规格如表 6-8 所示，其中挂肩带宽测量从肩缝至袖口，领口宽和领口深均在领接缝处取值。

表 6-8　V 领套头背心规格表　　　　　　　　单位：cm

代号	①	②	③	④	⑤	⑥	⑦	⑧	⑨
部位	胸宽	衣长	挂肩带宽	挂肩	肩宽	下摆高	领宽	领深	领高
尺寸	44	57	2	20	41.5	5	15	17	2

3. 工艺参数

机号：12 针/25.4mm。

成品密度：$P_A = 63$ 纵行/10cm，$P_B = 92$ 横列/10cm（46 转/10cm）。

下机密度：$P_A'' = 61$ 纵行/10cm，$P_B'' = 87$ 横列/10cm（43.5 转/10cm）。

下摆纵密：$P_B' = 110$ 横列/10cm（55 转/10cm）。

原料：41.7tex×2 羊绒纱。

织物组织：衣身组织为纬平针；下摆组织为 2+2 罗纹；挂肩带及领为纬平针双层包。

4. 工艺计算

（1）后身胸宽针数 =（44-1）×63/10+4 = 274.9，取 275 针。

（2）后身起针数 = 后身胸宽针数 = 275 针。

后身下摆排针：275/3 = 91.66，正面取 92 对，反面取 91 对。

（3）后身肩宽针数 = 41.5×63/10+4 = 265.45，取 263 针。

（4）后身领宽针数 = 15×63/10-4 = 90.5，取 91 针。

（5）后身身长转数 =（衣长-下摆高-后折宽）×P_B/10+缝耗 =（57-5-1）×46/10+1 = 235.6，取 236 转。

其中，后身挂肩转数 =（20-1）×46/10+1 = 88.4，取 89 转。

（6）后身挂肩收针分配：后身挂肩收针数 = 后身起针数-后身肩宽针数 = 275-263 = 12 针，每边收针为 6 针，收针转数取 4 转，可确定收针分配为 2-3×2（先收）。

（7）后身下摆转数 = 5×55/10 = 27.5，取 28 转。

（8）前身胸宽针数 =（44+1）×63/10+4 = 287.5，取 287 针。

（9）前身起针数 = 前身胸宽针数 = 287 针。

前身下摆排针：287/3 = 95.66，正面取 96 对，反面取 95 对。

（10）前身肩宽针数 = 后身肩宽针数 = 263 针。

（11）前身领宽针数 = 后身领宽针数 = 91 针。

（12）前身身长转数 =（衣长-下摆高+后折宽）×P_B/10+缝耗 =（57-5+1）×46/10+1 = 244.8，取 245 转。

其中，前身挂肩转数 =（20+1）×46/10 = 96.6，取 98 转。

（13）前身挂肩收针分配：前身挂肩收针数（每边）=（前身起针数-前身肩宽针数）/2 =（287-263）/2 = 12 针，收针转数取 4 转，可确定收针分配为 1-3×4。

（14）前身下摆转数 = 后身下摆转数 = 28 转。

（15）前身开领转数 =（17+1）×46/10 = 82.8，取 83 转。

（16）前领口收针分配：开领中抽 1 针，则前领口收针数为 90 针，每边收 45 针，领深转数为 83 转，取平摇转数 16 转，则收针转数为 67 转。

采用两段收针，可确定分配式为：

$$\begin{cases} 平摇\ 16\ 转 \\ 5-3×13 \\ 1-3×2 \end{cases}$$

（17）领针数（起针数）= 领围尺寸×P_A/10+缝耗 =（领深尺寸×2+领宽尺寸）×P_A/10+缝耗 =（17×2+15）×6.3+2 = 310.7，取 310 针。

（18）领转数 = 2×46/10×2+2 = 20.4，取 20 转。

（19）挂肩带针数（起针数）= 袖窿围尺寸×P_A/10+缝耗 = 44×90%×6.3+4 = 253.48，

取 253 针。袖窿围尺寸一般可取半胸围尺寸的 88%~92%。

（20）挂肩带转数 = 2×46/10×2+2 = 20.4，取 20 转。

5. 操作工艺单

货号：×××××

品名：V 领套头背心

规格：85cm

机号：12 针/25.4mm

成品密度：P_A = 63 纵行/10cm，P_B = 92 横列/10cm（46 转/10cm）

下机密度：P_A'' = 61 纵行/10cm，P_B'' = 87 横列/10cm（43.5 转/10cm）

下摆：P_B' = 110 横列/10cm（55 转/10cm）

原料：41.7tex×2 羊绒纱

颜色：红色

空转：裙底边起口空转 1−1

缩片方式：掼缩

收针方式：暗收针，收针辫子为 4 条

织物组织：衣身组织为纬平针；下摆组织为 2+2 罗纹；挂肩带及领为纬平针双层包

操作工艺图如图 6−16 所示。

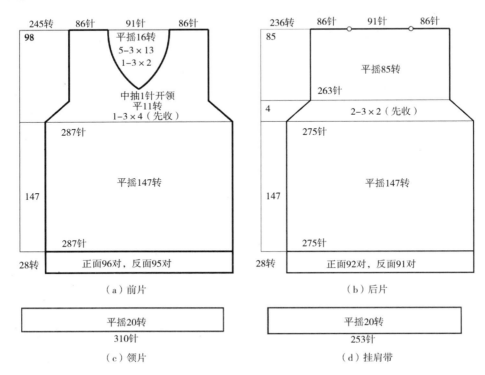

（a）前片　　　　　　　　　　　（b）后片

（c）领片　　　　　　　　　　　（d）挂肩带

图 6−16　V 领套头背心编织操作工艺图

四、羊毛长裤设计

（一）款式特征

羊毛长裤主要是春、秋与冬季内穿御寒之用，保暖性是其重要的指标。春、秋季的长裤，一般用平针组织及其他单面花色组织编织，而冬季的长裤，则常用一些保暖性好的组织，如满针罗纹、1+1 罗纹、半畦编、畦编等组织。本款羊毛裤以 20.8tex×2（48 公支/2）纯棉羊毛为原料，在 16 针机上进行编织，裤腰采用双层 1+1 罗纹组织，裤身采用纬平针组织。羊毛长裤样品如图 6-17（a）所示。

（二）编织工艺

1. 工艺测量方法

羊毛长裤的丈量示意图如图 6-17（b）所示。

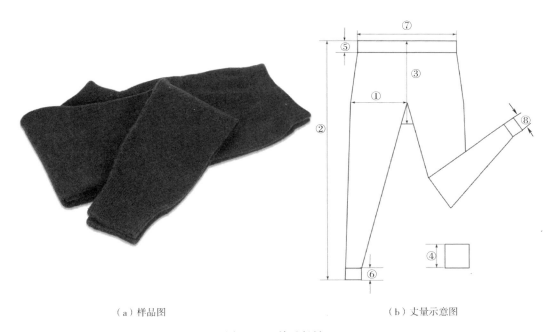

（a）样品图　　　　　　　　　　　　　　　　（b）丈量示意图

图 6-17　羊毛长裤

2. 成品规格

羊毛长裤的成品规格如表 6-9 所示。

表 6-9　羊毛长裤的成品规格　　　　　　　　　　单位：cm

编号	①	②	③	④	⑤	⑥	⑦	⑧
部位	横裆	裤长	直裆	方块裆	腰罗纹	裤口罗纹	腰宽	裤口宽
尺寸	25	100	35	12	3	10	35	12

3. 工艺参数

机号：16 针/25.4mm。

成品密度：P_A = 70 纵行/10cm，P_B = 118 横列/10cm（59 转/10cm）。

下机密度：P_A'' = 71.5 纵行/10cm，P_B'' = 120 横列/10cm（60 转/10cm）。

原料：20.8tex×2（48 公支/2）羊毛纱。

织物组织：裤门襟、裤口罗纹、裤腰为 1+1 罗纹组织，裤身、方块裆为纬平针组织。

4. 工艺计算

（1）直裆转数：直裆转数 =（35-3-12×2$^{1/2}$/2）×5.9 =（32-8.5）×5.9 = 138.65，取 139 转。

式中 12×2$^{1/2}$/2 为正方形方块裆所占的直裆长度。

（2）裤长转数：裤长转数 =（100-10-3）×5.9 = 513.3，取 513 转。

（3）裤裆放针分配：

横裆针数 = 25×2×7+4 = 354，取 354 针。

腰宽针数 = 35×7+4 = 249，取 250 针。

需收针数 = 354-250 = 104（针），则每边需收 52 针，收针转数为 139 转。

每次收 2 针，则收针次数为 52/2 = 26 次，取收针后平摇 3 转，则每次的收针转数为 136/26 = 5 又 3/26。

可设收针分配式为：

$$\begin{cases} 5-2\times y \\ 6-2\times x \end{cases} \Rightarrow \begin{cases} 5y+6x=136 \\ y+x=26 \end{cases} \Rightarrow \begin{cases} y=20 \\ x=6 \end{cases}$$

裤裆部段的收针分配确定为：

$$\begin{cases} 平摇\ 3\ 转 \\ 5-2\times 20 \\ 6-2\times 6 \end{cases}$$

（4）裤腿部放针分配：

①裤口针数：12×2×7+4 = 172，取 172 针。

②裤腿：裤腿部放针针数 = 354-172 = 182（针）。每边需放 182/2 = 91（针），取快放针 1+1×1，则还余 90 针。

每次放 2 针，则放针次数为 90/2 = 45 次。

裤腿长转数 = 513-139 = 374（转）。

取放针后平摇 14 转，则每次放针转数为（374-14）/45 = 8（转）。

裤腿部放针分配为：

$$\begin{cases} 平摇\ 14\ 转 \\ 8+2\times 45 \\ 1+1\times 1\ （快放） \end{cases}$$

（5）裤腰、裤口罗纹转数：

裤腰罗纹转数=3×2×7.5+1=46（转）。裤腰罗纹纵密为150横列/10cm（75转/10cm）。

裤口罗纹转数=10×2×6.25+1=126（转）。裤口罗纹纵密为125横列/10cm（62.5转/10cm）。

（6）附件：

①裤门襟：

门襟宽针数=3×6.2+1=19.6，取20针。门襟罗纹横密为62纵行/10cm。

门襟转数=10×6.25+1=63.5，取64转。门襟罗纹纵密为125横列/10cm（62.5转/10cm）。

②方块裆：

方块裆针数=12×7+4=88（针）。

编织转数=12×5.9+2=72.8，取72转。

5. 操作工艺图

操作工艺如图6-18所示。

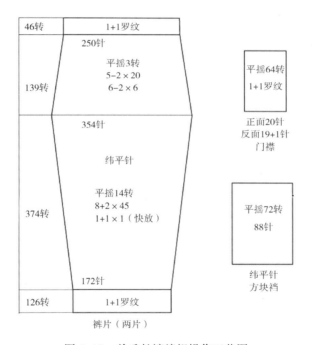

图6-18　羊毛长裤编织操作工艺图

五、直筒裙设计

（一）款式特征

直筒裙呈筒状，既短且窄，给人以充满活力的感觉。直筒裙是裙装款式较简单的一种，常与机织物西装或毛衫西服一起配套穿用。应采用不易变形的织物组织编织，如罗纹半空气层组织、罗纹空气层组织等。

（二）编织工艺

1. 工艺测量方法

直筒半身裙样品如图6-19（a）所示，丈量图如图6-19（b）所示。

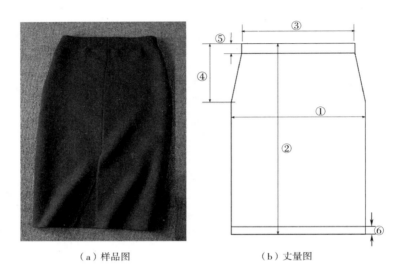

（a）样品图　　　　　　　　（b）丈量图

图6-19　直筒半身裙

2. 成品规格

直筒半身裙成品规格如表6-10所示。

表6-10　直筒半身裙成品规格　　　　　　　单位：cm

编号	①	②	③	④	⑤	⑥
部位	臀宽	裙长	腰宽	臀长	腰带宽	裙底边宽
尺寸	45	50	35	12	3	2

3. 工艺参数

机号：9针/25.4mm。

成品密度：P_A＝45纵行/10cm，P_B＝57横列/10cm（57转/10cm）。

下机密度：P_A''＝45纵行/10cm，P_B''＝56横列/10cm（56转/10cm）。

腰罗纹的纵密为86横列/10cm（43转/10cm）。

原料：48.4tex×2（20.5公支/2）精纺毛纱。

织物组织：裙子腰带（双层）为1+1罗纹组织，裙子其余部分为三平组织（一转一横列）。

4. 工艺计算

（1）臀宽针数：臀宽针数＝45×4.5+4＝206.5，取正面207针，反面206针。

（2）腰宽针数：腰宽针数＝35×4.5+4＝161.5，取正面161针，反面160针。

（3）裙长转数：裙长转数＝（50−0.2−3）×5.7+2＝268.76，取269转。起口空转取0.2cm。由于采用三平组织，无卷边现象，因此，裙长转数不考虑折边量。

（4）腰带转数：腰带转数＝3×2×4.3+2＝27.8，取28转。腰带为双层折边，故为单层3cm的2倍。

（5）臀部收针分配：

臀部收针针数＝207−161＝46（针），每边需收23针。

臀部收针转数＝12×5.7＝68.4，取68转。

可采用拼凑法得臀部收针分配为：

$$\left\{\begin{array}{l} 平摇4转 \\ 4-1×1 \\ 6-2×11（先收） \end{array}\right.$$

5. 操作工艺图

操作工艺如图6-20所示。

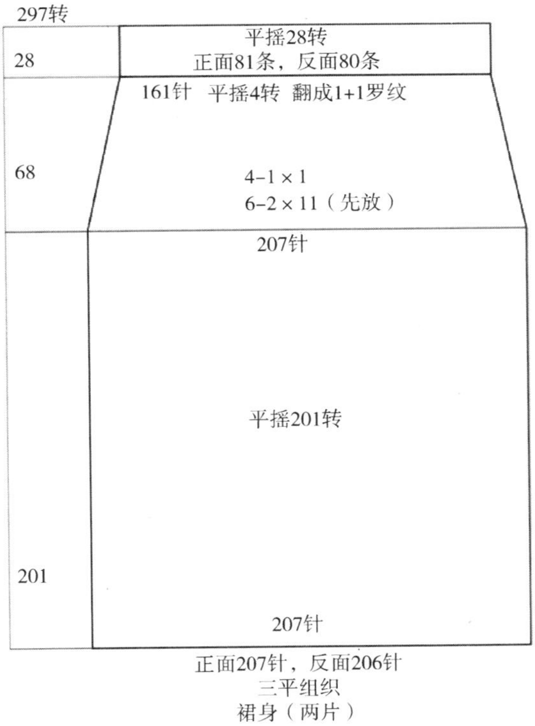

图6-20 直筒半身裙编织操作工艺图

六、成形针织毛衫制板系统

电脑横机程序的编制又叫打板，对使用者来说是一个关键。随着计算机技术的发展，不仅电脑横机的控制功能越来越强大，而且其程序设计系统的功能也越来越强大，系统界面更加友好，操作和使用更加方便。由于各电脑横机生产厂家都开发了各自不同的程序设计系统，因此，用户就不得不根据不同的机型掌握不同的程序设计方法，但基本设计原理和方法基本相同，随着技术水平的提高，软件适应性和兼容性都得到不断提高。下面仅对龙星程序设计系统（琪利制板系统）进行简要介绍。

（一）系统简介

该软件系统具有自动编程功能，用以自动生成电脑针织横机产品的下位机控制数据，其功能包括花型设计，图像解析，数据传输，自动编译等。该制板软件是在微软操作系统上开发的图形操作软件。

1. 主界面

龙星花型程序设计系统的绘图界面如图6-21所示。主要包括：菜单栏、工具栏、主绘图区、功能作图区、作图工具箱、作图色码区及信息提示栏。

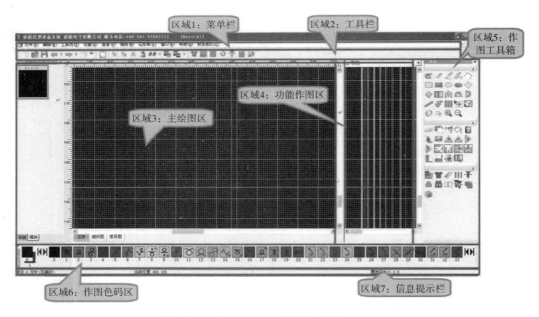

图6-21 龙星花型程序设计系统主界面

2. 主要功能模块

（1）绘图设计。选择下拉菜单、工具栏、工具箱图标，可方便地进行制板花样的设计操作。主要作图元素有：点、线、面、矩形、椭圆、菱形、多边形等；主要功能有换色、阵列复制、线性复制、多重复制、镜像复制等。可方便地进行圈选区复制、颜色填充、旋转、展开、删除、剪切、粘贴等各种操作。

（2）模块系统。模块系统分为系统模块和用户模块。系统模块有常见的花型、收针、提花等模块；用户模块可将常用的花型或针法保存到用户模块中，用户模块保存在数据库。

（3）文件类型。

KNI 文件：此文件为睿能制板系统花型文件，保存后自动生成。下次打开花样时，可以直接双击打开。它包含了花样图、组织图、度目图、功能线以及使用者巨集等信息。

001 文件：增强型机型的上机文件，花样编译后方便用户理解及被程序控制调用的花样拆分图、出针动作图、循环信息、纱嘴信息等。

CNT 文件：经过编译后花样的动作文件，横机将根据 CNT 文件完成编织等动作，上机时需导入。

PAT 文件：经过编译后可被程序调用的花样拆分图，上机时需导入。

PRM 文件：花样循环信息（即节约设置），上机时需导入。

SET 文件：花样展开文件。

YAR 文件：记录纱嘴信息，如纱嘴对应颜色、纱嘴停放点等。

CNT、PAT、PRM、SET、YAR 文件是普通机型编译后自动生成的文件。

（4）工艺单成型。用户可以使用软件中的成型功能，只需要输入工艺单参数即可自动生成所需要的工艺。并自动添加基本功能线、自动拆行、记号、部位针法、平收等。

（5）编译器。系统根据 KNI 文件描述，能自动生成电脑横机下位机所需要的 001 文件。若 KNI 文件描述不完整或有歧义则会提示错误信息，并指出错误信息的花版行号及错误的原因。同时编译器还会自动检测前后针床是否会发生撞针等现象。编译器具有强大的自动处理功能。如自动带纱、踢纱、打褶、浮线处理等。编译完成后，可通过 PAT 编辑器和反编译查看编译结果。

（二）工具栏

工具栏是用于点击一些常用命令的按钮，如图 6-22 所示。

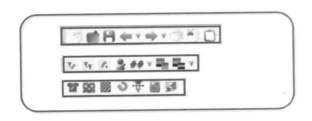

图 6-22　工具栏

通过工具栏，可以实现新建花样、打开花样、保存花样、编译及纱嘴配置等。

（三）作图工具箱

作图工具箱包含三个方面的内容：绘图工具、操作工具和横机工具，如图6-23所示。

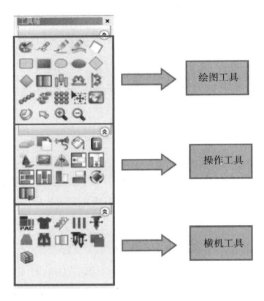

图6-23　工具箱

1. 绘图工具

通过绘图工具可以进行常规的绘制工作，如绘制点、线、面等；可以对图案进行填充、复制、粘贴等；还可以进行插针（行）、删针（行）等操作。

2. 操作工具

通过操作工具可以进行清除、换色、填充、文字输入、图片导入、图形处理等操作。

3. 横机工具

通过横机工具可以进行小图展开、收加针、滑动描绘、1×1变换、纱嘴间色填充、收针分离等操作。

（四）功能线作图区

功能线作图区是描述第一作图区的辅助信息的，在行上一一对应。必要的信息若不在功能线作图区上定义，编译系统将无法解释第一作图区的信息。用户通过功能栏上方的下拉框，选择功能参数，对应参数默认显示在功能界面最左侧，如图6-24所示。

（五）小图制作

1. 小图模块的使用

用户可以在花样中设置小图模块信息，使用规则如下：

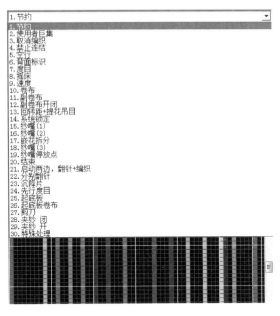

图 6-24　功能线作图区

（1）在当前花样的结束行上方任选一行开始，填上需要被定义的颜色，色码必须在 120~183 之间，与使用者巨集一致。

（2）向上空两行，从第 3 行起开始定义具体的动作信息。

（3）所有的动作定义完成后向上空两行，填写小图特征标识：小于 100（一般填 1）的小图为普通小图；小于 200 大于 100（一般填 101）的小图为提花小图；小于 300 大于 200（一般填 201）的小图为复合提花小图，带自动翻针。

（4）再上一行填写循环标记，色号为 1~3（如为锁定则可以不填，都不填则默认为 1）。

（5）再上一行填写纵向平移数目，用颜色号码来表示（如不需要纵向平移则可以不填）。

（6）在 L201 里设置模块标识、模块页码、左右平移、偏移针数（如不需要则不填写）。

（7）设定其他的花样参数。

2. 小图模块的定义

小图模块定义如图 6-25 所示。

（1）一个小图模块至少要包含开始行、编织动作、模块色数、模块标识这四项。

（2）纵向平移和左右平移一般用在平收的小图模块中。

（3）使用者巨集只是小图的一个简单表现形式，因此使用者巨集都可以转换成小图来表示。

（4）使用者巨集与小图模块不能在同一行中使用。

（5）当小图的编织行未设置功能线参数值时，则使用花样中的相应参数值。

（6）制作小图前需要找出小图的规律，即最小的循环单元。

（7）0 号色不参与小图的展开处理。

（8）偏移针数与循环标识（1、2）结合表示向右偏移或向左偏移。

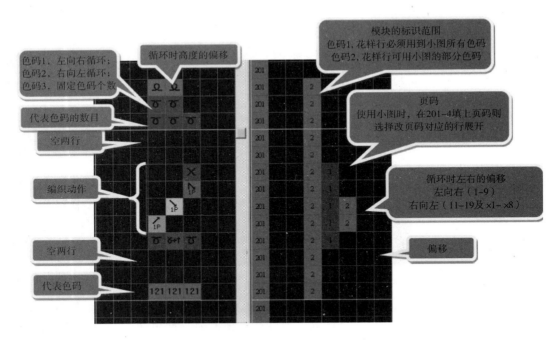

图 6-25　小图模块定义

（六）工艺单成型

为方便用户对工艺单的制作而添加的一个重要功能。用户按照工艺单上的工艺输入信息，就可以自动生成衣片的 KNI 花样图。并且软件自动给出基本的功能线设置，可以直接编译。

（七）花型程序的制作流程

花型程序制作的简单流程一般包括八个步骤：新建花型→绘制图形→配置导纱器→设置或修改工艺参数→自动工艺处理→检验程序→存盘编织。

1. 新建花型

运行桌面左下角"开始"菜单"程序"中的"KnitCAD"或双击桌面快捷方式图标，进入系统的主界面。选择菜单栏【文件】—【新建】，或者直接点击快捷新建按钮。选择画布尺寸和初始色码（初始色码一般选择 0 号色码）。

2. 绘制图形

绘制图形主要是在绘图区画花样，选择【作图工具箱】中的工具和【调色板】中的色码（当前色码）。色码表示横机的编织动作，即横机的编织、翻针、移圈等动作。

作图工具箱中包括画图和图形操作的工具。作图的过程类似于画针织物的意匠图，即将花型组织用不同的符号在方格纸上表示出来。

作图可以通过滚动鼠标中间的小轮，将图形放大到合适的大小（最大放大比例为20∶1），出现栅格线画面后作图比较方便。可以用工艺单成型确定花样的下摆和外轮廓。

软件分为三个图层，三个图层是一一对应的。

花样图：绘制组织及引塔夏色码，大部分花样只需要运用花样图层。

组织图：表示某行的动作，通常在花样图层绘制引塔夏色码时使用。

度目图：可设置花样图层对应行的度目段数，通常用于一行多段度目的花样。

3. 设置工艺参数和纱嘴

绘制完图形后，需要设置编织时的工艺参数。在功能线作图区的相应位置，设定节约、度目、摇床、速度、卷布、编织形式、纱嘴、结束标志等控制信息，完成整个工艺的编制。不同的工艺参数可以用不同的颜色代替，表示不同的段数。不同的编织部分对应着不同的段数。功能区设置的段数是一个范围，具体的值是在上机编织前设置好的。纱嘴的设定也是在功能区中进行。除此之外在花型结束行功能线 L220 处需要添入色码 1 表示花型结束。

4. 花型文件保存

选择菜单栏【文件】—【保存（S）】或【另存为（A）】，或者点击图标，将花型程序保存为 KNI 文件，需要修改花型时可以用软件直接打开 KNI 文件。

5. 编译

单击编译图标，设置编译参数，根据实际情况选择机型，在纱嘴设置页面设置纱嘴的初始位置，在设置页面设置优化和自动处理项目。编译产生错误时，用户双击错误提示，系统可以在花版上自动定位到发生错误的行数，并用高亮、闪烁形式提醒用户。编译完成后，选择普通机型生成 5 个（CNT、PAT、PRM、SET、YAR）同名文件；选择增强机型，只多生成一个同名 001 文件。

6. 结果文件查看及上机

可通过 PAT 编辑器、编织模拟图和反编译查看上机文件。将上机文件发送至 U 盘即可上机编织。

第六节　其他横机成形产品设计

一、五指手套横机产品设计

（一）产品特征

该产品为分指式五指棉线手套，其实物及丈量方法如图 6-26 所示。成品规格尺寸如表 6-11 所示。

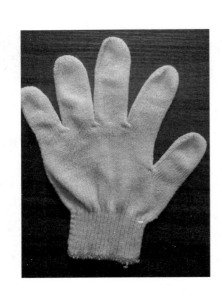

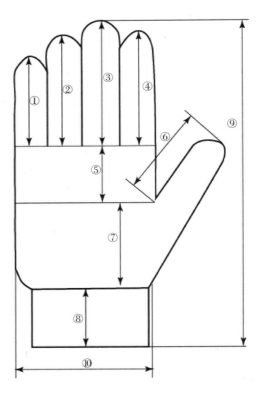

（a）实物图　　　　　　　　　　　　（b）丈量示意图

图6-26　五指手套

表6-11　五指手套成品规格尺寸　　　　　　　　　　　　单位：cm

编号	①	②	③	④	⑤	⑥	⑦	⑧	⑨	⑩
部位	小指长	无名指长	中指长	食指长	小掌长	大拇指长	大掌长	筒口长	全长	掌宽
尺寸	5	6.5	7.5	6	4	5.5	4	4.5	20	10

（二）编织方法

五指棉线手套可以在自动手套机上编织，五指手套的各指是分别编织的，筒口为直下式。该五指棉线手套的制作顺序为：小指→无名指→中指→食指→小掌→大指→大掌→筒口。

五指手套的编织，还需要考虑各指间的搭针设计，相邻两指交接处需要有共同的线圈，以保证连接处的强度与外观质量。因此编织时编织上一指的某些针还要继续参加下一指的编织，称为搭针。手套毛坯下机后需封口。

（三）工艺设计

手套采用纬平针组织。筒口处垫橡筋线，形成1+2假罗纹。其成品密度 $P_A \times P_B = 48$ 纵行/10cm×68 横列/10cm。依据前面的计算方法，五指棉线手套的编织工艺如表 6－12 所示。

表 6-12　五指手套编织工艺单

编织部位	针数	转数
小指（前/后）	11/11	34
无名指（前/后）	12/12	44
中指（前/后）	12/12	50
食指（前/后）	12/12	40
大指（前/后）	13/13	36
小指与无名指搭针（前/后）	2/2	—
无名指与中指搭针（前/后）	2/2	—
中指与食指搭针（前/后）	3/3	—
食指与大指搭针（前/后）	3/3	—
小掌	—	27
大掌	—	27
筒口	—	30

二、鞋面电脑横机产品设计

鞋子是人们日常生活的必需品。随着社会的发展，人们生活水平的提高，加上大众对运动健身的关注越来越多，对运动产品的要求也随之提高。一双好的运动鞋不仅能够满足运动者对于其功能的要求，同时也能起到良好的装饰效果。随着电脑横机的发展，使得横机成形产品从平面成形发展到了立体成形，从传统的毛衫产品发展到了鞋类及其他装饰和产业用品。横机成形的鞋面材料具有质量轻、透气性好、成形性好、加工工序简单、用工少等优点。

（一）编织方法

成形针织鞋面可以在鞋面电脑小横机上生产。电脑横机编织鞋面时有两种方式：一种是半成形鞋面，一种是全成形鞋面。半成形鞋面是在鞋口的位置采用不同组织或者做记号标出轮廓，下机后将鞋口部分裁掉，如图 6-27（a）所示；全成形鞋面鞋口处采用两套纱嘴分别编织左、右两部分直接成形，下机后不需要裁剪，这种鞋面需要用局部编织技术来完成，如图 6-27（b）所示。

（二）组织设计

横机编织成形鞋面作为鞋材产品需满足鞋面对于保型性、耐磨性、顶破强度、透气性

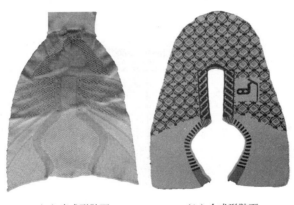

（a）半成形鞋面　　　　　（b）全成形鞋面

图 6-27　鞋面展开效果图

等性能要求，因此鞋面组织结构设计中通常选用双面线圈结构进行编织，如空气层组织、双罗纹组织以及罗纹空气层组织等。由于其具有外观平整、延伸性小的特点，通常作为基本组织应用于横机编织半成形鞋面产品中。此外，在基本组织上运用集圈、移圈、浮线等方法进行编织，可以形成装饰性与功能性统一的孔洞变化组织。下面是一款横机半成形鞋面的组织设计，如图 6-28 所示。

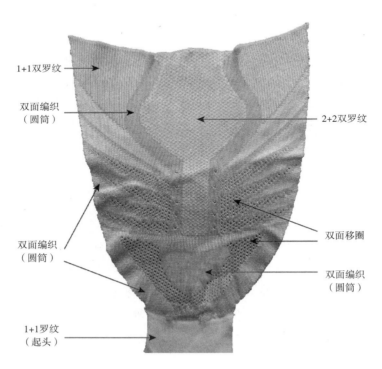

图 6-28　半成形鞋面的组织结构

（三）工艺设计

鞋面成形工艺设计可依据羊毛衫横机编织工艺的计算原理来进行，将鞋面展开后，根据鞋面各部位的尺寸及织物密度计算工艺。图 6-29 是半成形鞋面外部廓形的工艺图。

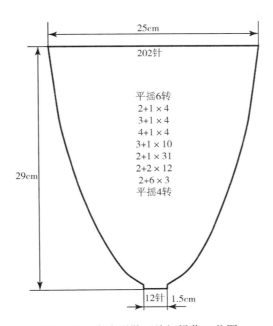

图 6-29　半成形鞋面编织操作工艺图

思考题

1. 简述成形针织横机产品生产工艺流程。

2. 在针床宽度为 76.2mm 的范围内有 12 枚针，那么这台横机的机号是多少？

3. 已知采用 41.7tex×2 的羊绒纱编织纬平针织物，求最适宜的横机机号。

4. 设计纵向密度为 86 横列/10cm 的罗纹组织，若所织长度为 45cm，需要平摇多少转？

5. 设计纵向密度为 82 横列/10cm 的四平空转组织，若所织长度为 45cm，需要平摇多少转？

6. 用 48tex×2 的羊仔毛作为原料双股喂入，选择 9 针/2.54cm 的横机，领罗纹采用罗纹空气层组织，领圈长 48cm，横密为 30 纵行/10cm，纵密为 20 横列/10cm，罗纹试样高为 12cm，设计圆领工艺。

7. 领罗纹采用 2+2 罗纹组织，领圈长 40cm，横密为 20 纵行/10cm，纵密为 20 横列/10cm，罗纹试样高为 18cm，设计圆领工艺。

8. 根据所给羊毛衫袖片尺寸（表 6-13），绘出该羊毛衫袖片的结构图（比例尺取 1:5）。

表6-13　袖片规格尺寸　　　　　　　　　　　　　　　单位：cm

袖长	袖肥宽	袖肥高	袖山宽	袖山高	袖口高	袖口宽
55	30	3	12	15	2	8

9. 设计产品规格为 110cm 的 2×22.5tex×2 的 V 领羊绒男开衫，本产品为斜肩平袖产品，其成品规格尺寸如表 6-14 所示。前身、后身与袖子采用纬平针组织，下摆和袖口采用 1+1 罗纹组织。各衣片部位的成品密度为：前、后身横密为 42 纵行/10cm、纵密为 66 横列/10cm，下摆罗纹纵密为 88 横列/10cm。根据要求对羊毛衫后片进行设计（工艺计算不考虑缝耗等，使用净尺寸，四舍五入取值。收针或放针处均采用两段式，每次收针或者放针均取 2 针）。

表6-14　V领羊绒男开衫成品规格尺寸　　　　　　　　单位：cm

编号	①	②	③	④	⑤	⑥	⑦	⑧	⑨	⑩	⑪
部位	胸宽	衣长	袖长	挂肩收针	挂肩平摇	肩宽	肩斜	下摆罗纹	后内领宽	后领深	领高
尺寸	54	70	57	4	12	44.5	9.8	5	10	0	2

10. 设计产品规格为 2×27.8tex×2（2×36 公支/2）的羊绒圆领女套衫，本产品为斜肩平袖产品，其成品规格尺寸如表 6-15 所示。前身、后身与袖子采用纬平针组织，下摆和袖口采用 2+2 罗纹组织。各衣片部位的成品密度为：袖子横密为 43 纵行/10cm、纵密为 62 横列/10cm，袖口罗纹纵密为 86 横列/10cm。根据要求对羊毛衫袖片进行设计（工艺计算不考虑缝耗等，使用净尺寸，四舍五入取值。收针和放针处均采用两段式，每次收或者放针均取 2 针）。

表6-15　羊绒圆领女套衫成品规格尺寸　　　　　　　　单位：cm

编号	①	②	③	④	⑤	⑥	⑦	⑧	⑨	⑩
部位	胸宽	衣长	肩宽	袖长	袖口罗纹	袖宽	袖宽平摇	袖山高	袖山宽	袖口宽
尺寸	54	70	45	60	5	20	4	9	25	10.2

 实训项目：成形针织横机产品工艺设计与实践

一、实训目的

1. 训练理论联系实际的能力。

2. 掌握横机产品的工艺设计方法。

3. 掌握横机产品上机操作图的制作方法。

4. 掌握横机产品上机的编织方法。

二、实训条件

1. 材料：成形针织横机产品若干，编织用纱线若干。

2. 工具：铅笔、直尺、纸张、剪刀、照布镜、天平、烘干机及调试机器用工具等。

3. 设备：机械或电脑横机。

三、实训任务

1. 计算成形针织横机产品的工艺。

2. 绘制成形针织横机产品各衣片的操作工艺图。

3. 调试设备，完成衣片编织。

四、实训报告

1. 测试成形针织服装的实际参数。

2. 分析结果，与设计值进行对照，分析参数的异同，以及在织造过程遇到的问题及解决方法。

3. 总结本次实训的收获。

第七章　成形针织圆机产品设计

第一节　成形针织袜类产品概述

一、成形针织袜品的起源及分类

（一）袜品的起源

古代的袜子称之为"足衣"或"足袋"，通过数千年的演变，才发展到现代形式的袜子。在袜子出现之前，人们一直用的是广义上的护腿装束，这可追溯到古埃及时期，当时穿着的是用皮革、麻或毛织物缝制的类似于袜子的装束。古代罗马城的妇女在脚和腿上缠着细带子，这种绑腿便是最原始的袜子。直至中世纪中叶，在欧洲也开始流行这种"袜子"，不过是用布片代替了细带子。16世纪时，西班牙人开始把连裤长袜与裤子分开，并开始采用编织的方法来制作袜子。

英国人威廉·李于1589年发明了世界上第一台手动针织机，用以织制袜子。于1598年又改制成可以生产较为精细丝袜的针织机。不久，法国人富尼埃（Fournier）在里昂开始生产丝袜，直至17世纪中叶才开始生产棉袜。美国杜邦公司发明了尼龙后，1938年第一批尼龙袜投放市场，从此袜子市场发生了彻底的变化，尼龙丝袜深受人们的青睐，风靡一时。欧洲流行较晚，直至1945年第一批尼龙丝袜才正式面市。

据考证，中国在夏朝（公元前21~17世纪）出现了最原始的袜子。在《文子》一书中有"文王伐崇，袜系解"一语，是指周文王系袜子的带子散开了。从长沙马王堆一号西汉墓中出土的两双绢夹袜来看，均用整绢裁缝而制成，缝在脚面和后侧，底上无缝。袜筒后开口，开口处附有袜带。袜的号码为23cm和23.4cm，袜筒高21cm和22.5cm。

工业化袜子生产始于1860年，制袜业一直在寻找新的材料代替少而昂贵的真丝，直至混纺纱的产生令制袜业获得巨大成功。1928年，杜邦公司展示了第一双尼龙袜，同时拜尔公司推出丙纶袜。1940年，高筒尼龙袜在美国创造历史最高销售纪录，并开始成为普通日用品。我国制袜业经过多年的发展，已经形成了相当大的产量规模。通过科技创新、引进吸收国外先进技术等方式，整个行业技术水平、产品质量得到极大提高。在我国制袜业拥有完整的产业链，大量的熟练工人、悠久的纺织历史和丰富的纺织经验，在一定程度上都保证了袜子生产的质量。随着科技发展，现代科学技术对各行各业的不断渗透，运用高新技术对制袜产业进行改造已成为一种发展趋势，而袜品设计也逐渐趋向于时尚化和功能化。

（二）袜品的分类

袜品的种类很多，可以根据使用原料、穿着对象、编织方法、袜筒长短、袜口结构、组织结构以及袜子的规格尺寸来进行分类。

1. 按使用原料分类

根据编织袜子所使用的原料，袜品可以分为天然纤维袜，如棉袜、麻袜、毛袜、丝袜等；以及合成纤维袜，如锦纶丝袜、弹力锦纶丝袜、丙纶袜以及各类混纺袜等。

2. 按穿着对象分类

根据穿着对象和用途，袜品可以分为宝宝袜、童袜、少年袜、男袜、女袜、运动袜、舞蹈袜、医疗用袜等。

3. 按编织方法分类

根据编织方法，袜品可以分为纬编单针筒袜、双针筒袜、横机袜、经编网眼袜等。

4. 按袜筒长短分类

根据袜筒的长短，袜品可以分为长筒袜、中筒袜和短筒袜，此外还有连裤袜、船袜等。

5. 按袜口结构分类

根据袜口结构，袜品可以分为单罗口袜、双罗口袜、双层平口袜、橡筋罗口袜、橡筋假罗口袜、花色罗口袜等。

6. 按组织结构分类

根据袜子编织的组织结构，袜品可分为素袜与花袜两大类。单针筒素袜为一色平针袜，单针筒花袜可分为提花袜、绣花袜、网眼添纱袜、横条袜、毛圈袜等。但也有综合采用两种组织合织的，如提花绣花袜、提花横条袜、网眼绣花袜等。双针筒素袜为罗纹组织，双针筒花袜可分为提花袜、绣花袜、素色凹凸袜。也有提花凹凸袜、绣花凹凸袜。

7. 按规格尺寸分类

根据原料性能与穿着的合理性，弹力锦纶丝袜的规格尺寸以袜底长差距两厘米为一档，其他袜子以差距一厘米为一档。袜子规格尺寸列于表7-1中，常在商品说明中出现。

表7-1 袜子规格尺寸 　　　　　单位：cm

类别	棉纱线袜与锦纶丝袜	平口袜	弹力锦纶丝袜
童袜	10~11 12~13 14~15 16~17	10~17	12~14 14~16 16~18
少年袜	18~19 20~21	18~21	18~20 20~22

类别	棉纱线袜与锦纶丝袜	平口袜	弹力锦纶丝袜
女袜	21~24	21~24	22~24
男袜	24~26 27~29	24~28	24~26 26~28 28~30

二、成形针织袜品的加工过程

（一）袜子的成形过程

袜子是针织成形产品。编织出一只完整形状的袜子，其编织方法与工艺过程，因袜子种类和袜机特点不同而异。大致有以下几种形式：

1. 三步成形

在单针筒袜机上编织短袜。袜口是在罗纹机上完成的，也可衬入氨纶丝形成氨纶罗纹袜口，然后将袜口经套刺盘转移到袜机针筒上，再编织袜筒、高跟、袜跟、袜脚、加固圈、袜头、握持横列等部位，下机后需要经缝头机缝合，才能成袜子。织成一只袜子需要三种机器完成。

2. 二步成形

在折口袜机上编织平口袜，可自动起口和折口，形成平针双层袜口；然后顺序编织袜坯各部位。另外还有在袜机上编织平针衬垫氨纶的假罗口，也有编织单罗口、双罗口等的袜机，织完袜口后再编织其他各段。这几种袜子下机后都要经过缝头机缝合后成为袜子，织成一只袜子只需要两种机器就可完成。

双针筒袜机由于具有上、下两个针筒，可在袜机上编织罗纹袜口及袜坯各部段，但下机后仍要进行缝头，也属于二步成形。

3. 一步成形

套口和缝头这两个过程劳动强度大，生产效率低，消耗原料较多，经过技术革新，我国研制了具有独特风格的"单程式全自动袜机"，使织口、织袜、缝头三个工序在一台袜机上连续形成。

（二）袜子生产工艺流程

从原料进厂到袜子成品出厂需经多道工序。每道工序都必须按一定方式和要求，在一定的条件下进行，整个流程即为袜子生产工艺流程，袜厂生产工艺必须根据原料性能、成品要求、所用设备等条件制订。合理的工艺能使生产周期缩短，达到优质、高产、低成本的目的。

在产品投产前主要经过试样、复样、审定几个步骤。根据产品、原料和设备情况而决定工艺。目前大部分棉线袜和弹力锦纶丝袜采用先染色后织造的工艺，而素色棉线袜和锦纶丝袜则为先织造后染色的工艺。现以常见的四种袜子为例，简单地列出生产工艺流程。

1. 花色棉线袜

绞装原料→检验→煮练→丝光→染色→络纱→织罗口→织袜→检验→缝袜头→检验→烫袜→整理→入库。

2. 锦纶弹力丝袜

绞装原料→检验→染色→络丝→织罗口→织袜→检验→缝袜头→检验→定型→整理→入库。

3. 棉纱线素袜

绞装原料→检验→煮练→丝光→络纱→织罗口→织袜→检验→缝袜头→检验→染色→烫袜→整理→入库。

4. 锦纶丝袜

筒装原料→检验→织罗口→罗口定型→检验→织袜→检验→缝袜头→检验→初定型→染色→复定型→整理→入库。

在绣花袜生产中，织袜前还需加卷纡工序，即需预先做好绣花添纱的小纡子。

三、成形针织袜品的结构及编织

（一）袜品的结构

袜子的种类虽然繁多，但其结构大致相同，仅在尺寸大小和花色组织等方面有所不同。图7-1为三种常见产品的外形与结构图。

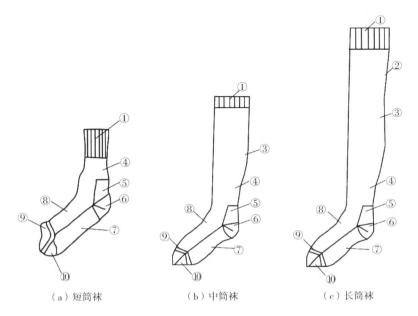

（a）短筒袜　　　　（b）中筒袜　　　　（c）长筒袜

图7-1　袜品外形与结构

下机的袜子有两种形式，一种是已成形的完整袜子（即袜头已缝合），如图7-1（b）、图7-1（c）所示；另一种是袜头敞开的袜坯，如图7-1（a）所示，需将袜头缝合后才能成为一只完整的袜子。

长筒袜的主要组成部段一般有①袜口、②上筒、③中筒、④下筒、⑤高跟、⑥袜跟、⑦袜底、⑧袜面、⑨加固圈、⑩袜头等。中筒袜没有上筒，短筒袜没有上筒和中筒，其余部段与长筒袜相同。

不是每一种袜品都有上述的组成部段。如目前深受消费者青睐的高弹丝袜结构比较简单，袜坯多为无跟型，由袜口、袜身和袜头组成。

（二）袜品的编织

圆袜机属于纬编针织机的一种。为了实现袜跟、袜头的袋形结构成形编织，单面袜机的针筒需要正反向往复回转，因此采用了双向针三角座。除袜口部段的起口及袜头、袜跟部段的成形外，其余部段的编织原理均与圆型纬编机工作原理相同。

下面就以平针素袜为例说明袜品编织过程。其编织部段如图7-2所示，包括①袜口、②袜筒、③高跟、④袜跟、⑤袜底、⑥袜面（袜底与袜面合称袜脚）、⑦加固圈、⑧袜头及⑨握持横列。

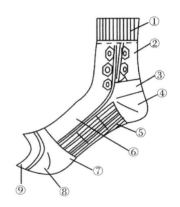

图7-2　袜品编织部位示意图

1. 袜口的编织

袜口的作用是使袜边既不脱散又不卷边，既能紧贴在腿上，穿脱时又方便。在长筒袜和中筒袜中一般采用双层平针组织或橡筋袜口；在短筒袜中一般采用具有良好弹性和延伸性的罗纹组织，也有采用衬以橡筋线或氨纶丝的罗纹组织或假罗纹组织。平针双层袜口的编织过程可分为起口和扎口两个阶段。

（1）起口过程。袜子的编织过程是单只落袜，所以每只袜子开始编织前，上一只袜子的线圈全部由针上脱下，为了起口必须将关闭的针舌全部打开。此时袜针是一隔一地上升勾取纱线。当利用选针装置作用于选针片来选针时，被选中的选针片沿着选针片三角上升，未被选中的选针片被压进针槽沿着选针片三角的内表面通过，这样使袜针间隔升起，经左弯纱三角后垫入第Ⅰ系统的面纱。接着沉降片前移，将垫上纱线的织针向针筒中心方向推进，使纱线处于那些未升起的袜针背后，形成一隔一垫纱，如图7-3（a）所示。图7-3（a）中奇数袜针为上升的袜针，针钩内垫入了纱线Ⅰ。

在编织第二横列时，经第Ⅰ系统选针装置的作用使所有袜针上升退圈，面纱导纱器对所有袜针垫入纱线Ⅱ。这样，在上一横列被升起的奇数袜针上形成了正常线圈，而在那些未被升起的偶数袜针上只形成了不封闭的悬弧，如图7-3（b）所示。

第三横列要形成挂圈。首先由第Ⅰ系统的选针装置选针，使袜针以一隔一的形式上升，垫入纱线Ⅲ。此时扎口针装置要与其配合，使与袜针相间排列的扎口针径向向外伸出，具体过程为：扎口针三角座中的推出三角分级下降进入工作，即在长踵扎口针通过之前下降一级，待长踵针通过时，推出三角再下降一级，于是所有扎口针受推出三角作用向圆盘外伸出，并伸入一隔一针的空档中勾取纱线Ⅲ，如图7-3（c）所示。推出三角在针筒第三转结束时就停止起作用，即当长踵扎口针重新转到推出三角处，它就上升退出工作。扎口针勾住第三横列的纱线后，受扎口针三角座的圆环边缘作用

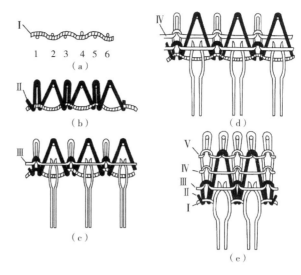

图7-3　袜口起口过程

径向退回，并握持这些悬弧直至袜口织完为止。

第四横列编织时，针筒上的袜针还是一隔一地垫入纱线Ⅳ进行编织，如图7-3（d）所示。在扎口针完成勾住悬弧后，其悬弧两端与相邻袜针上的线圈相连，使袜针上线圈受到向上吊起的拉力；再编织一个一隔一针的线圈横列，可以消除线圈向上吊起的拉力，特别是对于短纤维纱线袜口更有利。

第五横列及以后所有横列，在全部袜针上垫入纱线Ⅴ成圈，如图7-3（e）所示。此后继续在全部袜针上成圈，形成所需要长度的平针袜口。

衬垫氨纶袜口的编织方法与普通衬垫组织相同。罗纹袜口先在罗纹机上编织，然后将袜口线圈套入袜机的织针上再进行编织。衬纬氨纶袜口是在地组织的基础上，衬入一根不参加成圈的氨纶纬纱。

（2）扎口过程。袜口编织到一定长度后，将扎口针上的线圈转移至袜针针钩上，将所织袜口对折成双层，这个过程称为扎口。

扎口移圈在第Ⅰ系统进行，首先由选针装置对袜针进行选针，使所有袜针上升。此时扎口装置配合工作，带有悬弧的扎口针在袜针上升前，经分级推出三角的作用被向外推出，所有袜针中的偶数针升起，进入扎口针的小孔内，如图7-4所示。而后扎口针经拦进三角的作用向里缩回，这样便把扎口针上的线圈转移到袜针上。此后全部袜针上升，进入编织区域。这时在奇数袜针上，旧线圈退圈、垫纱形成正常的线圈；而在偶数袜针上，除套有原来的旧线圈以外，还有一只从扎口针中转移过来的悬弧。在编织过程中，线圈和悬弧一起脱到新线圈上，将袜口对折相连；袜口扎口处的线圈结构如图7-5所示。

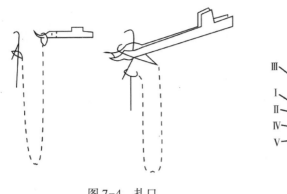

图 7-4 扎口

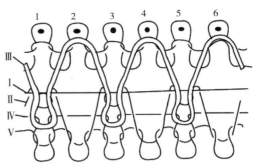

图 7-5 扎口的线圈结构

2. 袜筒的编织

平针袜筒的编织与其他圆纬机编织平针组织相同，所有袜针都进入编织。袜筒的形状必须符合腿形，特别是长筒袜，应根据腿形改变各部段的密度。

袜筒织物组织除了采用平针组织和罗纹组织之外，还可采用各种花色组织如提花、绣花添纱、网眼、集圈和毛圈等来增加外观效应。

3. 高跟的编织

高跟属于袜筒部段，但由于这个部段在穿着时与鞋子发生摩擦，所以编织时通常在该部段加入一根加固线，以增加其坚牢度。

4. 袜跟的编织

袜跟要织成袋形，以适合脚跟的形状，否则袜子穿着时将在脚背上形成皱痕，而且容易脱落。编织袜跟时，对应于袜面部分的织针要停止编织，只有袜底部分的织针工作，同时按要求进行收放针，以形成梯形的袋状袜跟。这个部段一般用平针组织，并需要加固，以增加耐磨性。

（1）袜跟的结构。圆袜机上编织袜跟，是在一部分织针上进行，并在整个编织过程中对袜跟部分的袜针进行握持线圈收放针（简称持圈收放针，收针即减针，通过挑针来实现；放针即加针，通过揿针来实现），以此达到织成袋形袜跟的要求。在开始编织袜跟时，相应于编织袜面的一部分针停止工作。针筒做往复回转，编织袜跟的针先以一定次序收针，当达到一定针数后再进行放针，如图 7-6 所示。当袜跟编织完毕，袜面那些停止编织的针又重新工作。

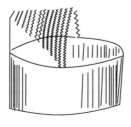

图 7-6 袜跟的成形

　　在袋形袜跟中间有一条跟缝，跟缝的结构影响着成品的质量，跟缝的形成取决于收放针方式。跟缝有单式跟缝和复式跟缝两种。如果收针阶段针筒转一转收一针，而放针阶段针筒转一转也放一针，则形成单式跟缝。在单式跟缝中，双线线圈脱卸在单线线圈之上。袜跟的牢度较差，一般很少采用。如果收针阶段针筒转一转收一针，在放针阶段针筒转一转放两针收一针，则形成复式跟缝。复式跟缝是由两列双线线圈相连而成，跟缝在接缝处所形成的孔眼较小，接缝比较牢固，故在圆袜生产中广泛应用。

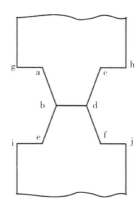

图 7-7　袜跟的展开图

　　（2）袜跟的编织。袜跟有多种结构，图 7-7 所示为普通袜跟的展开图。在开始编织袜跟时应将形成 ga 与 ch 部段的针停止工作，其针数等于针筒总针数的一半，而另一半形成 ac 部段的针（袜底针），在前半只袜跟的编织过程中进行单针收针，直到针筒中的工作针数只有总针数的 1/5～1/6 为止，这样就形成前半只袜跟，如图中 a-b-d-c。后半只袜跟是从 bd 部段开始进行编织，这时就利用放两针收一针的方法来使工作针数逐渐增加，以得到如图中 b-d-f-e 部段组成的后半只袜跟。袜坯下机后，ab、cd 分别与相应部分 eb、fd 相连接，ga 与 ie、ch 与 fj 相连接，即得到了袋形的袜跟。

5. 袜脚的编织

　　袜脚由袜面与袜底组成。袜底容易磨损，编织时需要加入一根加固线，俗称夹底。近年来，随着产品向轻薄方向发展，袜底通常不再加固了。编织花袜时，袜面一般织成与袜筒相同的花纹，以增加美观，袜底一般无花。由于袜脚也呈圆筒形，所以其编织原理与袜筒相似。袜脚长度决定袜子的规格尺寸，即袜号。

6. 加固圈的编织

　　加固圈是在袜脚编织结束、袜头编织前再编织 12、16、24 个横列（根据袜子大小和纱线线密度不同）的平针组织，并加入一根加固线，以增加袜子牢度，这个部段俗称"过桥"。

7. 袜头的编织

　　普通袜头的结构和编织方法与袜跟相同。有些袜品在袜头织完之后进行套眼横列和握持横列的编织，其目的是为了以后缝袜头的方便，并提高袜子的质量。

　　袜头也有多种结构，图 7-8 显示了楔形袜头的展开图，它是在针筒总针数的一半（袜面针）上织成的。

　　首先在袜面针 ab 处开始收针，直到 1/3 袜面针 cd 处；接着所有袜面针 ef 进入编织，并在左右两侧进行收针编织 12 个横列；在编织至 gh 处时，使左右两侧的织针 gj 和 hk 同时退出工作，只保留 1/3 袜面针 jk 编织；而后进行放针编织，直至 mn 处所有针放完。袜坯下机后，ac、bd 分别与 ec、fd 相连接，eg、gj 与 mj 相连接、fh、hk 与 nk 相连接，

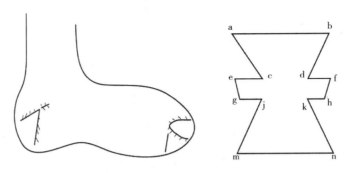

图 7-8　楔形袜头的展开图

再将袜头缝合，便可得到封闭的袋形袜头。

8. 握持横列的编织

袜头编织结束后还要编织一列线圈较大的套眼横列，以便在缝头机上缝合袜头时套眼用；然后再编织 8~20 个横列作为握持横列，这是在缝头机上套眼时便于用手握持操作的部段，套眼结束后即把它拆掉，俗称"机头线"，一般用低级棉纱编织。

9. 挑针规定

袜跟袜头的收针都是通过袜机上的挑针器挑针来实现，在针筒往复回转过程中，被挑起的织针停止工作，以达到袜跟袜头收针（减针）的目的。各种袜子的挑针部位及挑针规定如表 7-2 所示。

表 7-2　挑针部位及挑针规定

序号	各种袜子的挑针部位	挑针规定
1	锦纶丝袜、弹力锦纶丝袜（童袜除外）袜跟	不低于袜机针数的 16% （其中袜面两边 3.5%，即大袜跟）
2	弹力锦纶丝童袜袜跟	不低于袜机针数的 14.5%
3	棉纱线袜袜跟	袜机针数的 14.5%~16% （挑针 16%，其中袜面挑 3.5%）
4	袜头挑针数	不低于袜机针数的 13%

近年来，随着新型原料的应用和产品向轻薄细腻、花色多样的方向发展，以及人们生活水平的提高，袜品的坚牢耐穿已退居次要，许多袜品的结构也在变化。许多袜底不需要再加固，高跟和加固圈也基本被取消。

第二节 成形针织袜品结构设计

一、有袜头袜跟的袜品结构设计

（一）有袜头袜跟的袜类产品

有袜头袜跟的袜品主要包括：船袜、短筒袜、中筒袜、长筒袜、翻口袜、宽口袜、泡泡口袜、花边罗口袜等，如图7-9所示。

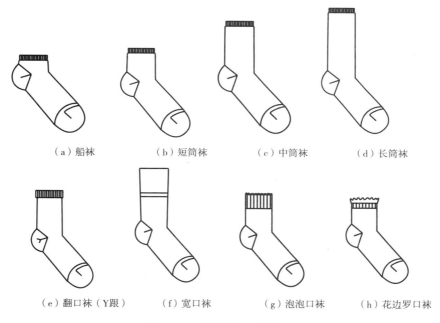

（a）船袜　　　（b）短筒袜　　　（c）中筒袜　　　（d）长筒袜

（e）翻口袜（Y跟）　（f）宽口袜　　　（g）泡泡口袜　　（h）花边罗口袜

图7-9　有袜头袜跟类袜品

（二）船袜的结构设计

1. 款式特征

船袜出现在20世纪80年代初，当时网球装开始兴起。经典款式的船袜有两粒毛毛球在脚踝位置，于2000年中期又再度流行，但是已经变化出很多的款式，主要用来配衬滑板装，其次是短裤或短裙。有些女生在穿着上，因为要完整展现腿部曲线，袜子突出一截不好看，所以会穿着隐形袜，一般是在运动时或走运动休闲风格时穿，通常是搭配短裤或热裤。

事实上，船袜也是有不同的，有一种是棉质的，袜子盖到脚背；而有的是丝质的，有时候穿公主鞋也看不出来；还有一种甚至只有脚尖部分。常见船袜的款式如图7-10所示。

2. 结构设计

船袜最初起源于日本，用于屋内光脚穿着，现在流行于全世界，是一种在脚背开口的短袜，穿上以后外形像船，因而得名"船袜"，船袜可以有很多不同款式，如提花、经编网布裁剪缝制、添加海绵垫、袜口蕾丝花边等等。

船袜的结构及丈量方法如图7-11所示，其中，①为袜底总长，②为口长，③为口宽，④为筒长，⑤为跟高。

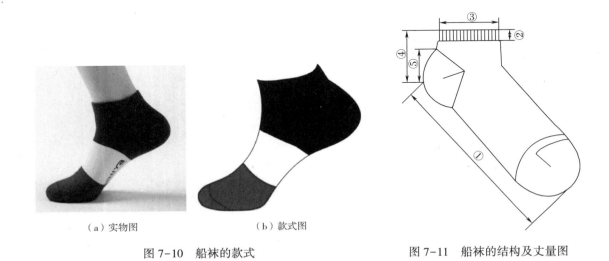

（a）实物图　　　　　　　（b）款式图

图7-10　船袜的款式　　　　　　　图7-11　船袜的结构及丈量图

（三）短筒袜的结构设计

1. 款式特征

短筒袜是一种袜筒长度至脚踝上5厘米的袜子，穿着时包裹整个脚踝。短筒袜是最大众化的一种袜子，各个年龄层次的人均适合，穿着非常舒适且美观。短筒袜是如今市场上常见的生活必须品，一双好的袜子有利于对身体的保养，适合运动、休闲时穿着。短筒袜是不少地区校服的标准装备，搭配学生制服的大多是棉质短筒袜，以白色和深色系（如黑色、深蓝色）为主，视校规或校风而定。常见短筒袜的款式如图7-12所示。

2. 结构设计

短筒袜袜口常采用假罗纹或者纬平针双层结构，袜身多采用纬平针组织。短筒袜常用原料有棉、毛、丝等天然纤维，也有腈纶、锦纶、涤纶等化学纤维，大部分为棉质或尼龙。短筒袜袜口较低，袜脚与袜筒比例适当，是生活中最为常见的袜品。短筒袜适合于搭配包着整只脚踝的鞋子，如运动鞋、靴和皮鞋。

短筒袜一般由袜口、袜筒、袜脚及袜头组成，其丈量方法如图7-13所示，其中，①为袜筒总长，②为口长，③为口宽，④为筒长，⑤为袜脚宽，⑥为袜底长，⑦为袜脚长。

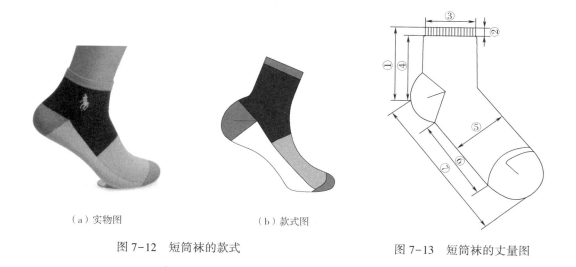

（a）实物图　　　　　　　　　　（b）款式图

图 7-12　短筒袜的款式

图 7-13　短筒袜的丈量图

二、无袜头袜跟的袜品结构设计

（一）无袜头袜跟的袜类产品

无袜头袜跟的袜类产品又分为无袜跟类、无袜头类和无袜头无袜跟类。

无袜跟类袜品就是在织袜程序中去掉袜跟编织过程而形成的产品。主要有以下种类：二骨袜（俗称对对袜）、三骨袜、四骨袜、航空袜、无跟五趾袜、无跟医疗保健袜、无跟脚套腿套等。在这类产品中，袜头可以是织出来的，也可以是缝制成形的，如图 7-14 所示。

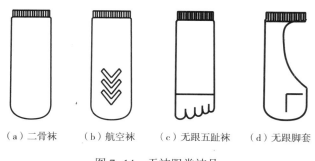

（a）二骨袜　　　（b）航空袜　　　（c）无跟五趾袜　　　（d）无跟脚套

图 7-14　无袜跟类袜品

无袜头的袜类产品是在织袜程序中去掉了袜头编织过程而形成的产品。主要有以下种类：露趾袜、露趾裤、露趾脚套腿套等，如图 7-15 所示。无袜头的产品还有很多，我们这里指的主要是有袜跟，未织袜头的袜类产品。

既无袜头又无袜跟的袜类产品就是在织袜程序中去掉了袜跟和袜头编织过程而形成的产品，也就是袜机去掉了成形功能，仅仅作为小圆机所能生产的产品。普通单针筒丝袜机（只能单向回转，不能往复收放针）生产的产品都可归属这一类，这里指的产品是织物主体在袜机上生产但用途不属于袜子的如护腕、袖套、腿套等，如图 7-16 所示。

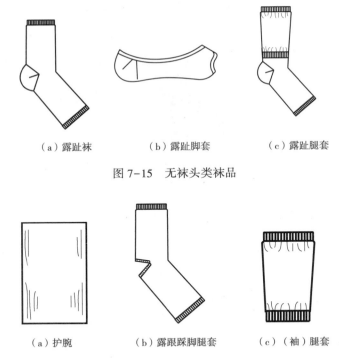

（a）露趾袜 　　　　（b）露趾脚套 　　　　（c）露趾腿套

图 7-15　无袜头类袜品

（a）护腕 　　　（b）露跟踩脚腿套 　　　（c）（袖）腿套

图 7-16　无袜头无袜跟类袜品

（二）露趾袜的结构设计

1. 款式特征

露趾袜可以使穿着者的脚趾灵活活动，同时其袜体依然有着原来的功能，是夏季常用袜品，既能露出脚趾又保护了足跟。露趾袜的款式如图 7-17 所示。

2. 结构设计

露趾袜由袜体、袜趾体、趾环、趾蹼四部分组成，其中袜体的首部织有 5 个袜趾体，袜趾体的端部制有一定弹性的织物趾环，5 个袜趾体之间用织物趾蹼来连接。其丈量方法如图 7-18 所示，其中，①为口宽，②为筒长，③为底长。

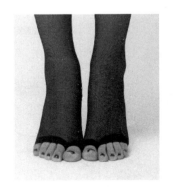

图 7-17　露趾袜

（三）二骨袜的结构设计

1. 款式特征

普通的短筒丝袜称为二骨袜，二骨袜的款式如图 7-19 所示。

2. 结构设计

二骨袜的丈量方法如图 7-20 所示，其中，①为总长，②为口长，③为口宽，④为袜尖长。

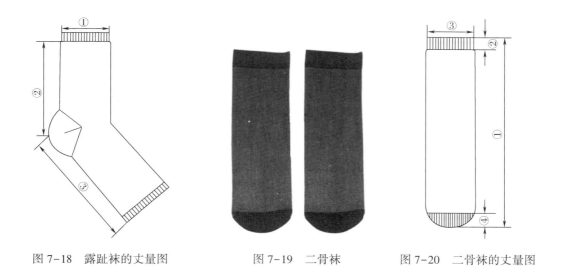

图 7-18　露趾袜的丈量图　　　图 7-19　二骨袜　　　图 7-20　二骨袜的丈量图

三、连裤类袜品结构设计

（一）连裤类袜类产品

连裤类袜类产品是指主体织物在袜机上生产的连裤类产品，主要有：连裤袜、九分裤、七分裤、五分裤等，其中又有不加档、单面加档、双面加档、T 形档、三角档、菱形档、档部开孔、臀部开孔等不同款型，如图 7-21 所示。

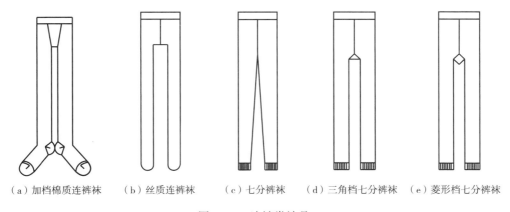

（a）加档棉质连裤袜　（b）丝质连裤袜　（c）七分裤袜　（d）三角档七分裤袜　（e）菱形档七分裤袜

图 7-21　连裤类袜品

（二）七分连裤袜的结构设计

1. 款式特征

形形色色的连裤袜已经成为人们常见的时髦搭配，也是当今世界办公室中的一道标准装束。与肤色相符的透明薄连裤袜能够增强腿部的观感，使腿部看起来平滑光亮。深色连裤袜能够塑造腿部的良好形态，使腿部看起来苗条。加入氨纶的连裤袜可以通过压力来促进腿部的血液循环。七分连裤袜的款式如图7-22所示。

2. 结构设计

七分连裤袜的丈量方法如图7-23所示，其中，①为总长，②为直档，③为腰宽，④为腰高。

图7-22　七分连裤袜

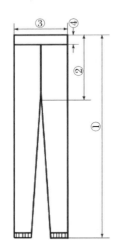

图7-23　七分连裤袜的丈量图

第三节　成形针织袜品花型设计

一、成形针织袜品花型的形成

在袜品花型图案设计上，设计人员开始追求艺术，采用返朴归真和抽象派、印象派的设计结构，使袜品充满流行感和趣味性。例如嫩绿、粉紫、红色，条纹、花朵、爬行动物的图形、各类卡通图案、几何图形、字母、吉祥物等，多样化图案的袜品已经成为时尚之选。

（一）袜品花型的形成及设计原则

1. 花型的形成

（1）利用原材料的变化形成花型。袜品常用的原料有天然纤维如棉、麻、毛、丝等，合成纤维如丙纶、涤纶、锦纶、氨纶等。现在一些新型纤维如竹碳纤维、牛奶纤维等也在袜子生产中得到应用。采用化纤超细旦丝和超细纤维织造，可以使袜子更薄、更柔、更透气。

（2）利用组织结构的变化形成花型。袜品常用的组织结构有纬平针组织、罗纹组织、浮线添纱组织、架空添纱组织、衬垫组织、提花组织及毛圈组织等。可以通过组织结构的变化来形成花型图案。

（3）利用袜机选针的不同排列形成花型。传统袜机主要是机械式控制袜机，而现在的袜品生产企业已经基本实现了袜机的全电脑控制。对于机械式提花袜机来说，通过提花片及选针片的不同排列，可以获得形式多样的花型。而对于全电脑袜机来说，图案设计已不受花宽、花高和完整循环（即完全组织）等限制，想象和设计的空间都很大。

（4）利用后加工的方法形成花型。袜品的后加工主要包括洗袜、染袜、脱水、定型等工序。可以通过染色或者印染，使袜品一些较为复杂的色彩花型得以实现。五彩缤纷的袜品适应了消费者依据不同的服饰搭配不同色彩的需要。此外，还可以通过一些装饰性设计来实现袜品外观的多样化，如在袜口加装蕾丝花边，在袜筒上缝制丝带等。

2. 花型的设计原则

（1）设计产品时要以现有设备条件及生产能力为依据。要了解袜机选针机构的特点、针筒直径、针筒总针数、适用原料、最大花型范围等。

（2）设计袜子花型图案时，要兼顾产品的外观、风格和袜子的性能等几个方面。花型的完全组织应符合袜机选针机构最大花宽、最大花高的要求，并且要有较好的循环性。

（3）在确定了花型完全组织之后，要将花型在袜底、袜面上进行整体布局。不同部位的花型显示能力也不同，因而花型配置的优劣直接影响袜子的花型效应。

（4）对于机械式提花袜机来说，提花片的排列是根据花型意匠图的配置而进行的，每只提花片对应一个花型纵行。一般以袜底、袜面交界处两个花型完全组织为代表，分别排出控制花型选针的提花片齿和控制袜底无花的提花片脚。如果袜子花型图案较小，应从提花片和选针片的最下齿开始向上排，这样选针机构选针更加稳定可靠。选针片的排列是根据花型意匠图、提花片齿排列的形式以及选针滚筒的转动方向而确定的，每只选针片对应一个花型横列。选针滚筒的转动方向分为顺时针和逆时针两种转向，排列选针片图时应特别注意起始花型横列的左右位置。

（5）对于全电脑袜机来说，构思图案等不受花宽、花高和完整循环等限制，这就给设计人员留下了充足的想象空间和设计空间。袜品的花宽只要在袜机总针数以内，而花高可以在袜口，也可以在袜筒、袜底、过桥等部位，如果需要也可以为整只袜子长度。在电脑袜机专用设计软件上设计好，对颜色、动作等进行连接或编辑后即可输入袜机进行生产。

（二）袜品花型的设计内容与步骤

1. 设计内容

（1）图案设计前要考虑的因素。袜子花型是一种平面图案，只包括造型与色彩两个属性。由于袜子本身的性质，在袜子花型设计时，既要考虑平衡（收缩）状态的花型造型和色彩，又要保证袜子服用（扩展）状态下的图案逼真程度，以满足消费者装饰和展示美的需求，两者协调，才能真正使袜子花型获得赞誉。

设计花型图案时要根据不同地区的风俗习惯、不同对象的穿着要求和色泽要求，进行图案的构思，在确定图案的主题后，可绘制花型图案草图。

（2）花型图案大小的确定。根据所设计的美术图案，确定其中的单位图案花纹，作为花型完全组织。花型完全组织是指花型最小重复单元的线圈纵行数与横列数，用一个完全组织的宽度和高度来表示。然后，再考虑草图是否符合编织要求，是否还有改进的地方，花型图案是否给人以美的感觉等，在这些条件都成熟后，即可在方格纸上绘制上机图。

花型完全组织宽度，即线圈的纵行数，一般用 B 来表示；花型完全组织高度，即线圈横列数，一般用 H 来表示，花宽与花高的选择都与织物组织和各种袜机的选针机构有关，随着电脑技术在袜机上的应用，理论上花高和花宽的设计已不受限制。需要注意的是选择的花宽一般应等于针筒总针数的约数，如不为整数，则袜子横向各组花型的线圈纵行数不完全相等。

2. 设计步骤

（1）构思花型，画美术图。花型构思就是设想图案并画成美术图的过程，花型构思的来源主要有：仿生方面、人们心理及性格方面、民族特点、其他艺术的借鉴等。美术图画出后，取美术图中部分元素加以修改，再把几种元素并在一起，形成一张满意的美术图案。

（2）设计上机意匠图。将设计好的美术图案画在意匠纸上，形成花型意匠图。其外型和颜色应与美术图一致。全电脑袜机采用电磁选针装置，因此设计花型不受花宽和花高的限制，在总针数范围内可随意选择。袜品花型图案及程序的设计由计算机辅助设计系统完成。利用扫描仪可将各种图形、设计的花型或照片输入计算机，再由绘图功能（即图形编辑和编织编辑）进行修改，以形成适合编织要求的花型意匠图。

3. 设计实现

电脑提花袜机把 CAD/CAM 技术应用于织袜业，实现了提花编织过程自动化，提花袜花型花色多样化、形状无规则化、尺寸任意化以及花型变换自动化，具有选用原料广、花型范围大的特点。花型的循环不受机器固有针数的限制，只受电脑内存大小的限制。电脑提花袜的编织是由花型准备系统、针织主机及提花控制系统组成。花型准备由计算机花纹CAD 辅助完成。袜品花型在全电脑袜机上的实现越来越简单，也越来越高效。设计人员可以将杂志、照片上的图形在数分钟内转化为能够上机编织的程序，通过软盘、U 盘或直接输入电脑提花控制系统，控制主机使各类织针分别处于编织或不编织状态，依照袜品设计程序编织出各种提花织物。

图 7-24 所示为电脑提花袜机编织花型的意匠图，该电脑袜机为六路送纱系统，主编织系统的纱线用于编织地组织，织针在提花编织系统中垫上提花线则形成花纹图案。一个横列最多可垫上 5 种提花线，编织意匠图如图 7-24 所示。其中区表示成圈，□表示不编织，1F 表示主系统，1C~5C 表示 1 号提花系统~5 号提花系统。

5C										×	×
4C									×	×	
3C			×	×							
2C					×	×					
1C	×	×					×	×	×		
1F	×	×	×	×	×	×	×	×	×	×	×

图 7-24　提花花型编织意匠图

在主编织系统中，所有织针垫纱形成地组织。在 5 路提花编织系统中，织针有选择地上升勾取提花纱线。每路提花编织系统可排 3 种不同颜色的提花线。每一横列最多包括 5 种颜色的添纱线圈。织物中具有两种结构单元：第一种是由主编织系统中的纱线形成的线圈；第二种是在主编织系统纱线形成的线圈上附有一个提花线形成的添纱线圈。

二、成形针织袜品常用花型及设计

（一）绣花花型及设计

1. 绣花花型

绣花袜的花型主要为绣花添纱组织，绣花线或面纱按花纹要求覆盖在部分地纱线圈上，形成花纹。由于此组织在花纹的反面有较长的浮线，且花纹部分较厚，突出于地组织，因此使得花纹突出，具有立体感。绣花花型设计范围一般较小，简单而紧凑，色彩镶嵌明显，穿着舒服，牢度较好。如图 7-25 所示为绣花花型袜品。在设计花型时，同一横列中，同色绣花的中间空针数最好不大于 5 针，避免连续 5 针以上的实心花纹，否则绣花线反面虚线过长会影响穿着，也会因绣花线抽紧而产生露底现象。同时，还要注意避免设计一针的断花花纹，否则易出残疵。

绣花袜可在多种型号的袜机上编织。其花型组合形式可分为：单独式、连续式、交叉式、边花式、竖条式、散花式等。按花型的对称与否还可分为：对称花型、不对称花型和对称与不对称相结合的花型。

2. 花型效果图设计

如图 7-26 所示，袜品设计图案为绿底上铺洒的白色云朵。

3. 花型意匠图设计

根据效果图案作出花型上机意匠图，并标明完全组织

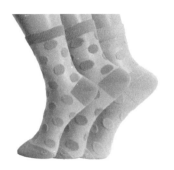

图 7-25　绣花花型袜品

花型的花高与花宽。图 7-27 为图案的意匠图。花型的花宽 $B=24$；花高 $H=24$。

（二）提花花型及设计

1. 提花花型

单针筒提花袜品的提花组织是在纬编单面组织上，间隔且有规律地配有抽紧的小线圈纵行而形成的一种具有类似于罗纹外观的不均匀提花组织。颜色混杂、抽紧的小线圈，相对凹进织物表面的，叫作混吃条；提花线圈纵行根据花纹要求，织针仅选择在一个系统垫纱成圈，形成拉长的线圈，颜色明显凸出于织物表面的，称为凸纹。这种组织也称作提花抽条组织。如图 7-28 所示为提花花型袜品。

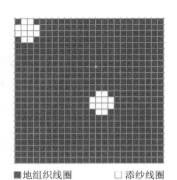

■地组织线圈　　　□添纱线圈

图 7-26　绣花设计图案效果图　　　图 7-27　绣花花型意匠图　　　图 7-28　提花花型袜品

提花线圈不是在每一成圈系统都编织，且在编织过程中受到牵拉，在不编织时则使相邻纵行的纱线转移过来而形成拉长线圈。在提花线圈的纵行之间适当地配有抽紧的小线圈纵行，可以减少织物反面浮线的长度，增强提花袜品的横向延伸性及弹性，同时可以防止穿着时的抽丝。一般规定提花袜反面浮线的长度在袜底部位不超过 2 针，袜面提花部位不超过 3 针，袜子两侧提花不超过 5 针。

2. 花型效果图设计

提花组织是将各种颜色纱线所形成的线圈，在织物表面进行适当的配置，而形成各种不同图案的花纹。图 7-29 所示为三色提花效果线圈图。

3. 花型意匠图设计

根据效果图案作出花型上机意匠图，并标明完全组织花型的花高与花宽，如图 7-30 所示。花型的花宽 $B=10$；花高 $H=10$。

提花袜品具有很好的花色效应，但其反面浮线使其弹性与横向延伸性受到一定影响。为了弥补这一缺陷，目前国内厂家大都采用高弹锦纶丝来编织提花袜品。这不仅改善了提花袜品的弹性及延伸性，还使袜品具有很好的强力与耐磨性。

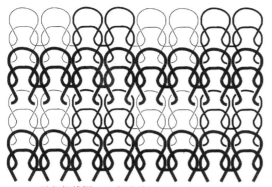

地组织线圈
提花线圈1
提花线圈2

图 7-29 三色提花效果线圈图

		×	×			×	×		
		×	×			×	×		
0	0	0	0	0	0	0	0	0	0
0	0	0	0	0	0	0	0	0	0
		×	×			×	×		
		×	×			×	×		
0	0	0	0	0	0	0	0	0	0
0	0	0	0	0	0	0	0	0	0
		×	×			×	×		
		×	×			×	×		

图 7-30 提花花型意匠图

(三) 网眼花型及设计

1. 网眼花型

网眼组织又称为架空添纱组织，是由两根纱线编织而成，地纱在所有针上编织成圈，添纱只在某些针上编织成圈，不成圈处添纱呈浮线状处在织物反面。一般地纱用较细的纱线编织，添纱用较粗的纱线编织，所以在添纱不成圈处形成孔眼，将孔眼按花型排列，便能显示出网眼花型的效果。如图 7-31 所示为网眼花型袜品。

图 7-31 网眼花型袜品

2. 花型效果图设计

网眼组织的结构一般可分为小网眼、大网眼和抽条网眼三种。如果网眼是由 1+1 组合形式表示（前数字表示网眼，后数字表示平针），即在同一纵行中，在该横列织网眼，而下一横列织平针，所形成的网眼称为小网眼。如果是两列以上，如 2+2 的组合形式，即该纵行在相邻两横列编织网眼，接着又编织两横列平针，形成的网眼为大网眼。如果该纵行始终编织网眼，该纵行称为抽条网眼。为了增加袜子的牢度，一般相邻纵行在同横列中不可同时编织网眼组织。图 7-32 所示为大网眼组织结构效果线圈图。

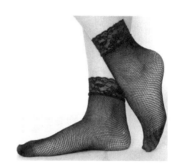

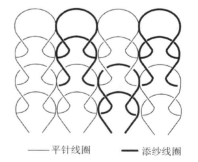

平针线圈
添纱线圈

图 7-32 大网眼效果线圈图

3. 花型意匠图设计

根据效果图案作出花型上机意匠图，并标明完全组织花型的花高与花宽。如图 7-33 所示，花型的花宽 $B=4$；花高 $H=4$。□表示地纱编织平针线圈，☒表示添纱线圈。

（四） 集圈花型及设计

1. 集圈花型

集圈组织具有孔眼清晰、花型突出和具有一定防止织物脱散的特点，因而被广泛采用。一般常见花袜有集圈袜、集圈绣花袜和集圈网眼袜等。集圈组织可在多种机型的袜机上编织。集圈花型袜品如图 7-34 所示。

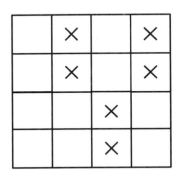

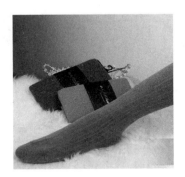

图 7-33　网眼花型意匠图　　　　　图 7-34　集圈花型袜品

2. 花型效果图设计

在袜品上常用的集圈组织有单针单列或单针多列集圈，多列集圈花型效果虽好，但在外力作用下，常因线圈受力不匀，纱线容易断裂，因而只使用在一些特殊部位，如童袜的袜口及口边。图 7-35 所示为单面多列集圈组织形成网眼效果的线圈图。

3. 花型意匠图设计

图 7-36 为集圈花型织物的意匠图，□表示成圈，⊠表示集圈。集圈组织的脱散性较平针组织小，但容易勾丝。由于集圈是以悬弧的形式存在于地组织线圈之后，所以其厚度较平针与罗纹组织的大。集圈组织的横向延伸性较平针与罗纹小。由于悬弧的存在，织物宽度增加，具有孔眼效应的集圈织物长度缩短。集圈组织中的线圈大小不均，因此强力较平针组织与罗纹组织小。

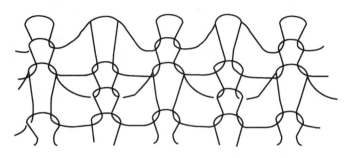

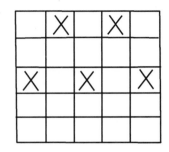

图 7-35　单面多列集圈组织形成网眼效果的线圈图　　　图 7-36　集圈花型织物的意匠图

（五）横条花型及设计

1. 横条花型

袜品的横条组织是在织针上周期地调换色纱，使袜品呈现各种颜色的横条花纹，如图7-37所示。最初的横条花型仅在素色袜的基础上进行调线，形成各种色条。后来调线机构应用于两系统、三系统的花袜机和毛圈袜机上，就可织出更多色彩的横条。在花袜中横条是最基本的花色织物，一般与其他花纹结合起来，如提花横条袜、绣花横条袜等，使袜品可以得到较多的花色效应。

2. 花型效果图设计

在编织横条时，带有不同色纱的导纱器，按设计要求进行调换。而每种色纱所编织的横列数，由这种导纱器参

图7-37　横条花型袜品

与编织的工作时间来决定。在调换导纱器时，先由即将退出工作的导纱器和已进入工作的导纱器共同将纱线垫在几枚针上（一般为6~12枚针）进行编织，然后被调出的导纱器才能完全退出工作，这样可保证在调换导纱器处，织物不会出现破洞。但织物的这种部位比较粗厚，并有换入和换出的纱头，因此一般在袜底的中部进行调线。图7-38所示为多列横条组织织物线圈图。

3. 花型意匠图设计

图7-39为横条花型意匠图。花型的花宽 $B=1$；花高 $H=6$。□表示色纱1编织线圈，⊠表示色纱2编织线圈。

横条花袜随着其服用性能的不同，所采用的原料及袜品风格也不同，横条运动袜多采用棉纱或棉锦、棉丙交织，其吸湿性能较好，穿着舒适。编织两系统、三系统横条花纹时，只是将其中一个系统的纱线进行横条调线，增加花袜的色彩，其织物性能及原料选用与不进行横条调线的花袜相同。

图7-38　多列横条织物线圈图 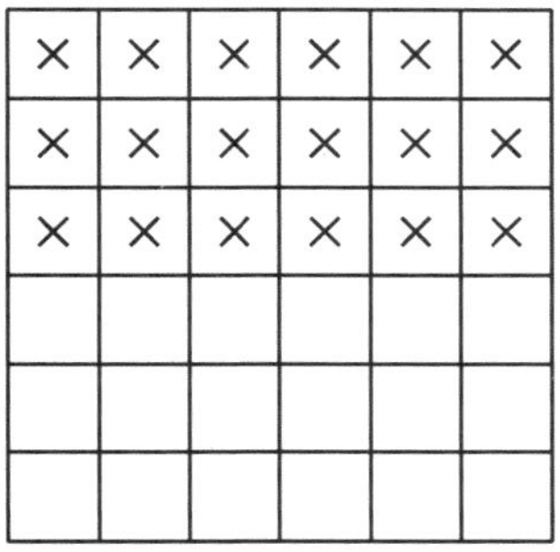　　　　　图7-39　横条花型意匠图

（六）毛圈花型及设计

1. 毛圈花型

毛圈花袜比较厚实，手感松软，具有良好的保暖性，适于冬季穿着。织物效果类似毛巾，因而也被称为毛巾袜。袜品的毛圈花纹组织是按照所设计的花型，使一部分线圈的沉降弧拉长形成毛圈，另一部分线圈的沉降弧不拉长，不形成毛圈的花纹组织。每个线圈通常由两根纱线编织而成。毛圈处由一根纱线编织平针地组织，另一根纱线编织毛圈。无毛圈处，两根纱线一起编织平针线圈，不形成拉长的沉降弧。如图 7-40 所示为毛圈花型袜品。

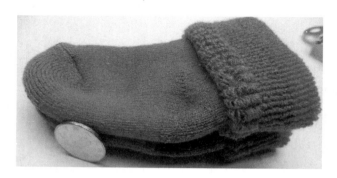

图 7-40　毛圈花型袜品

2. 花型效果图设计

毛圈袜的毛圈如被抽拉，则毛圈中的一部分纱段会发生转移，这将破坏织物表面的均匀性，影响织物外观。为了避免纱段的转移，应将织物编织得紧密些，同时选用摩擦因数较大的纱线进行编织。编织毛圈袜的主要原料有弹力锦纶丝、丙纶丝与棉纱等。

图 7-41 所示为毛圈织物线圈结构图，地纱采用棉纱，毛圈纱采用锦纶丝。

3. 花型意匠图设计

根据效果图案作出花型上机意匠图，并标明完全组织花型的花高与花宽。花型的花宽 $B=1$；花高 $H=3$。□表示平针线圈，☒表示毛圈线圈，如图 7-42 所示。

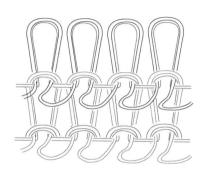

图 7-41　毛圈织物线圈结构图　　　　图 7-42　毛圈花型意匠图

第四节 成形针织袜品工艺设计

袜品的生产工艺设计一般包括产品款式、规格、原料、组织以及上机工艺参数等方面的设计。随着电子技术的发展，现在工厂普遍使用全电脑袜机，这使得花型设计变得简单，且花样丰富多彩。袜品设计好后可以进行打样及整理，最终获得成形袜品。

在袜品工艺参数的计算中，袜机针数决定了袜口等部段的纵行数，而各部段的横列数则可由下式计算得到：

$$C_N = L_N P_{BN} / 5$$

式中：C_N——袜子各部段的横列数，列；

L_N——袜子各部段的长度，cm；

P_{BN}——袜子各部段的纵向密度，横列/5cm。

一、有跟袜品工艺设计

(一) 袜品设计

1. 款式设计

（1）效果图设计

短筒袜的覆盖面接近脚踝，适合穿裤装或者靴子时穿，适合运动、休闲时穿着。

本案例设计袜品为短筒绣花棉袜，其效果图如图 7-43 所示。

图 7-43 短筒绣花棉袜
设计效果图

（2）成品规格

产品名称：短筒绣花棉袜；

尺码：20~26cm；

成分：棉 80%，氨纶 20%；

成品规格：上筒总长 14.5cm，袜底长 20cm；

袜口横拉：16cm；

袜筒横拉：16.5cm；

袜筒纵向密度：$P_B = 60$ 横列/5cm。

图 7-44 为棉袜的丈量图。

规格尺寸见表 7-3。

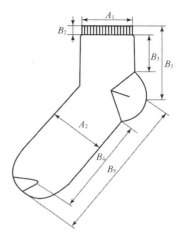

图 7-44 短筒棉袜丈量图

表7-3　短筒绣花棉袜规格尺寸　　　　　　　　　　单位：cm

部位	名称	尺寸
A_1	罗口宽	7
A_2	袜脚宽	8.5
B_1	总长	14.5
B_2	罗口高	2
B_3	袜筒高	10
B_4	袜脚长	15
B_5	袜底长	20

2. 原料设计

里口：68D 锦纶弹力丝；

罗口：14.5tex 棉纱（粉色）+100#白色橡筋（锦包氨）；

袜筒、袜脚：底纱 3075 白色锦包氨+面纱 14.5tex 棉纱（绿色与粉色交替）+绣纱 100D 锦纶丝（白色、红色、黑色）；

袜跟、袜头：底纱 3075 白色锦包氨+面纱 14.5tex 黄色棉纱。

3. 组织设计

袜口：1+1 假罗纹；

袜身：平针（地组织）；

花型：补纱绣花组织。

4. 工艺计算

罗口横列数：$C_N = B_2 P_B/5 = 2×60/5 = 24$，取整 24 转；

袜筒横列数：$C_N = B_3 P_B/5 = 10×60/5 = 120$，取整 120 转；

袜跟收放针数：袜跟收针 15 针，放针 14 针，取 29 转；

袜底横列数：$C_N = B_4 P_B/5 = 15×60/5 = 180$，取整 180 转；

过桥横列数：取 12 转；

袜头收放针数：袜头收针 15 针，放针 14 针，取 29 转；

握持横列数：取 12 转；

袜子下机横向密度＝袜机总针数×5/（下机袜子横向尺寸×2）

袜机总针数为 144 针，故：袜子下机横密＝144×5/$2A_2$＝144×5/（8.5×2）＝42（纵行/5cm）。

各部段转数及收放针数如表 7-4 所示。

表 7-4　各部段转数及收放针数　　　　　　　　　单位：转

部位名称	转数（收放针数）	备注
罗口	24	仅指外口
袜筒	120	含高跟
高跟	12	也可没有此部位
袜跟	29（15/14）	总针数的 1/6~1/5
袜底	180	含过桥
过桥	12	可取 12、16、24 转，也可没有此部位
袜头	29（15/14）	同袜跟
握持横列	12	可取 8~20 转

（二）袜品打样

1. 程序设计

一双袜子在制造过程中有不同的阶段，如单针筒提花袜分为起口→罗口→袜筒→袜跟→袜底→过桥→袜头→握持横列，八个阶段，因每个阶段都要指令三角、铡刀进行进退，这就需要进行程序设计，工厂的全电脑设备基本程序已设好。

2. 图案制板

图案制板指将图型稿件通过电脑花型代码转化为袜机识别代码的操作过程，包括设计针数→绘制图案→设置纱道→设置控制情报等步骤，图案制板和程序设计是紧密结合的。

3. 打样工艺

首先确认袜子各部分的组织，根据所设计的袜子工艺进行穿线，通过多次测试工艺并修改至符合要求，确认最后的上机工艺单。

短筒绣花棉袜的上机工艺参数如表 7-5 所示。

表 7-5　短筒棉袜的上机工艺参数

机型	6F 全电脑袜机	纱线颜色数	6
机号	16 针/英寸（2.54cm）	罗口横拉	≥16cm
针数	144 针	袜筒横拉/直拉	≥16.5/17cm
筒径	3.5 英寸（8.89cm）	袜底横拉/直拉	≥16.5/29cm
原料	里口：68D 锦纶弹力丝； 罗口：14.5tex 棉纱（粉色）+100# 白色橡筋（锦包氨）； 袜筒、袜脚：底纱 3075 白色锦包氨+面纱 14.5tex 棉纱（绿色与粉色交替）+绣纱 100D 锦纶丝（白色、红色、黑色）； 袜跟、袜头：底纱 3075 白色锦包氨+面纱 14.5tex 黄色棉纱		

4. 上机织造

采用 144 针全电脑袜机编织，袜机上下来的半成品需要经过缝头。

5. 整理定形

不同批次、款式的袜子所需要的定形压力不同，经过整理定形的袜子成品如图 7-45 所示。

图 7-45　短筒绣花棉袜实物图

二、无跟袜品工艺设计

（一）袜品设计

1. 款式设计

（1）效果图设计。无袜跟类袜品就是在织袜程序中去掉袜跟编织过程而形成的产品。图 7-46 所示为无跟提花袜效果图。

（2）成品规格

产品名称：无跟提花袜；

尺码：20~26cm；

成分：棉 80%，氨纶 20%；

成品规格：袜长 33cm；

袜口横拉：16cm；

袜筒横拉：16.5cm；

袜筒纵向密度：$P_B=60$ 横列/5cm。

图 7-47 所示为无跟提花袜的丈量图。

规格尺寸见表 7-6。

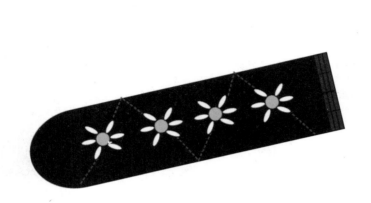

图 7-46　无跟提花袜设计效果图

图 7-47　无跟袜丈量图

表 7-6　无跟提花袜规格尺寸

单位：cm

序号	部位名称	尺寸
①	袜总长	33
②	罗口高	2
③	罗口宽	7
④	袜尖长	2.5

2. 原料设计

底纱 3075 白色锦包氨+面纱 14.5tex 棉纱（黑色）+绣纱 100D 锦纶丝（白色、黄色）。

3. 组织设计

袜口：1+1 假罗纹；

袜身：平针（地组织）；

花型：绣花组织。

4. 工艺计算

罗口横列数：$C_N = 2 \times 60/5 = 24$，取整 24 转；

袜身横列数：$C_N = (33-2-2.5) \times 60/5 = 342$，取整 342 转；

袜尖横列数：$C_N = 2 \times 2.5 \times 60/5 = 60$，取整 30 转（此处一转两横列），袜尖收针 15 针，放针 15 针；

握持横列数：取 12 转；

袜子下机横向密度=袜机总针数×5/（下机袜子横向尺寸×2）

袜机总针数为 144 针，故：袜子下机横密=144×5/（7×2）= 52（纵行/5cm）。

各部段转数及收放针数如表 7-7 所示。

表 7-7　各部段转数及收放针数

单位：转

部位名称	转数（收放针数）	备注
罗口	24	单罗口
袜身	342	包括袜筒和袜脚
袜尖	30（15/15）	收针及放针
握持横列	12	可取 8~20 转

（二）袜品打样

1. 程序设计

在全电脑袜机上进行程序设计，工厂的全电脑自动袜机基本程序一般已经设定好，可以根据需要对个别参数适当调整。

2. 图案制板

图案制板指将图型稿件通过电脑花型代码转化为袜机的识别代码的操作过程，包括设计针数→绘制图案→设置纱道→设置控制情报等步骤，图案制板和程序设计要紧密结合起来。

3. 打样工艺

首先确认袜子各部分的组织，根据所设计的袜子工艺进行穿线，通过多次测试工艺并修改至符合要求，确认最后的上机工艺单。

无跟提花袜上机工艺参数如表 7-8 所示。

表 7-8　无跟提花袜上机工艺参数

机型	6F 全电脑袜机	纱线颜色数	4
机号	16 针/英寸（2.54cm）	罗口横拉	≥16cm
针数	144 针	袜筒横拉/直拉	≥16.5/17cm
筒径	3.5 英寸（8.89cm）	袜底横拉/直拉	≥16.5/29cm
原料	底纱 3075 白色锦包氨+面纱 14.5tex 棉纱（黑色）+绣纱 100D 锦纶丝（白色、黄色）		

4. 上机织造

采用 144 针全电脑袜机编织，袜机上下来的半成品需要经过缝头。

5. 整理定形

不同批次、款式的袜子所需要的定形压力不同，经过整理定形的袜子成品如图 7-48 所示。

三、连裤袜品工艺设计

1. 款式设计

连裤袜是当今世界办公室中的一道标准装束，在那里它们被视作一种专业的女性服装形式。虽然现今少女间流行直接裸露双腿，但在需要穿着正装的公务场合，为求端庄，减少皮肤外露，袜子仍然是需要的。一些穿制服的学校经常要求穿着指定的袜子（有些是连裤袜或紧身袜），作为校服的一部分。连裤丝袜设计效果图如图 7-49 所示。连裤袜规格为 160/44~46，总长 100cm，腰宽 22cm；裤身横拉 48cm，袜筒横拉 36cm。图 7-50 为连裤袜的丈量图。

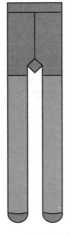

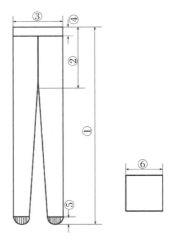

图 7-48　无跟提花袜实物图　　图 7-49　连裤袜设计效果图　　图 7-50　连裤袜的丈量图

连裤丝袜的规格尺寸见表7-9。

表7-9　连裤袜规格尺寸　　　　　　　　　　　单位：cm

序号	部位名称	尺寸
①	总长	100
②	直档	22
③	腰宽	22
④	腰高	3
⑤	袜尖	3
⑥	方块档	9

厚薄适中的连裤袜是女性生活中不可或缺的袜子，一年四季都受到女性的关注。连裤袜弹性较好，穿上后会感到很舒服，因此受到很多女性的喜爱。连裤袜不仅适宜于春秋季凉爽时穿着，也适合于夏季穿着，透气透汗，舒适美观。

2. 原料设计

锦氨包缠丝是以氨纶丝为芯，外包以锦纶长丝，按螺旋形方式对伸长状态的弹力长丝予以包覆而形成的弹力丝。这种结构的芯丝提供了优良的弹性，而外包丝则提供了所需的表面特征、风格、手感和性能等。根据市场状况与需求和现有设备的性能，原料确定为155.4dtex氨纶丝、77.7dtex/33.3dtex锦纶/氨纶包芯纱及16.65dtex/13.32dtex锦纶/氨纶包芯纱。

连裤袜设计采用氨纶长丝和两种不同细度的锦氨包芯纱为原料，氨纶长丝耐磨性、弹性、延伸性好，伸长值可达原长的7倍；包芯纱采用氨纶为芯，外包聚酯或聚酰胺的高弹性纱，这两种原料结合在一起，使纱的弹性、耐磨性更好。

3. 组织设计

选用意大利Matec HF 4.7型丝袜织机。针筒直径为10.16cm，400枚针。Matec HF 4.7型丝袜机是全电子控制4路进线单针筒提花丝袜织机，配备高频率选针器，专门生产提花的女装连裤袜、长筒袜及短袜。可分别以4路、3路、2路进线来编织，只需要通过电脑程序来控制成圈三角动作，而无需任何机械上的调节。袜子的款式、尺码、花型及成圈三角的动作都通过电脑及其设计程序来控制。每路进线的独立电子选针由两组高频率选针器控制，这种选针器可快捷地织造无限制大小的花型，并且维修率低。

该机可织造任何类型的组织，如单针筒罗纹、T型裤裆、比基尼、提花比基尼、左右两边带花型、浮线/加固/集圈花型、颜色提花、袋形袜跟、收腹提臀及曲波袜边等款式。每路成圈三角均有步进电动机控制，可于任何部位独立调节线圈长度及控制织物成形，更能适合女性的腿型。

为了保证袜子穿着舒适，不易流跟，裤口及裤身部段采用衬垫组织，袜筒部段采用平针组织，袜头垫入加固线以增加牢度。

4. 编织工艺

一般连裤袜的生产工艺流程为：织造→缝头→染色→定形→包装。连裤袜织造时一般分 4 个部分：裤口、裤身、袜筒和袜头。这四个部分的针法、厚薄都可能不一样，具体根据款式而定。

（1）裤口裤身的编织工艺。采用 1+3 假罗纹编织。其结构意匠图如图 7-51 所示，两路一个循环，□表示成圈，⊡表示集圈。

无集圈编织的纵行突出在前，形如罗纹组织中的正面线圈纵行，另外 3 个有集圈编织的则如罗纹组织中的反面纵行。这种编织方法在裤身部分多处采用，主要起到增加织物弹性与牢固性的作用。16.65dtex/13.32dtex 锦纶/氨纶包芯纱为地纱，77.7dtex/33.3dtex 锦纶/氨纶包芯纱为面纱，155.4dtex 氨纶丝为衬垫纱。

（2）袜筒的编织工艺。袜筒采用平针组织，16.65dtex/13.32dtex 锦纶/氨纶包芯纱为地组织纱线，77.7dtex/33.3dtex 锦纶/氨纶包芯纱为面纱。

（3）袜头的编织工艺。袜头的编织采用 1/3 标准网组织，其结构意匠图如图 7-52 所示，□表示成圈，⊡表示集圈。

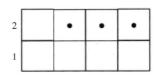

图 7-51　1+3 假罗纹结构意匠图

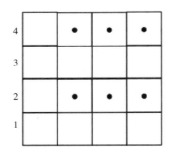

图 7-52　1/3 标准网结构意匠图

16.65dtex/13.32dtex 锦纶/氨纶包芯纱为地纱，77.7dtex/33.3dtex 锦纶/氨纶包芯纱为衬垫纱。

5. 裤袜缝制

连裤袜需要开裆，沿着裤袜上的开裆线把左右脚剪开，再把左右脚在自动拼缝机上进行缝头和拼裆，最后进行四线拼压，使袜子更结实。

6. 整理定形

对连裤袜进行染整的时候，会进行真空处理，以使袜子更平整，经过整理定形的袜子成品如图 7-53 所示。

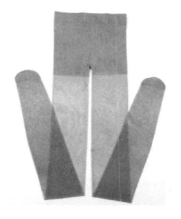

图 7-53　连裤袜实物图

四、双针筒素袜工艺设计

1. 款式设计

（1）效果图设计。双针筒袜机机型很多，它们的编织原理及机件各不相同，但其花型设计及选针原理与单针筒袜机基本相同。双针筒袜机产品一般以罗纹组织为基础，可编织多种花色效应，具有较好的弹性和延伸性。其产品可分为以下几类：素袜、凹凸花袜、双色或三色提花袜、提花与凹凸复合袜及绣花袜类等。

设计袜品为全棉中筒素袜，其效果图如图7-54所示，图7-55为全棉中筒素袜的实物丈量图。

图 7-54　全棉中筒素袜设计效果图

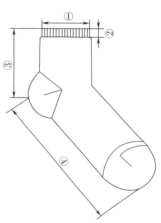

图 7-55　全棉中筒素袜丈量图

（2）成品规格

产品名称：双针筒抽条中筒男袜；

尺码：25~27cm；

成分：棉82%，聚酯纤维16%，氨纶2%；

成品规格：袜底长25cm；

袜口横拉：17.5cm；

袜筒横拉：18cm；

袜筒纵向密度：$P_B = 60$ 横列/5cm。

规格尺寸见表7-10。

表 7-10　全棉中筒素袜规格尺寸　　　　　　　　　　　单位：cm

序号	部位名称	尺寸
①	袜口宽	8.5
②	袜口高	6
③	袜长（包括袜跟和袜筒）	30
④	袜底长	25

2. 原料设计

袜品底纱采用 3075 白色涤包氨纱线，面纱采用两根 14.5tex 的棉纱。

3. 组织设计

双针筒袜品的袜口可以采用 1+1 罗纹组织，而袜筒可采用不同组合的罗纹组织，如 4+2、3+2 罗纹等。本设计袜品的袜口采用 1+1 罗纹组织 ［图 7-56（a）］，袜筒与袜面采用 2+1 罗纹组织 ［图 7-56（b）］，而袜跟、袜底、袜头、握持横列均采用平针组织 ［图 7-56（c）］，便于织造，穿着舒适。

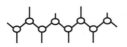   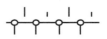

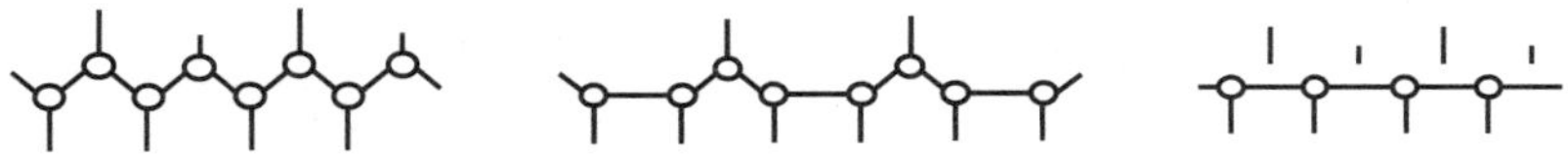

（a）1+1罗纹组织编织图　　（b）2+1罗纹组织编织图　　（c）平针组织编织图

图 7-56　不同部段的组织

4. 工艺设计

袜口横列数：$C_N = 6×60/5 = 72$ 横列。

袜长横列数：$C_N = 30×60/5 = 360$ 横列。

袜底横列数：$C_N = 25×60/5 = 300$ 横列。

各部段转数及收放针数如表 7-11 所示。

表 7-11　各部段转数及收放针数　　　　　　　　　　单位：转

部位名称	转数（收放针数）	备注
袜口	72	1+1 罗纹组织
袜筒	258	不包括袜口和袜跟转数
袜跟	30（15/15）	总针数的 1/6~1/5
袜底	240	不包括袜跟和袜头转数
袜头	30（15/15）	同袜跟
握持横列	12	可取 8~20 转

5. 上机参数

袜品上机工艺参数如表 7-12 所示。

表 7-12　上机工艺参数

机型	3F 全电脑袜机	纱线颜色数	1
机号	14 针/英寸（2.54cm）	罗口横拉	≥17.5cm
针数	168 针	袜筒横拉/直拉	≥17.5/45cm
筒径	4 英寸（10.16cm）	袜底横拉/直拉	≥18/30cm

机型	3F 全电脑袜机	纱线颜色数	1
原料	罗口：14.5tex×2 棉纱+3075 白色涤包氨； 袜筒、袜脚：底纱 3075 白色涤包氨+面纱 14.5tex×2 棉纱； 袜跟、袜头：底纱 3075 白色涤包氨+面纱 14.5tex×2 棉纱		

6. 整理定形

经过整理定形的袜子成品如图 7-57 所示。

图 7-57　全棉中筒素袜实物图

第五节　成形针织无缝内衣设计

一、成形针织无缝内衣概述

无缝针织内衣是采用专用的针织圆机，运用无缝加工技术编织的一次半成形内衣，下机后只需少量裁剪。无缝针织内衣通过在不同部位变换不同的织物组织来达到整体立体贴身的效果，同时不同组织的相互配合也增加了衣服穿着的舒适性、功能性和外观的多样性。

（一）无缝内衣的发展

20 世纪 80 年代，人们开始有了无缝针织的概念，但主要用于生产袜子及少部分针织衣物。意大利的胜歌公司于 1984 年申请了一项无缝内衣针织机的专利，并且与以色列一家公司合作制造了一些无缝内衣针织机的样机。无缝内衣针织机从此开始发展起来并不断地开发和改进。采用电脑技术，引进新原料使得越来越成熟的无缝针织工艺的应用领域不断扩大，不仅在内衣市场占有相当大的比重，而且在其他服装如运动衣、泳装及外衣等领域不断突破。以浙江义乌为代表，无缝内衣行业经过短短几年的发展，目前拥有百余家生产企业和 26000 多台进口的电子提花无缝针织机，产量占全国的 80%，全球的 15%，已经成为全国乃至全世界无缝内衣的最大生产基地。

随着人们生活质量的提高，人们对于内衣这种平常贴身衣物的舒适性要求也越来越高，而且对其各部位的贴合程度、尺寸大小、伸屈较大部位如肘部等的拉伸弹性和服装压力等都有着更高的要求。传统的服装加工方法使得针织衣片都有一定的缝合线，而缝合的厚度会影响针织服装尤其是紧身、束身款式的舒适性和外观；此外，服装还受到由于缝合线的存在而造成的对针织品弹性的束缚。因此，无缝内衣应运而生，并得到了很快的发展。无缝内衣从纱线到成衣，只需少量裁剪和缝合，使颈、腰、臀等部位无需接缝，集舒适、贴体、时尚、变化于一身，号称"人体第二皮肤"，具有无可比拟的优势。

（二）无缝内衣的特点

无缝内衣的服装款式、花型设计快捷方便，可以在特定的软件上一次性设计出衣服的款式、组织结构和花色尺寸等；而且上机操作方便，可以直接将纱线织造成成衣产品；最后，产品下机后经过水洗、染色、柔软等后整理之后，只需按照设计好的少量裁剪线进行裁剪、缝纫即可实现所要求的款式。从而节省了劳动成本，缩短了工艺流程，同时能较好地控制纱线、布匹的库存量以及减少机台数。

一直以来，纬编无缝内衣占据市场的主导地位，发展较为成熟。通常，纬编无缝内衣是根据不同组织的组合来满足内衣各部位的需求的，比如，女士内衣的胸部和臀部采用平针组织达到提胸、提臀的效果，其周围可以采用各种假罗纹、交错浮线等组织达到收胸、瘦臀的效果；腰部和腹部同样可以采用假罗纹等来达到收腰、收腹的效果。通过不同组织的相互配合使产品整体达到立体贴身的效果，同时增加衣服穿着的功能性、舒适性和外观花色的多样性。

相对于纬编无缝内衣的成熟发展，经编无缝内衣还处于兴起阶段。经编无缝内衣编织时，利用不同的垫纱过程和不同的纱线原料，产生各种不同的花型。在经编无缝内衣的生产过程中，可利用不同的网眼织物结构，在织物的边缘形成有波浪效果的布边，结合图案，让织物更加精美立体。在设计经编无缝内衣时，运用经编的点型、条纹型、花卉型等不同的垫纱组织，形成不同的款式、花型和织物组织。正是因为经编无缝内衣图案设计的灵活性、侧缝的完美拼合，使其在开发的过程中具有了产品本身的附加价值与市场竞争力，使得经编无缝内衣有很好的发展前景。

二、成形无缝针织内衣结构

（一）纬编无缝内衣

传统的针织内衣（汗衫、背心、短裤等）的生产，都是先将光坯布裁剪成一定形状的衣片，再缝制成最终产品。因此，在内衣的两侧等部位具有缝迹，对内衣的整体性、美观性和服用性能都有一定的影响。无缝针织内衣是20世纪末发展起来的新型高档针织产品，其加工特点是在专用针织圆机上一次基本成形，下机后稍加裁剪、缝边以及后整理，便可成为无缝服装的最终产品。

无缝内衣专用针织圆机是在袜机的基础上发展而来的，其特点为：一是具有袜机除编织头跟之外的所有功能，并增加了一些机件以编织多种结构与花型的无缝内衣；二是针筒直径较袜机大，一般为254~432mm（10~17英寸），以适应各种规格产品的需要。

纬编无缝内衣要求体现曲线效果，在领部和下摆需增加织物弹性，女装胸部要突出立体效应，腰部应形成收腰效果，臀部应具有良好的宽松性。可以采用编织褶裥组织形成花纹效应，使用褶裥组织在编织时应根据原料性能适当选择连续不编织次数，否则容易产生破洞或将针钩拉断。

下面以一件单面无缝三角短裤为例，说明其结构与编织原理。图 7-58 为单面无缝三角短裤的实物及结构图。图 7-58（b）为无缝圆筒形裤坯结构的正视图，图 7-58（c）和图 7-58（d）分别为沿圆筒形两侧剖开后的前片和后片视图。*A—B—C—D* 段为裤腰，*C—D—E—F* 段为裤身，*E—F—G—H* 段为裤裆，*H—G—L—K* 为结束段。

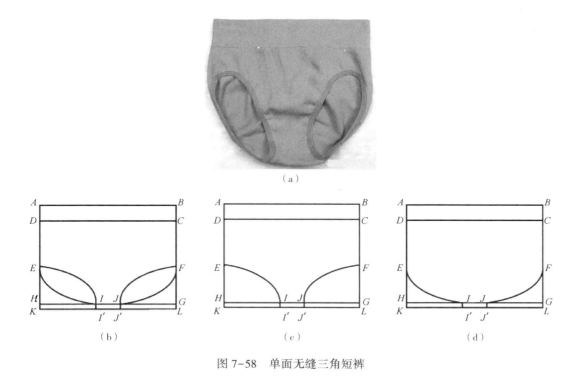

图 7-58　单面无缝三角短裤

（1）编织从 *A—B* 开始。*A—B—C—D* 段为裤腰，采用与平针双层或衬垫双层袜口类似的编织方法，通常加入橡筋线进行编织。

（2）*C—D—E—F* 段为裤身，为了增加产品的弹性、形成花色效应以及成形的需要，一般采用两根纱线编织，其中地纱多为较细的锦纶弹力丝或锦纶/氨纶包芯纱等；织物结构可以是添纱（部分或全部添纱）、集圈、提花等组织。

（3）*E—F—G—H* 段为裤裆，其中 *E—F—J—I* 部分采用双纱编织，原料与结构同 *C—D—E—F* 段，而 *E—I—H* 和 *F—J—G* 部分仅用地纱编织平针。

（4）*G—H—K—L* 为结束段，采用双纱编织。

（5）圆筒形裤坯下机后，将 *E—K—I'* 和 *F—L—J'* 部分裁去并缝上弹力花边，再将前后的 *I—J* 段缝合（其中 *I—J—J'—I'—I* 为缝合部分），便形成了一件无缝短裤。

（二）经编无缝内衣

经编无缝服装是在双针床拉舍尔经编机上编织而成的，主要通过前、后针床单独编织成片，并通过贾卡梳栉同时在前后针床编织形成侧缝，从而在前后片进行无缝连接。我国刚刚起步发展的经编无缝内衣目前主要侧重于花型纹样的设计和编织工艺方面，利用各种厚薄贾卡与网眼的搭配形成虚实明显、层次分明的花型效果，实现各种复杂的花型纹样。但是，纱线的品种、组织结构的选取以及舒适性问题还需要进一步解决，纱线种类、组织结构等都对经编无缝服装的舒适性产生重要影响。

三、成形针织无缝内衣设计

（一）纬编无缝内衣设计

1. 原料设计

国内市场上最常用的原料是棉或莫代尔，由于无缝内衣都具有一定的弹性以及塑身美体的效果，所以也常常使用含有尼龙和氨纶的纱线。

目前国内使用的 SM8-TOP2 的机器机号多为 E28，使用的原料规格一般为：

尼龙：7.78tex（70D）、11.11tex（100D）、16.67tex（150D）。

棉纱：9.83tex（60英支）、14.75tex（40英支）、18.44tex（32英支）。

包芯纱（尼龙包氨纶）：2.22/3.33tex（20/30D）、2.22/4.44tex（20/40D）、2.22/7.78tex（20/70D）。

橡筋：常使用 15.56tex（140D）或 23.33tex（210D）的裸氨纶做橡筋，也可选择传统的棉袜橡筋线。

2. 款式设计

无缝针织内衣产品有短裤类、一字文胸、美体内衣、吊带背心、运动内衣、护腰、护膝、高腰缩腰短裤、泳装、健美装和休闲装等。

（1）短裤类。短裤产品包括普通的三角裤、平角裤、丁字裤以及高腰收腹裤等。目前有很多的三角裤及平角裤用彩棉原料编织，可以在腹部编织图案，并且依靠组织起到提臀的作用。而高腰收腹裤更可以起到收腹的效果。图 7-59、图 7-60 为无缝平角裤和无缝三角裤。

图 7-59　无缝平角裤　　　　　　　图 7-60　无缝三角裤

（2）无缝一字文胸。完全利用组织体现文胸的特点，也有很多一字文胸在背部使用网眼，使文胸看上去更加美观。图 7-61 为无缝一字文胸。

图 7-61　无缝一字文胸

（3）美体内衣。美体套装是目前国内市场上最常见的产品，同样利用组织起到收腰提臀的作用。美体内衣的领口可以为 V 领或圆领，也可在领口加花边。美体内衣的袖子通常选用大身中用的最多的组织，或者直接选择 1×1 假罗纹组织，袖口处可选用扎口，也可以另缝花边。图 7-62 和图 7-63 分别为素色和提花无缝美体内衣。

图 7-62　素色无缝美体内衣　　　　　图 7-63　提花无缝美体内衣

（4）吊带背心。吊带背心的设计常常在胸部采用平针添纱组织，周围采用 1+2 假罗纹组织，从而起到突出胸部和提胸的效果，腰部利用 1+3 假罗纹组织使其收紧。如图 7-64、图 7-65 为两款无缝吊带背心。

图 7-64　素色无缝吊带背心　　　　　图 7-65　漏网无缝吊带背心

（5）运动内衣。由于侧身缝迹的消失以及织物具有的良好弹性，使无缝内衣在生产运动内衣方面的优势越来越明显。无缝运动内衣一般在下摆中加入橡筋线。如图 7-66 ~ 图 7-68 所示为各类型的无缝运动内衣。

图 7-66　无缝运动文胸　　　　图 7-67　无缝瑜伽内衣　　　　图 7-68　无缝运动内衣

3. 组织设计

　　纬编无缝内衣使用的组织类型有平针组织、假罗纹组织、集圈组织、添纱网眼组织、毛圈组织。为了体现无缝内衣的立体感和舒适性，需在内衣的不同部位采用不同的组织设计。如无缝内衣的臀部设计多使用平纹组织，也可采用一些其他组织来增加提臀效果；胸部设计通常选择平针，同样地，需要其他的组织来起到提胸的效果；腰部设计时采用假罗纹组织形成收腰的效果；裆部多采用毛圈组织，假毛圈或真毛圈均可使用。图 7-69 ~ 图 7-73 是各种组织的示意图，其中 1 为面纱，2 为地纱。

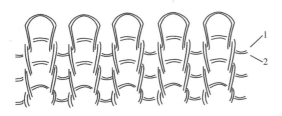

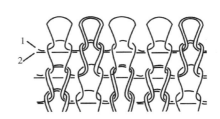

图 7-69　平针添纱组织　　　　　　　图 7-70　浮线添纱组织

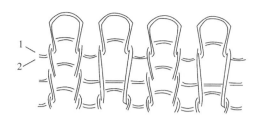

图7-71　添纱浮线组织

图7-72　集圈组织

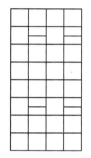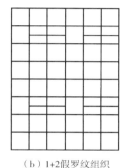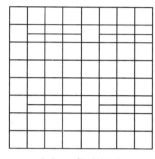

（a）1+1假罗纹组织　　（b）1+2假罗纹组织　　　　（c）1+3假罗纹组织

图7-73　假罗纹组织

4. 工艺设计

全成形内衣产品的工艺流程与一般针织品有很多相似之处，但又有自身的特点，其常规工艺流程为：原料进厂→上机织造→检验→染整→烘干→检验→缝制→检验→包装→成品出厂。染色的工序根据实际情况选择，如在织造彩条产品时使用色纱，就不需要再进行染色处理。缝制过程中，领口、袖口、裤脚等处可以使用上机织造时的花纹，也可以另外缝制花边，使内衣的外观更加美观。

（二）经编无缝内衣设计

1. 款式设计

经编无缝内衣，不像常见传统内衣那样工艺上采用蕾丝镂空、刺绣镶贴、缎带缝缀等多种装饰手法，其由纱线原料跨越纺纱—织布—缝纫而直接形成成品。经编无缝内衣外观形状大部分是筒形或支管状，运用双针床经编机RDPJ6/2编织而成，其中前后针床各自独立成圈，分别编织筒形前后面，侧面则由一枚或几枚贾卡导纱针前后针床成圈形成延展线连接前后片。该机器前后针床间隔仅为0.65毫米，有效地保证了侧缝连接处的密度与前后片密度保持一致，使得表面组织过渡平缓，图案花纹衔接自然。图7-74为经编无缝内衣的基本款式结构造型及对应的双针床成圈原理。

三维筒形结构无需缝片工序，一次成形，纵向无缝边，自然连接，平滑无痕，通常分为紧身式、直身式、宽松式，如图7-75所示。

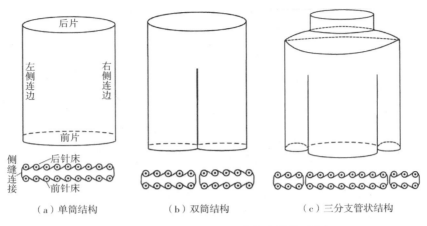

（a）单筒结构　　　　　　（b）双筒结构　　　　　（c）三分支管状结构

图 7-74　经编无缝内衣的基本款式结构及编织

（a）紧身造型　　　　　　（b）直身造型　　　　　　（c）宽松造型

图 7-75　三维筒形结构无缝内衣

2. 原料设计

经编无缝内衣所用的原料以化纤长丝为主，其中锦纶、氨纶应用较多。广泛应用于经编无缝织物的锦纶丝，手感较好，光滑，凉爽，轻便，常用的有锦纶 6 和锦纶 66，形成地组织和提花组织。贾卡梳栉采用较粗的锦纶包芯丝，是用锦纶丝包覆或卷绕在氨纶丝上形成的锦氨包芯丝，除具有锦纶丝柔软、透气性能好的特性，还具有氨纶高弹性的优点，具有保持弹力、塑形的作用。通常采用相对朴素的无光锦纶丝，颜色黯淡，形成主体花纹，凸起于底组织平面。地组织一般采用 44dtex 的无光锦纶丝，使地组织轻薄、柔软。

3. 组织设计

经编无缝针织物具有丰富的层次效应，它通过贾卡导纱针的偏移来形成长短不一的延展线，从而使织物呈现不同的厚薄效应。它的基本组织为 1-0/1-2//，可以通过贾卡导纱针的变化形成 1-0/1-2//、1-0/2-3//、2-1/1-2//、2-1/2-3// 共 4 种不同的垫纱运动，巧妙运用不同的垫纱组合可以设计出风格多变、层次丰满的织物。

如图 7-76 为一款无缝织物花型，花朵图案采用了 6 种不同的组织搭配，花型外围的地组织使用 6 号方形网孔组织，花型轮廓则使用 1 号厚组织，此组织把花型与地组织明显分隔开来，凸显花纹轮廓。1 号厚组织、2 号薄组织与 3 号小网孔组织的厚薄递减与网孔变化，形成丰富的花瓣层次，此外，4 号的条形网孔组织所形成的花瓣纹路和 5 号散点网孔所形成的夺目花心，使得整个花型更具真实感。

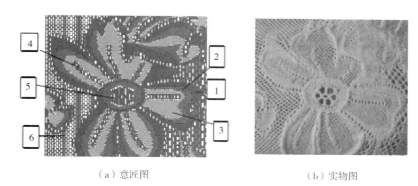

（a）意匠图 　　　　　　　　　（b）实物图

图 7-76　无缝织物花型

四、无缝平角裤设计实例

（一）原料选用

该产品使用 2.22/4.44tex（20/40D）的锦/氨包芯纱作地纱（白色），7.78tex（70D）的锦纶弹力丝作面纱（白、黑、蓝三色），腰部加入 15.56tex（140D）白色橡筋线。

（二）产品规格

该无缝针织平角裤的丈量如图 7-77 所示，规格尺寸如表 7-13 所示。弧形双实线 *AB* 是剪裁线，组织采用假罗纹。

表 7-13　无缝平角裤规格尺寸　　　　　　　　　　单位：cm

序号	部位	尺寸
①	腰围	81.5
②	裤边长	30
③	裤中长	24.5
④	裤腰高	4
⑤	横档宽	22
⑥	裤腿宽	17.5
⑦	裤脚高	2

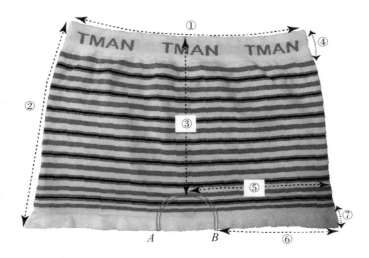

图 7-77　无缝平角裤尺寸示意图

（三）组织设计

纬编无缝内衣常使用的组织类型有平针组织、假罗纹组织、集圈组织、添纱网眼组织、毛圈组织等。为了体现无缝内衣的立体感和舒适性，在内衣的不同部位采用不同的组织设计。该产品各部位所用组织如图 7-78 所示。

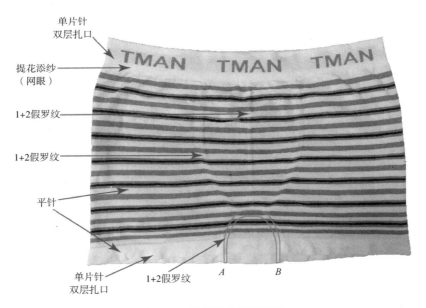

图 7-78　无缝平角裤组织设计

（四）机器选用

该无缝针织平角裤产品可在电脑全成形圆纬机上编织（意大利，胜哥），该机型有 8

个成圈系统（路），每个成圈系统有 7 个喂纱嘴，两个电子选针器，互相配合可以实现三功位选针。针筒直径 205~406mm（12~16 英寸），机号 E28，大多用于生产薄型纬编无缝内衣产品。

（五）裁剪缝合

无缝平角裤圆筒形衣坯下机后，需要沿着假罗纹裁剪线将图 7-77 和图 7-78 中的 AB 部分裁剪掉，并沿着剪裁线将前后裤片缝合起来。

 **思考题**

1. 根据袜筒长短袜品可以分为哪几类？
2. 简述袜品的两步成形过程。
3. 简述棉线素袜的生产工艺流程。
4. 绘制二骨袜的丈量图。
5. 绘制一款提花袜的效果图。
6. 图 7-79 是一款网眼花型织物，请简要说明如何实现该花型。

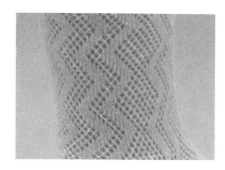

图 7-79 网眼花型

7. 表 7-14 为一款无跟袜的规格尺寸，试做出其上机工艺。

表 7-14 无跟袜规格尺寸　　　　　　　　　　单位：cm

序号	部位名称	尺寸
①	袜总长	30
②	罗口宽	6
③	罗口高	3
④	袜尖长	3

8. 图 7-80 是一款无缝内衣的两色提花组织意匠图，做出其编织图。

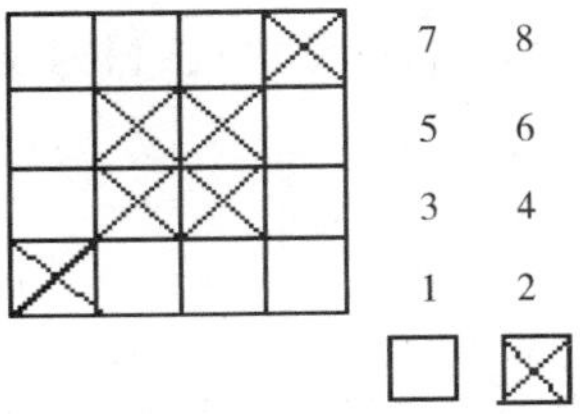

图 7-80　意匠图

 实训项目：成形针织圆机产品工艺设计与实践

一、实训目的

1. 训练理论联系实际的能力。

2. 掌握袜品工艺设计方法。

3. 掌握袜品上机编织方法。

二、实训条件

1. 材料：袜品若干，编织用纱线若干。

2. 工具：铅笔、直尺、纸张、剪刀、照布镜、天平、烘干机及调试机器用工具等。

3. 设备：机械或电脑袜机。

三、实训任务

1. 计算袜品的工艺。

2. 制作上机程序。

3. 调试设备，完成编织。

四、实训报告

1. 测试袜品的实际参数。

2. 分析结果，与设计值进行对照，分析参数的异同，以及在织造过程中遇到的问题及解决方法。

3. 总结本次实训的收获。

第八章　成形针织服装成衣设计

第一节　成衣工艺流程与要求

成衣工艺流程与工艺要求是根据成形针织服装的款式特点、质量要求、产品原料、服用性能、织物组织结构、编织衣坯的针织机机号和现有成衣设备生产能力确定的。

一、成衣工艺流程

成衣工艺流程的制订一般包括裁剪、缝合、整烫、修饰、清杂、检验、包装等内容，产品的品种不同，成衣工艺的内容也不同，但各工序应根据产品协调、合理地排列，尽可能采取流水线作业，防止流程倒流。现介绍几种常用品种的成衣工艺流程，其中（一）～（六）为各种领型的收针、缩绒毛衫产品。

（一）V 领男开衫及 V 领男开背心

套口→烫领→裁剪→平缝→链缝（24KS）→手缝→半成品检验→缩绒→裁剪→平缝→烫门襟→画扣眼→锁扣眼→钉纽扣→清除杂质→烫衣→钉商标→成品检验→包装。

（二）V 领男套衫及 V 领男套背心

套口→裁剪→平缝→链缝（24KS）→手缝→半成品检验→缩绒→清除杂质→烫衣→钉商标→成品检验→包装。

（三）圆领或樽领男套衫

套口→裁剪→上领→链缝（24KS）→手缝→半成品检验→缩绒→清除杂质→烫衣→钉商标→成品检验→包装。

（四）圆领女开衫

套口→烫领→裁剪→上领→链缝（24KS）→手缝→半成品检验→缩绒→裁剪→平缝→烫门襟→画扣眼→锁扣眼→钉纽扣→清除杂质→烫衣→钉商标→成品检验→包装。

（五）圆领或樽领女套衫

套口→上领→链缝（24KS）→手缝→半成品检验→缩绒→清除杂质→烫衣→钉商

标→成品检验→包装。

（六）圆领拉链女套衫

套口→上领→链缝（24KS）→裁剪→平缝→手缝→烫衣→钉商标→成品检验→包装。

（七）男式长裤（收针、缩绒）

套口→平缝→半成品检验→缩绒→清除杂质→蒸烫→钉商标→成品检验→包装。

（八）V领男开衫，翻领女开衫（各种肩型，横门襟、拷针、裁剪、不缩绒）

蒸片→裁剪→平缝→包缝→套口→画扣眼→锁扣眼→钉纽扣→手缝→钉商标→烫衣→成品检验→包装。

（九）V领童开衫（化纤，拷针、裁剪、不缩绒）

裁剪→包缝→套口→平缝→画扣眼→锁扣眼→手缝→钉商标→半成品检验→烫衣→成品检验→包装。

（十）棉线素袜

缝袜头→检验→染色→烫袜→整理→包装。

（十一）锦纶丝袜

缝袜头→检验→初定形→染色→复定形→整理→包装。

以上工艺流程可根据产品品种、设备条件及企业的具体情况而变化，但质量要求不变，有些产品可先缩绒后缝附件。链缝采用24KS缝纫机（或称小龙头去刀缝纫机）缝合，在羊绒等高档产品中，此工序常采用套口机完成。

二、成衣工艺要求

（一）缝迹与缝线

所谓缝迹就是由若干线迹连接而成的衣缝。而线迹就是两个相邻针眼之间所配置的缝线形式，常用的有链式线迹、仿手工线迹、锁式线迹、多线链式线迹、包缝线迹和覆盖式线迹6种。

缝迹要与缝合衣片的原料、织物组织以及在成形针织服装使用中所受拉伸的条件要求相一致，密度、厚度不同的成形针织服装，线迹要求也不相同。要保持良好的拉伸性和弹性，除门襟带外，通常部位要求拉伸率达到130%。线迹密度必须符合规定，要保证缝合牢度。

原则上要求缝线应尽量与成形针织服装的原料、颜色、纱线线密度相同。粗纺毛纱成形针织服装的缝线及机缝面线应采用精纺毛纱；平缝、包缝用的底线，其捻度不可过高，要柔软、富有弹性、光滑并有足够的强力。

（二）缝口质量的一般要求

成衣的外观质量很大程度上是由缝口质量决定的，缝纫加工时，对缝口质量应严格要求和控制。一般来说，成形针织服装缝口应符合以下要求。

1. 牢度

缝口应具有一定的牢固度，能承受一定的拉力，以保证服装缝口在穿用过程中不出现破裂、脱纱等现象，特别是活动较多、活动范围较大的部位，如袖窿、裤裆部位，缝口一定要牢固。

决定缝口牢度的指标有缝迹强度、延伸度、耐受牢度及缝线耐磨性。

（1）缝迹强度：指垂直于线迹方向拉伸，缝口破裂时所承受的最大负荷。影响缝迹强度的因素有缝线强度、缝迹的种类、面料的性能、线迹收紧程度及线迹密度等。

（2）缝迹的延伸度：指沿缝口长度方向拉伸，缝口破裂时的最大伸长量。缝迹延伸的原因是缝线本身具有一定的延伸度。对于服装经常受到拉伸的部位，如裤子后裆部，首先要考虑选用弹性较好的线迹种类及缝纫线，否则，缝迹的延伸度不够，会造成相应部位的缝口纵向断裂开缝。

（3）缝迹耐受牢度：由于服装在穿着时，常受到反复拉伸的力，因此，需测定缝口被反复拉伸时的耐受牢度。它包括两个方面：

①在限定拉伸幅度（3%左右）的情况下，缝口在拉伸过程中出现无剩余变形（完全弹性变形）时的最大负荷或最多拉伸次数；

②在限定拉伸幅度为5%~7%的情况下，平行或垂直于线迹方向反复拉伸，缝口破损时的拉伸次数。

实验结果表明，采用缝迹耐受牢度评价缝口牢度是比较合理的指标。因此，一般通过耐受牢度试验来确定合适的线迹密度，以确保服装穿着时缝口的可靠性，即具有一定的强度和耐受牢度。

（4）缝线的耐磨性：指缝线不断被摩擦至发生断裂时的摩擦次数。服装在穿着时，缝口要受到皮肤或其他服装及外部物体的摩擦，特别是拉伸大的部位。实际穿用表明，缝口开裂往往是因为缝线被磨断而发生线迹脱散，因此，缝线的耐磨性对缝口的牢度影响较大，需要选用耐磨性较高的缝线。

2. 舒适性

舒适性即要求缝口在穿用时应比较柔软、自然、舒适，特别是内衣和夏季服装的缝口，一定要保证舒适，不能太厚、太硬。对于不同场合与用途的服装，要选择合适的缝口。如来去缝只能用于软薄面料；较厚面料应在保证缝口牢度的前提下，尽量减少布边的折叠。

3. 对位

对于一些有图案或条格的衣片，缝合时应注意缝口处对格对条。

4. 美观

缝口应具有良好的外观，不能出现皱缩、歪扭、露边、不齐等现象。

5. 线迹密度及线迹收紧程度

（1）缝口处的线迹密度，应按照技术要求执行。

（2）线迹收紧程度可用手拉法检测。垂直于缝口方向施加适当的拉力，应看不到线迹的内线；沿缝口纵向拉紧，线迹不应断裂。

（三）成衣各工序工艺要求

1. 定形

定形是指成衣前坯片的预定形，一般有两种方式。

（1）蒸片：羊毛类温度 90℃ 以上，时间 8～10min，视织物厚度而异，以蒸透衣片为宜。

（2）蒸坯：温度，羊毛类 100℃、腈纶类 70～75℃、毛/腈类 85～90℃，时间 30s/次；次数，羊毛类 1～3 次，腈纶类、毛/腈类均 1 次。

2. 裁剪

衣片裁剪分小裁与大裁两种。

（1）小裁：指收针成形衣片的剖门襟、裁领等。要求剖门襟中间针纹倾斜不得超过 1 针，裁领口要圆顺，按照样板，左右歪斜不超过 0.5cm，裁罗纹弹力衫两边条子应相等。按工艺要求裁配丝带，用划粉线作记号。丝带长 L（cm）的计算公式为：

V 领开衫（背心）：

$$L=身长-领深+缝耗（3cm）+回缩$$

圆领开衫：

$$L=身长-领深+罗纹边阔+缝耗（2.5cm）+回缩$$

丝带回缩取 0.5～1cm。

（2）大裁：指对拷针成形衣片按样板裁领、肩、挂肩等处。要求夹档品种前后身、袖子对齐；不夹档品种摆缝长短不得超过 1cm。裁挂肩时，前身按样板挖进，后身比前身放出 1.5～2cm。按样板裁领深、肩阔不得超过 0.5cm。

3. 套口

套口时横列要求对针套眼、不能吃半丝。套口辫子清晰，底线、面线均匀，缝迹拉伸率不小于 130%。毛纱缝线（俗称缝毛）选用 27.8tex×2（36 公支/2）或 33.3tex×2（32 公支/2）精纺毛纱。套口缝耗视横机机号、缝合部位、线圈纹路方向（纵向、横向）等而定，套耗要均匀。

4. 平缝

平缝缝迹密度为 10～12 针迹/2.54cm，底线、面线均匀，缝迹拉伸率为 120%，缝毛织物时用 27.8tex×2（36 公支/2）对色毛线，缝其他织物时用 10tex×3（60 英支/3）对色棉纱线。

5. 包缝

三根缝线的张力要适当。采用 14tex×3（42 英支/3）或 10tex×3（60 英支/3）棉线等包边；缝合时，缝线用 7.3tex×4（80 英支/4）棉线或涤纶线，大小弯针用对色 27.8tex×2（36 公支/2）或 31.2tex×2（32 公支/2）羊毛线和 32.2tex×2（31 公支/2）腈纶线；刀门 0.4cm，拷缝 0.3cm，缝耗 0.7cm。缝迹密度一般为 10～12 针迹/2.54cm，拼肩缝为 12～14 针迹/2.54cm。缝迹拉伸率为 130%。上下层叠齐、拷耗均匀，松紧适宜，起止回针加固。

6. 链缝

可使用 24KS 小龙头，缝羊毛类织物时用对色 27.8tex×2（36 公支/2）或 31.2tex×2（32 公支/2）羊毛线；缝腈纶品种时用 32.2tex×2（31 公支/2）腈纶线。起止回针 2cm。

7. 画扣眼、锁扣眼

通常规定男衫画在左襟，女衫画在右襟。扣眼通常为一字眼或凤凰眼。

（1）一字眼：纽孔开刀为平直型，光缝后切孔。缝迹为锁眼机的直针和摇梭形成表面曲折的锁式线迹，并呈封闭的长方框，为使纽扣眼坚牢，两端需加几个套结，然后在缝迹框中间切孔而成纽扣眼孔。门襟丝带的纽扣眼比纽扣直径小 0.4cm，不装丝带的纽扣眼比纽扣直径小 0.6cm，包扣的纽扣眼比纽扣大 0.2cm。一般横纹门襟锁横扣眼，直纹门襟锁直扣眼或横扣眼。扣眼画于衣衫正面门襟上。

（2）凤凰眼：由直针和摇梭形成表面曲折的线迹，整个缝迹呈凤凰羽毛形的半封闭线框，用切刀在框中间切孔形成纽扣眼，头尾交接处留有线头，需要用手工将线头勾在夹层中间。

8. 手缝

（1）缝领边、挂肩边：要翻向正面折叠手缝，直纹针路对齐，压过 24KS 的链缝迹 0.1～0.2cm。每眼回针缝，缝迹清晰、均匀。缝门襟时按门襟规格封闭两端，边口与罗纹平齐。

（2）缝罗纹：1 转缝 1 针，缝耗为半条辫子。下摆与小于 8cm 的袖口罗纹在反面缝合，8cm 及以上的袖口罗纹在正面缝合。摆、袖交叉处回针加固。

（3）缝口袋：口袋带缝前先抽出夹口纱，然后自下袋口边一端回针缝至另一端。缩毛品种口袋带长要另加缩毛因素。袋头缝合时袋夹里一边与袋口边针数对齐，按单面组织走针，针针相缝，松紧与大身接近。缝袋底时，夹里的另一边要按袋口针数对齐，与大身隔针缝在同一纹路上，缝迹拉伸率与下摆罗纹相同。最后袋带两端封口加固。

（4）钉纽扣：男衫钉在右门襟，女衫钉在左门襟，用 7.3tex×4（80 英支/4）的棉线对色缝制。

（5）缝光拉链头：拉链两端布边折进后退进罗纹边口 0.2cm。

（6）钉商标：钉于指定部位。商标两边各虚折 1~1.5m。

9. 半成品检验

在缩毛前检查布面、缝纫和手缝质量，发现洞眼、漏缝、细节毛、杂色线头等及时处理。

10. 烫衣

羊毛类产品按规格套烫板（架）。用蒸汽熨斗或蒸烫机蒸汽定形，温度在 100℃ 以上。腈纶类产品用 60℃ 左右的低温蒸汽定形。要防止软烂和极光，保证弹性和规格款式要求。烫衣定形后务必待产品干燥冷却后再进行包装。

11. 成品检验

按法定标准检验，及时处理回修，然后分等。

12. 包装

分等包装，可分为销售包装和运输包装两种。要按照法定包装要求标明品号、品名、产地等内容。销售包装不仅要保护产品，而且要宣传产品，具有合法、明了、实用等特点，同时还应具有吸引力。运输包装尤其要注意便于装卸和运输，并保护产品。

总之，成衣工艺设计应包括确定缝合方式、选定辅料修饰，并安排工种、工艺要求及生产工艺流程。成衣加工是成形针织服装的关键。

三、成衣工艺举例

（一）71.4tex×2（14 公支/2）驼绒 V 领男开衫

（1）套口：在 12 针合缝机上，缝线用同色 28tex×2 羊毛线，合肩、装袖、从收针花（收针辫子）外第 6 横列起套，纵向套 1 针（正面保持 3 针），横向套在第 3 横列的线圈中。

（2）烫领（小烫）：烫平前身领口。

（3）裁剪（小裁）：按前身记号眼裁顺领口。

（4）平缝：在平缝机上，面线用同色 17tex×3 棉线或 16tex×3 涤纶线，底线用同色 28tex×2 羊毛线缝制。领口卷边从前身右领尖起，沿后领肩缝至左领尖止，领襟缝在第 3 针中。门襟放在前身衣片正面，对准下摆、袋、V 领口、后领作标记线，从右襟下摆边口起缝到左襟下摆边口止，缝耗控制在 3~4 针，门襟缝半条针纹，起始、结束加固回针 2cm。

（5）链缝：在 24KS 缝纫机上缝合，缝线用 28tex×2 羊毛线，合大身缝和袖底缝，缝耗控制在 2~3 针，起始、结束加固回针 2cm。也可在 12 针合缝机上合大身缝和袖底缝。

（6）手缝：用同色 28tex×2 羊毛线作缝线，缝下摆罗纹、袖口罗纹；按工艺要求缝袋底，缝袋带先抽出袋口夹纱（机头纱），由袋的一端均匀缝至另一端，两端高低应相等；

按门襟宽窄规格缝门襟两端，边口与罗纹平齐；腋下接缝交叉处加固回针 5~6cm。

（7）半成品检验：用灯柱进行检验，防止缝纫疵点漏入后工序。

（8）缩绒：温度 35℃ 左右，浴比 1：30，助剂用 209 净洗剂，用量为 1.5%，时间 5~8min 照绒度标样，过清水 2 次，脱水后在圆筒烘干机中烘干。

（9）裁剪（小裁）：剖开前身抽针处，裁配丝带（丝带长＝衣长－领深＋3cm＋丝带回缩 0.5~1cm），并按规定画标记线。

（10）平缝：在平缝机上，用 17tex×3 同色棉线作面线，用 28tex×2 同色羊毛线作底线上丝带，上丝带时两端各留出 1cm，丝带两端对齐标记线折进至罗纹边口 0.2cm，外侧退进门襟带抽针，针迹缝在第一条针纹里。

（11）烫门襟（小烫）：覆盖湿布、烫平门襟，便于画线、锁纽扣眼。

（12）画、锁纽扣眼：按扣眼数在左门襟反面画线，在领深规格处画第一处标记线，下摆罗纹居中处为最后一处标记线，中间均匀等分画线；采用凤眼式锁纽扣孔机锁孔，以 29tex×6 嵌线，同色 17tex×3 棉线作锁眼线。

（13）钉纽扣：在右门襟上手工缝钉 26 号四眼扣（5 粒）。

（14）清除杂质：清除草屑和杂毛。

（15）烫衣：按规格套烫板，用蒸汽烫斗或蒸烫机汽蒸定形。熨烫温度为 100~200℃，注意成品造型及规格。

（16）钉商标：按规定钉商标及尺码、加带。

（17）成品检验：核对标样，检验成品规格并分等。

（18）包装：按要求分等级包装。

（二）35.7tex×2（28 公支/2）羊绒圆领女套衫

（1）套口：在 14 针合缝机上，用同色 35.7tex×2 强捻羊绒线（或同色 28tex×2 羊毛线）为缝线，合肩、绱袖、缝摆缝和袖底缝，绱领。

（2）手缝：用同色 35.7tex×2 强捻羊绒线（或同色 28tex×2 羊毛线）为缝线，缝下摆罗纹和袖口罗纹，缝领边接缝，腋下接缝交叉处加固回针 5~6cm。

（3）半成品检验：用灯柱进行检验，防止缝纫疵点漏入后工序。

（4）缩绒：温度 38~40℃，浴比 1：30，助剂用 M-22 型枧油和 E-22 型柔软剂，用量各为 3%，时间 5~8min，缩绒前浸泡 10min，参照绒度标样，过清水 2 次，脱水后在圆筒烘干机中烘干。

（5）清除杂质：清除草屑和杂毛。

（6）烫衣：按规格套烫板，用蒸汽熨斗或蒸烫机汽蒸定形，熨烫温度为 100℃ 左右，注意成品款式及规格。

（7）钉商标：按规定钉商标及尺码。

（8）成品检验：核对标样，核验成品规格并分等。

（9）包装：按要求分等级包装。

（三）28tex×2（36 公支/2）羊毛 V 领男套背心

（1）套口：在 14 针合缝机上，用同色 28tex×2 羊毛线为缝线，合肩、绱领、绱挂肩带、缝摆缝。

（2）裁剪：在前身抽针处按样板裁顺 V 领。

（3）手缝：用同色 28tex×2 羊毛线为缝线，缝下摆罗纹，缝 V 领领尖和挂肩带边缝。

（4）半成品检验：防止缝纫疵点漏入后工序。

（5）缩绒（轻缩）：温度 30℃左右，浴比 1∶30，助剂为 209 净洗剂，用量为 0.4%，时间 3min，参照绒度标样进行，过清水 2 次，脱水后经圆筒烘干机烘干。

（6）清除杂质：清除草屑和杂毛。

（7）烫衣：按规格套烫板，用蒸汽熨斗或蒸烫机汽蒸定形，温度 100℃左右，注意成品款式及规格。

（8）钉商标：按规格钉商标及尺码。

（9）成品检验：核对标样，检验成品规格并分等。

（10）包装：按要求分等级包装。

（四）2×62.5tex×2（16 公支/2×2）毛/腈男长裤

（1）套口：在 8 针合缝机上，用同色 62.5tex×2 毛/腈线为缝线，缝合内侧摆缝。

（2）手缝：用同色 62.5tex×2 毛/腈线为缝线，缝方块裆、直裆、裤门襟、缝腰罗纹并穿 2.5cm 宽的松紧带，缝裤口罗纹。

（3）半成品检验：防止缝纫疵点漏入后道工序。

（4）缩绒：温度 34~36℃，浴比 1∶30，助剂为 209 净洗剂，用量为 1.5%，时间 10~15min（缩绒前浸泡 15min），参照绒度标样，过清水 2 次，脱水后在圆筒烘干机中烘干。

（5）清除杂质：清除草屑和杂毛。

（6）熨烫：按规格套烫板，用压平机低温（70~80℃）蒸汽定形，防止坯布太软，注意成品款式和规格。

（7）钉商标：按规定钉商标及尺码。

（8）成品检验：核对标样，检验成品规格并分等。

（9）包装：按要求分等级包装。

（五）55.6tex×2（18 公支/2）牦牛绒喇叭裙

（1）套口：在 12 针合缝机上，用同色 28tex×2 羊毛线为缝线，合裙摆缝。

（2）手缝：用同色 28tex×2 羊毛线为缝线，缝腰罗纹并穿 2.5cm 宽的松紧带，加固各交叉点。

（3）半成品检验：防止缝纫疵点漏入后工序。

（4）缩绒：温度 38~40℃，浴比 1∶30，助剂用 M−22 型枳油和 E−22 型柔软剂，用量各为 3%，时间 5~8min，缩绒前浸泡 10min，参照绒度标样，过清水 2 次，脱水后在圆筒烘干机中烘干。

（5）清除杂质：清除草屑和杂毛。

（6）蒸烫：用蒸汽熨斗或蒸烫机汽蒸定形，熨烫温度为 100℃ 左右，注意成品款式及规格。

（7）钉商标：按规定钉商标及尺码。

（8）成品检验：核对标样，检验成品规格并分等。

（9）包装：按要求分等级包装。

第二节　缝制设备与缝制线迹

不同的缝迹有不同的性质与作用，同时又必须采用不同的缝制设备来完成。因此，必须了解缝制设备及其缝迹特点，才能合理地制定成衣缝合工艺。成形针织服装常用的缝制设备有合缝机（套口缝合机）、链缝机（切边缝纫机）、平缝机、包缝机、绷缝机等。此外，根据成形针织服装的缝合要求，有些还需要手工缝合。

一、常用缝制设备与线迹

我国生产的工业用缝纫机习惯上以工具挑线、勾线方式和所形成的线迹类型来进行分类。缝纫机的型号用两位大写字母表示。第一位字母表示缝纫机的使用对象，共分三类，G 代表工业用缝纫机，J 代表家用缝纫机，F 代表服务行业用缝纫机；第二位字母表示缝纫机主要成缝结构的特点及所形成线迹的形式，在针织服装生产中常用的有 C、N、K、L、J 五类。

针织服装生产中常用的五大系列缝纫机为：GC 系列、GN 系列、GK 系列、GL 系列和GJ 系列。

GC 系列缝纫机是以连杆挑线、梭子勾线，形成双线锁式线迹的缝纫机，称为平缝机或锁边机。

GN 系列缝纫机是以针杆挑线、双弯针或三弯针勾线，形成三线、四线或五线包缝线迹的包缝机，也包括以叉钩代替大弯针的二代包缝机。

GK 系列缝纫机是以针杆挑线、单弯针勾线，形成双线链式线迹或绷缝线迹的缝纫机，也包括多弯针勾线的多线链式缝纫机。这类缝纫机比较多，如各种绷缝机、链缝机等。

GL 系列缝纫机是以连杆挑线、梭子勾线、针杆摆动，形成双线锁式线迹的缝纫机。与 GC 系列缝纫机的主要区别是 GL 系列缝纫机的针杆能左右摆动，这样可以形成曲折的

"人"字形线迹。

GJ 系列缝纫机是以针杆挑线、旋转菱角勾线，形成单线链式线迹的缝纫机。

由于成形针织服装织物原料、组织结构、成形特点、产品款式风格的特殊性，因此选用缝纫机时也有特殊的要求。现将成形针织服装常用的缝纫机介绍如下。

（一）合缝机

合缝机又称套口缝合机，是一种缝合成形针织衣片的专用缝纫机。其特点是缝线穿套于衣片边缘线圈之间，进行针圈对针圈的套眼缝合，缝合后针圈相对，接缝平整，外观漂亮，且弹性、延伸性好，常用于针织毛衫大身与领、袖及门襟的缝合。

如图 8-1 所示，在圆盘式套口缝合机上，缝盘周围径向均匀配置着套圈针（套刺）3，缝合织物的线圈 4 套于其上，钩针 1 可在套圈针 3 的凹槽中通过，并穿过套挂的线圈 4，带纱器 2 将缝线 5 绕过钩针的钩头，并对钩针垫纱，然后钩针抽出时将缝线从线圈 4 和上一个缝圈 6 中穿过，形成单线链式线迹，从而将两层或多层衣片线圈缝合起来。为了保证缝合动作的准确，必须拆除套圈针上线圈 4 以外的废弃纱线。

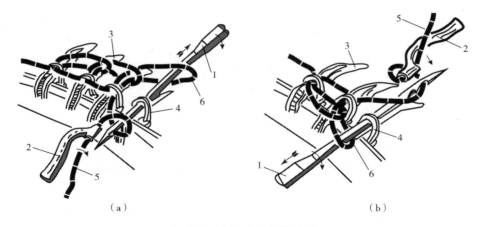

（a） （b）

图 8-1 合缝机的成缝过程

套口缝合机根据针床形式分为圆式和平式两种，圆式套口缝合机针床呈圆盆形状，适合领、挂肩等处的缝合；平式套口缝合机针床平直，可用于摆、肋、袖侧缝的缝合。套口缝合机的线迹有单线链式和双线链式两种，一般套口缝合机都是单线链式线迹（图 8-2）。

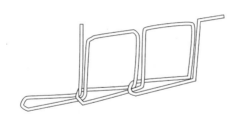

图 8-2 单线链式线迹结构

（二）链缝机

链缝机是可形成各式链式线迹的工业缝纫机，属 GJ 系列。其形成的线迹在面料正面与锁式线迹相同，另一面为链状，线迹的弹性、强力比锁式线迹好，而且链缝机在生产中不用换底线，生产效率高，因此在针织服装生产中的很多情况下代替平缝机使用。

链缝机可以根据直针数和缝线数量区分，如单针单线、单针双线、双针四线、三针六线等机种。除单针单线链缝机外，其他链缝机的直针与弯针均成对、分组同步运动，形成独立、平行的多线链式线迹。在针织服装生产中，链缝机常根据其用途进行命名，例如用于针织服装滚领的就称滚领机，用于缝制松紧带的就称绱松紧带机，用于褶裥缝制的就称抽褶机，缝饰带的就称扒条机等。目前多针链缝机的针数多达 50 针，线迹宽度可达 23cm，主要用于装饰作业和绱松紧带（图 8-3）。

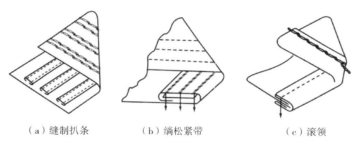

（a）缝制扒条　　　（b）绱松紧带　　　（c）滚领

图 8-3　链缝机在针织服装中的运用

（三）平缝机

平缝机俗称平车，又叫穿梭缝缝纫机，由于针织厂常用它缝制服装的门襟，因此也有叫"镶襟车"的。平缝机属于 GC 系列缝纫机，由针线（面线）和梭子线（底线）相互交叉在缝料内部，形成锁式线迹结构（图 8-4）。锁式线迹在缝制物的正反面有相似的外观，该缝迹拉伸性较小，一般适合缝制如门襟带、袋边、包边缝等服用时受拉伸较小的部位，用以加固这些服装部件，以及缝制商标、拉链等（图 8-5）。

图 8-4　锁式线迹结构

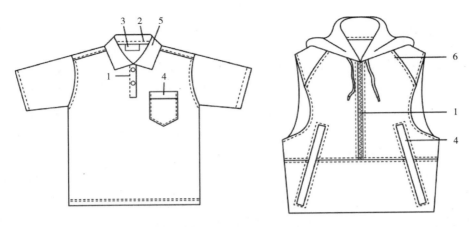

图 8-5　平缝机在针织服装中的应用

1—绱门襟、拉链　2—压领捆条　3—钉商标　4—钉口袋　5—绱领　6—压倒缝

　　平缝机种类很多，按可缝制缝料的厚度不同，可分为轻薄型、中厚型及厚型。按缝针数量不同，可分为单针平缝机、双针平缝机等。双针平缝机可同时缝出两道平行的锁式线迹，而且左右两针可分离，如在拐角处其中一根针可停止运动自动转角，使缝制品更加美观（图 8-6）。根据送布方式不同，可分为下送式、差动式、针送式、上下差动式等机种，差动式送布平缝机是缝制弹性面料的理想机种；针送式平缝机一般用来缝制较厚的面料或容易滑移的面料；上下差动送布平缝机适用于缝合两种伸缩性能不同的面料（如针织布与机织布的缝合），也适合缝制吃势部位，如绱袖时袖片的袖山部位等。

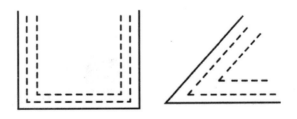

图 8-6　双针可分离的平缝机缝纫效果

（四）绷缝机

　　绷缝机属 GK 系列，可形成 400 或 600 绷缝线迹。绷缝线迹呈扁平状，能包覆缝料的边缘，既能防脱散，又能起到很好的装饰、加固作用，同时线迹还具有良好的拉伸性能。绷缝机是针织缝纫机中功能最多的机种，在针织服装中应用极为广泛，如拼接、滚领、滚边、折边、加固、饰边等（图 8-7）。

　　绷缝机按缝针数可分为双针机、三针机和四针机；根据表面有无装饰线，可分为无饰线绷缝机（或称单面绷缝机）和有饰线绷缝机（或称双面饰线绷缝机）；按外形有筒式车床和平式车床之分，筒式车床用于袖口、裤口等细长筒形部位的绷缝，平式车床因

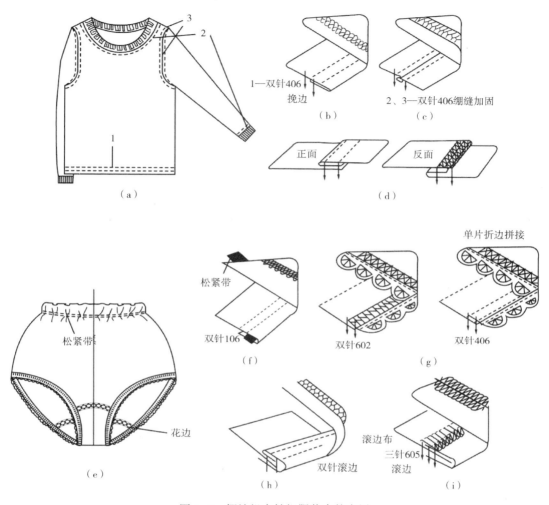

图 8-7 绷缝机在针织服装中的应用

为支撑缝料的部分为平板型，可以方便地进行各种类似平缝的作业，如拼接缝、压线加固缝等。

（五）包缝机

包缝机俗称"拷克机"，属 GN 系列，可形成 500 系列包缝线迹。包缝机上带有刀片，可以切齐布边、缝合缝料，线迹能包覆缝料的边缘，防止缝料脱散，同时包缝线迹又具有良好的弹性和强力，因此在针织服装制作中用途广泛。

包缝机的生产效率高，车速快，车速在 5000 针/min 以下的称为中速包缝机，在 5000 针/min 以上的称为高速包缝机，现代高速包缝机车速一般都在 6000 针/min 以上，有些可达到 10000 针/min 以上。

包缝机常依据组成线迹的线数分类，可分为单线包缝机、双线包缝机、三线包缝机、四线包缝机和五线包缝机等。单线包缝机、双线包缝机和三线包缝机都只有一根直针，四线包缝机和五线包缝机有两根直针。单线、双线包缝机在针织服装中的应用已经越来越少；三线、四线包缝机在针织服装中使用最广，被广泛用于合缝、锁边、挽边、绱领等，四线包缝机由于增加了一根直针，使线迹的强力增加，同时防脱散能力也得到进一步提高，因此在高档产品的缝制中也用得越来越多；五线包缝机能形成由一个双线链式线迹与一个三线包缝线迹复合的复合线迹，线迹的缝纫强力大，生产效率高，在针织服装中主要用于强力要求较大的外衣、休闲服装、补正内衣的缝制（图8-8）。

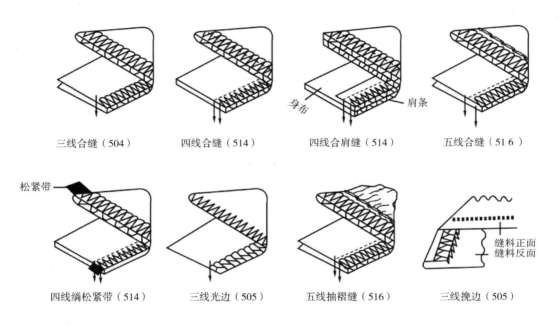

图8-8　包缝机在针织服装中的应用

（六）锁眼机

锁眼机大多采用曲折形锁式线迹，但也有采用单线链式线迹和双线链式线迹的。锁眼根据纽孔的形状可分为圆头锁眼机和平头锁眼机。平头锁眼机适合衬衫等薄型面料的服装，圆头锁眼机适合外衣等较厚型面料的服装。根据锁缝顺序可以分为先切后锁（孔眼光边）和先锁后切（孔眼毛边）两种，眼孔周围可带芯线和不带芯线，一些高级厚重衣料必须用先切后锁的圆头扣眼并放入芯线（图8-9）。

图8-9　纽孔外观形态

二、手缝工艺

成形针织服装的有些部位难以使用机械缝合，有些特殊风格的工艺还没有适合的机械问世或没有配置全套的缝制设备，有些需要修补复原的疵点与残缺，有些需要拼接的部件以及修饰工作等，都需要由手工缝制。

（一）手缝线迹种类与成缝过程

手缝的突出特点是针迹变化大，缝迹灵活机动，工艺性强。常用的有如下几种。

1. 回针

图8-10所示为四针（眼）回二针（眼）的回针线迹，用于单面平针、三平、四平等织物的衫身、袖底合缝。畦编组织可用二针回一针的线迹缝合。针迹需在沉降弧（下线弧）上，即两行线圈之间的圈弧中。两层单面布料缝合时，它们的正面相贴近而反面向外。

2. 切针

切针线迹如图8-11所示，被连接的两片织物线圈纹路不同，如缝挂肩、上领头等部位。一般以一个纵向针圈对两个横向线圈，第二个针圈则对第二、第三线圈，依次穿串缝合。

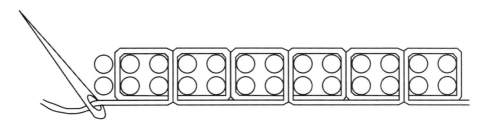

图8-10 回针线迹

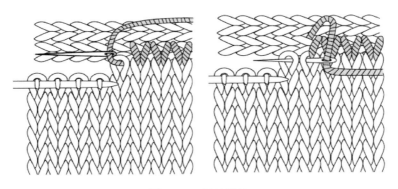

图8-11 切针线迹

3. 对针

对针线迹如图 8-12 所示，将两层织物的线圈重叠，即针圈对针圈、线圈对线圈缝合在一起，习惯用于男式毛衫口袋部位的缝合，缝制时必须注意手势。缝合线迹应与织物线圈松紧度相似。

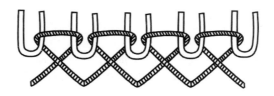

图 8-12　对针线迹

4. 接缝

接缝又称接杠，即采用手缝方式将两块织物接在一起，且要求与正常编织线圈完全一样，不显露缝合痕迹。图 8-13 表示平针正面与正面、平针正面与反面、平针正面与罗纹接缝工艺方法。接缝工艺可用于毛衫领头、肩头的拼接，也可以构造出花式组织结构，故又称接套缝合。

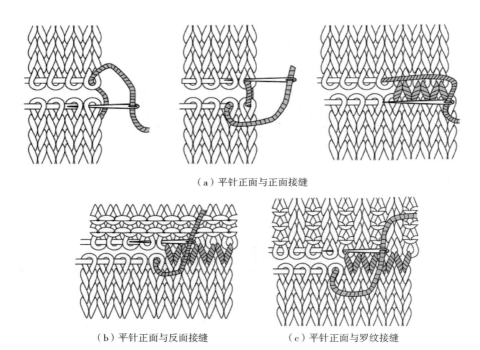

（a）平针正面与正面接缝

（b）平针正面与反面接缝　　　　　（c）平针正面与罗纹接缝

图 8-13　接缝线迹

5. 收口

缝边机械不能形成与织物中线圈结构串套一致并封闭的线圈线迹，必须采用手缝方式收口，又称锁边、关边，形成光滑不脱散的线圈边缘。单面平针织物需使用1+1罗纹法收口。1+1罗纹、2+2罗纹的收口方法分别如图8-14、图8-15所示。

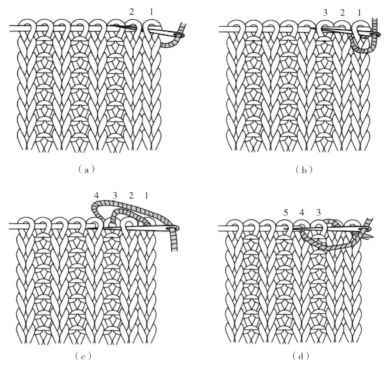

图8-14　1+1罗纹收口线迹

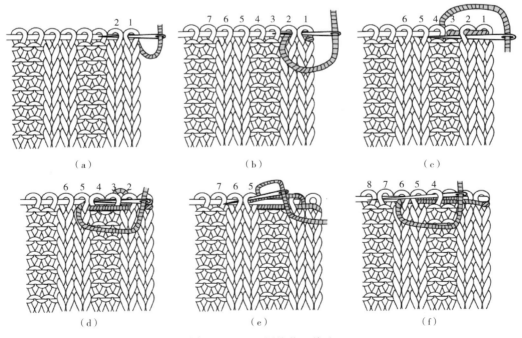

图8-15　2+2罗纹收口线迹

6. 缭缝

缭缝是将两片衣片缭在一起的缝合方法，常用一转缝一针，缝耗为半条辫子的缝合方法。移圈收针关边或钩针锁边的衣片缝合可采用缭缝，折底边也可采用缭缝。缭缝主要用于缝毛衫的下摆边、袖口边、裙摆边等。图8-16所示为双层折边的缭缝线迹。图8-17所示为罗纹缭缝线迹，又称缭罗纹。

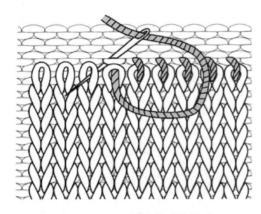

图8-16　双层折边的缭缝线迹

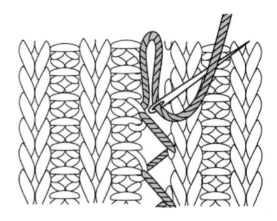

图8-17　罗纹缭缝线迹

7. 钩针链缝

采用钩针用链式缝迹将两片织物缝合在一起的方法。钩针链缝可用于毛衫的肩缝、摆缝、袖底缝等处的缝合（图8-18）。

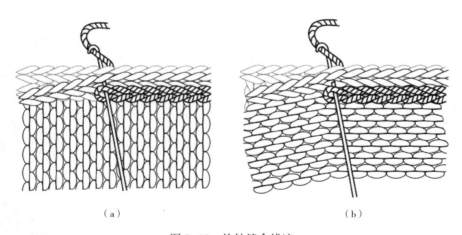

（a）　　　　　　　　　　　　　　　　（b）

图8-18　钩针缝合线迹

（二）开、留纽眼

1. 编织过程中开纽眼

多针横向纽眼开留方法如图8-19（a）所示，单针纽眼如图8-19（b）所示，2针纽眼如图 8-19（c）所示。

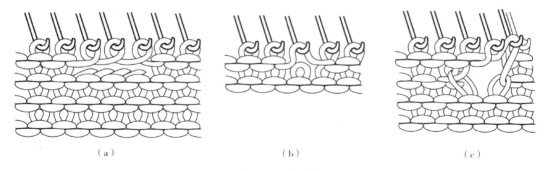

（a）　　　　　　　　　　（b）　　　　　　　　　　（c）

图 8-19　开纽眼

2. 添线留纽眼或剪纽眼缝眼

图 8-20（a）、图 8-20（b）所示为添线留纽眼，图 8-20（c）~图 8-20（e）所示为剪纽眼，图 8-20（f）所示为缝针锁边。

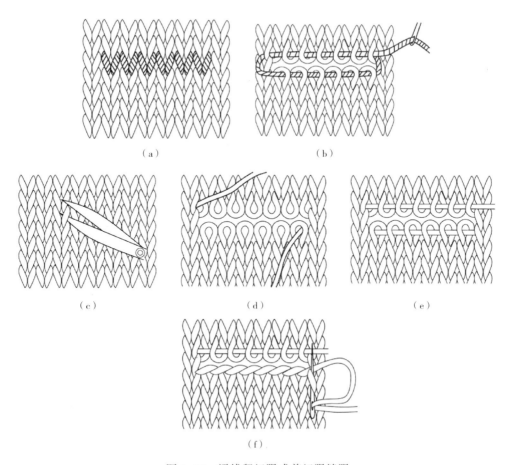

（a）　　　　　　　　　　（b）

（c）　　　　　　　　（d）　　　　　　　　（e）

（f）

图 8-20　添线留纽眼或剪纽眼缝眼

3. 勾线做纽眼

勾线做纽眼的形成方法如图8-21所示。

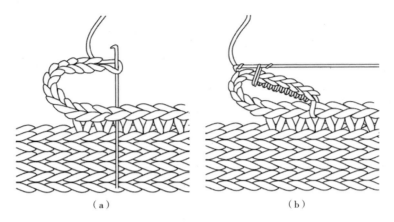

（a）　　　　　　　　　　　　　　（b）

图8-21　勾线做纽眼

4. 穿线做纽眼

穿线做纽眼的形成方法如图8-22所示。

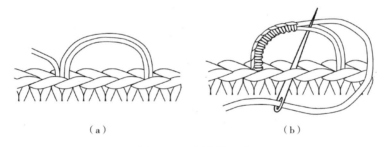

（a）　　　　　　　　　　　　　　（b）

图8-22　穿线做纽眼

（三）挑绣

挑绣分为十字绣与人字绣两种，如图8-23所示。

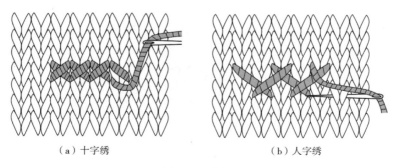

（a）十字绣　　　　　　　　　　　　（b）人字绣

图8-23　挑绣

（四）修补

1. 线头处理

起头、收边、换线操作时应保留 10~12cm 的线头，成衫时应将线头沿横列或纵行穿缝进织物中，但注意穿缝时不要使线头露在织物正面，可使用缝针或小型舌针钩圈器穿缝。

2. 破洞修补

沿线圈横列断纱造成破洞时，可按接缝方法接套缝合，如图 8-24（a）所示；沿线圈纵行断纱造成脱散时，可用舌针钩针器沿正面自下而上逐个编织，最后按接缝法缝合，如图 8-24（b）所示；纬线多根断裂形成大的破洞时，可先补搭纬线，再按纵行绣针法逐行织补，并把补搭的纬线织入绣圈内，如图 8-24（c）所示。

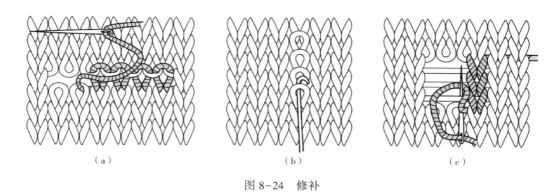

|（a）|（b）|（c）|

图 8-24　修补

❓ 思考题

1. 简述 71.4tex×2（14 公支/2）驼绒 V 领男开衫成衣工艺流程。
2. 成形针织服装常用的缝纫机和线迹有哪几类？
3. 简要说明常用手缝线迹的种类。

➡ **实训项目**：缝制工艺设计与实践

一、实训目的

1. 训练理论联系实际的能力。
2. 熟悉缝制设备的实际操作。
3. 掌握成形针织服装衣片缝制的方法。

二、实训条件

1. 材料：缝制用纱线若干、缝制用织物若干。

2. 工具：调试设备所用的扳手、螺丝刀等。

3. 设备：套口缝合用套口机、手缝用缝针。

三、实训任务

1. 设计衣片缝制用缝迹。

2. 选择缝制用线。

3. 调试设备，完成缝制。

四、实训报告

1. 选择缝制原料的依据。

2. 单线链式线迹及成缝过程。

3. 分析实训结果，总结实训收获。

第九章　成形针织服装整理设计

成形针织服装后整理可以赋予针织成形服装良好的尺寸稳定性和独特的外观效果。近几年来，随着人们崇尚自然，追求健康，向往绿色的消费潮流，针织服装后整理行业也发生了巨大的变化，从软件到硬件都有较大的提升。各类新技术、新工艺、新设备、新型染料助剂、新的控制手段、新的品质标准得到应用，提高了针织服装的档次，出现了大量的功能性、绿色环保产品。成形针织服装的后整理工艺通常是指将衣片缝合成衣后，到成品前所需经过的整理工艺，主要可以分为常规整理和特殊整理，包括缩绒、拉毛、染色、印花、防起球、防缩等。

第一节　成形针织服装常规整理

一、起绒整理

（一）缩绒

动物毛纤维在湿热及化学试剂作用下，经机械外力反复挤压，纤维集合体逐渐收缩紧密，并相互穿插纠缠，交编毡化，这一性能，称为毛纤维的缩绒性。利用这一特性来处理成形针织服装的加工工艺称为成形针织服装的缩绒。缩绒（俗称缩毛）是成形针织服装后整理中的一项主要内容。

目前缩绒工艺主要应用于山羊绒、绵羊绒、驼绒、牦牛绒、兔毛、羊毛、羊仔毛、马海毛、雪兰毛等粗纺类毛衫中。精纺毛衫也常以常温、短时间作净洗湿整理或轻缩绒整理以改善外观。毛衫经缩绒整理可改善毛衫的手感、外观，并提高织物的保暖性。毛衫缩绒整理的效果主要有以下几个方面：

（1）缩绒能使织物质地紧密、长度缩短、平方米重量与厚度增加、强力提高、弹性与保暖性增强。

（2）毛衫经缩绒后，织物表面露出一层绒毛，可收到外观优美、手感丰满、柔软、滑糯的效果。

（3）缩绒能使织物表面露出一层绒毛，这些绒毛能覆盖毛衫表面的轻微疵点，使其不致明显地暴露在织物表面。

总之，缩绒整理是提高成形针织毛衫品质及改善质量、增强毛衫外观吸引力的主要手段。

1. 缩绒机理

成形针织毛衫能进行缩绒，主要是因为动物毛纤维具有缩绒性，这是内因；而一定的温湿度条件、化学助剂与外力作用等是促进毛纤维缩绒的外因。现以羊毛纤维为例，说明其缩绒机理。

羊毛纤维表面有鳞片覆盖（图9-1），鳞片的自由端指向羊毛纤维的尖端方向，使纤维具有定向摩擦性能，即顺摩擦系数小，逆摩擦系数大，两者之间存在一个差值。

图9-1 羊毛纤维在显微镜下的形态

在湿热和缩剂条件下，羊毛纤维受到机械外力反复的搓揉作用时，具有指向纤维根端的单向运动的趋向，同时，羊毛优良的延伸性、回弹性以及空间卷曲，更使羊毛纤维易于运动，这样在机械外力的反复作用下，毛纤维便相互穿插纠缠，交编毡化，使纤维毛端逐渐露出于织物表面，从而使织物获得外观优良、手感丰厚柔软、保暖性良好的效果。其他动物毛纤维的缩绒机理也与此类似。

2. 影响缩绒的工艺因素

影响成形针织毛衫缩绒的工艺因素主要有：缩剂、浴比、温度、pH 值、机械作用力、时间等。

（1）缩剂。干燥的毛衫缩绒比较困难。如果在缩绒时，加入缩剂（助剂和水），以增加纤维之间的润滑性，使纤维容易产生相对运动，并使毛纤维润湿与膨胀，鳞片张开，有利于纤维互相交错。湿纤维具有较好的延伸性和弹性，容易变形，也容易快速恢复原形，增加了纤维之间的相对运动，因此有利于毛纤维缩绒。另外湿纤维性韧，当受到挤压和揉搓时，不致损伤纤维，缩剂还能使成形针织毛衫表面润滑，减少受缩绒机转笼机械摩擦的损伤和缩绒不匀等疵病。同时，缩剂对毛纤维还有洗涤作用。

缩剂中的助剂应具有较大的溶解度，对纤维的浸润性能要好，容易引起纤维表面的定向摩擦效应，缩绒后应较容易洗去。目前，成形针织毛衫缩绒中常用的助剂有：净洗剂209、净洗剂105、中性皂粉、净洗剂 LS 等净洗助剂和 FZ-428 等柔软剂。最近，在高档成形针织毛衫（羊绒衫、绵羊绒衫、驼绒衫等）上采用进口净洗助剂和柔软剂较多，如德国进口的 M-22 型桤油、E-22 型全能柔软剂等。净洗剂和柔软剂用量一般为毛衫重量的 0.3%~5%。当缩绒中出绒效果不太理想时，还可加入少量（0.1%左右）的平平加、硫酸钠等来提高效果。

（2）浴比。毛衫缩绒时的浴比应适当。浴比过小，毛衫之间的摩擦增加，并且摩擦不均匀，会使绒面分布不均匀，甚至产生露底现象；浴比过大，则会降低助剂浓度，减少机械作用，使缩绒耗时过长。采用软水进行毛衫缩绒的效果较硬水好。较合适的毛衫缩绒浴比为 1：25~35。

（3）温度。缩绒时温度较高一些，成形针织毛衫中的纤维容易膨湿，缩绒时间短、效果好。但温度过高，不易控制缩绒效果，并且易使纤维受到损伤。一般缩绒温度为 30~45℃。

（4）pH 值。pH 值对毛衫缩绒影响较大。pH 值较低，则毛衫缩绒后手感差，这是由于过低的 pH 值使纤维盐式键断裂，降低了毛纤维强度的缘故；pH 值过高，不仅造成毛纤维的盐式键断裂，而且会使毛纤维的二硫键断裂而使毛纤维受到严重的损伤。一般缩绒时，要求缩绒液的 pH 值为 6~8。

（5）机械作用力。一定的机械作用力是成形针织毛衫产品缩绒的必要条件。机械作用力过大过猛，将使毛衫受损并且缩绒不匀；机械作用力过小，则毛衫缩绒过慢，耗时较长。毛衫缩绒一般在专门的缩绒机中进行，缩绒机一确定，其机械作用力便确定了。

（6）时间。在一定的机械作用力条件下，缩绒时间越长，毡缩越强。因此，毛衫缩绒时间过短，则达不到缩绒效果；缩绒时间过长，则缩绒过度。一般毛衫的缩绒时间为 3~15min，兔毛衫的缩绒时间较长，一般为 20~35min。

（7）其他因素。

原料方面：

①羊毛纤维的缩绒性大于其他动物毛纤维的缩绒性。

②细毛比粗毛的鳞片多，故细毛比粗毛的缩绒性好。

③短毛比长毛的缩绒性好。

④经过处理的羊毛如炭化毛、染色毛、回收毛等不及原毛的缩绒性好。

纺纱工艺方面：

①较粗、且捻度小的毛纱相比较细、捻度大的毛纱易缩绒。

②合股纱捻向与单纱捻向相同，则捻度增加，缩绒困难；合股纱捻向与单纱捻向相反，则捻度降低，缩绒容易。不同捻度的单纱合股时，由合股时捻度的增加或减少来决定其缩绒性。

③夹花毛纱比天蓝色、黑色等单色毛纱易缩绒。

④毛纱含油率越高，缩绒越困难。

⑤密度小、结构松的织物比密度大、结构紧的织物易缩绒。

染整工艺方面：

①缩绒前经过染色等整理的毛纱，其缩绒效果将降低。

②缩绒前经过拉毛的毛衫，其缩绒效果将增加。

3. 缩绒方法与工艺

成形针织毛衫缩绒工艺的合理与否，对毛衫的产品质量影响很大。缩绒工艺合理，处理得好，在毛衫表面产生绒茸，给人以美观、柔和、滑糯的感觉。反之，则会出现两种情况：一种是缩绒不充分，毛衫达不到丰满、柔软、滑糯的效果；另一种是缩绒过度，毛衫由毡缩直至毡并，毡并是不可逆的，毛衫毡并后，织物纵、横向显著收缩，织物变厚，弹性消失，手感发硬、板结，毛衫品质完全被破坏。

成形针织毛衫的缩绒可以在弱碱性、中性或弱酸性溶液中进行，其中应用最多的为中性缩绒。毛衫缩绒主要有洗涤剂缩绒法和溶剂缩绒法两种，其中以洗涤剂缩绒法应用最为普遍。

（1）洗涤剂缩绒法。

①工艺流程：

毛衫衣坯→浸泡→缩绒→浸泡→漂洗→脱水→柔软处理→脱水→烘干

②常用工艺：

按缩绒的浴比、温度与助剂量调好缩绒液后，将毛衫衣坯放入，浸泡 10~30min 后开始缩绒，缩绒完后，根据需要可浸泡 0~15min，然后进行漂洗、脱水，接着浸泡于柔软剂中进行柔软处理，然后脱水、烘干。毛衫衣坯经浸泡后的缩绒为湿坯缩绒，毛衫衣坯不经过浸泡直接缩绒为干坯缩绒。湿坯缩绒比干坯缩绒起绒均匀，而且毛纤维受损伤小。因此湿坯缩绒应用较多。

在缩绒液中还可加入柔软剂，使毛衫缩绒和柔软同浴进行。各种原料毛衫常用缩绒工艺如表 9-1 所示。

由于毛衫缩绒受多方面因素的影响，因此，表 9-1 所示缩绒工艺仅可作为参考。在生产中进行毛衫缩绒时，必须针对具体情况进行小样缩绒试验，找出适合具体产品的缩绒工艺。毛衫的缩绒一般应根据工艺要求，在缩绒过程中增加中途检查。在毛衫缩绒之前可在毛衫的领口、袖口、下摆等处穿线，以防止缩绒时变形和拉损。

（2）溶剂缩绒法。

①工艺流程：

毛衫衣坯→清洗→缩绒→脱液→柔软处理→脱水→烘干

②常用工艺：

毛衫溶剂缩绒法一般在缩绒前，先用全氯乙烯为洗剂，在 25~30℃ 的温度下对毛衫进行清洗，清洗时间为 5min 左右，接着对毛衫进行脱液和抽吸溶剂，大约各需 2min 左右。然后进行缩绒，毛衫缩绒在全氯乙烯、乳化剂和水做缩剂的条件下进行，温度为 30~40℃，时间为 5min 左右。缩绒完后，进行脱液，接着浸泡于柔软剂中进行柔软处理，然后脱水、烘干。溶剂缩绒一般在溶剂整理机中进行。

表 9-1 各种原料毛衫的常用缩绒工艺

| 原料 | 浴比 | 助剂（%） | | | pH 值 | 温度（℃） | 缩绒时间（min） | 水洗 | | 烘干 | 备注 |
		净洗剂 209	中性皂粉	枧油 M-22, 柔软剂 E-22				次数	时间（min）		
山羊绒	1:30			3	7±0.2	38~40	5~12	2	5	烘干机	轻缩绒
绵羊绒	1:30			3	7±0.2	36~38	5~10	2	5	烘干机	
驼绒	1:30			2.5	7±0.2	36~40	5~8	2	5	烘干机	
牦牛绒	1:30			2.5	7±0.2	38~40	3~10	2	5	烘干机	
马海毛	1:30			2.5	7±0.2	36~38	5~10	2	5	烘干机	
羊仔毛	1:30	2			7±0.2	30~33	3~8	2	5	烘干机	
雪特莱毛	1:30	1.5			7±0.2	38~40	6~10	2	5	烘干机	
羊毛（精纺）	1:30	0.4			7±0.2	27~32	3~5	1	2	烘干机	
洗白兔毛	1:30		2		7±0.2	38~40	25~35	1	3	烘箱	
条染兔毛	1:30		2.5		7±0.2	38~40	20~30	2	3	烘箱	
白抢兔毛	1:30		2.5		7±0.2	38~40	20~30	2	2	烘箱	
夹色兔毛	1:35		2		7±0.2	33~35	25~30	2	2	烘箱	
羊毛（圆机坯布）	1:30	1.5			7±0.2	32~35	4~6	2	5	烘干机	
毛腈（圆机坯布）	1:30	1.5			7±0.2	32~35	10~15	2	5	烘干机	

注：在缩绒时，应以缩绒绒度标准样为准。

洗白兔毛：本白兔毛纺纱后，经洗涤剂洗涤，消除杂质和油脂等。

白抢兔毛：是本白兔毛和染色羊毛混合后再纺纱。

4. 脱水与烘干

（1）脱水。经过缩绒、漂洗后的毛衫，需经过脱水（俗称甩干）后，才进行烘干。漂洗完毕应当立即脱水，尤其是夹色、多色、绣花等产品，更需立即脱水，否则容易沾色。毛衫脱水后的含水率应控制在20%~30%。夹色产品含水率可稍低，白色产品含水率可偏高一点，以防止起皱。目前，毛衫生产中采用的脱水设备主要为 Z751 形悬垂式离心脱水机等。

（2）烘干。由于成形针织毛衫经脱水后含水率仍有20%~30%，因此，一般在脱水后还需进行烘干。毛衫的烘干工艺，应根据毛衫的原料、组织等来选定烘干设备、烘干温度和时间。羊绒衫、绵羊绒衫、驼绒衫、牦牛绒衫、普通成形针织毛衫、羊仔毛衫等产品的烘干，一般可运用圆筒型烘干机。毛衫在烘干机内翻滚，在滚动干燥的同时，可使部分游离的短纤维脱落，并吸入集绒斗。产品经烘干后绒茸丰满，手感松软，又符合产品全松弛收缩要求。但必须注意，对不同色泽、不同原料的毛衫，不可同机烘干，以避免游离纤维沾附于毛衫上，影响产品外观质量；同时，应注意烘干机还可以促进起毛，如果温度低、湿度高，滚筒滚动时间过长，毛衫也会出现起毡现象。毛衫生产中常用的烘干设备为 HG-757 型圆筒型烘干机等。

各种比例的兔羊毛衫、兔毛衫一般应采用烘箱（烘房或悬挂式烘干机）烘干。烘干时配合定形衣架，既可防止圆筒型烘干机在翻滚中毛衫与毛衫的继续起绒并减少落毛，又有利于产品规格的保证并为整烫定形创造有利条件。

烘干时工艺参数的控制，即烘干温度和烘干时间的控制，应根据具体情况来确定。一般情况下，烘干温度不论圆筒型烘干机还是烘箱，通常均控制在 60~100℃，其中绒衫类一般采用 70℃左右，非绒衫类一般采用 85℃左右。烘干时间一般为 15~30min。

（二）拉毛

拉毛（又称拉绒）也是成形针织毛衫的后整理工艺之一，经过拉毛工艺，可使服装表面产生细密的绒茸，手感柔软、外观丰满、保暖性增强。拉毛可在织物正面或反面进行。拉毛与缩绒的区别在于：拉毛只在织物表面起毛，而缩绒则是在织物两面和内部同时出毛；拉毛对织物的组织有损伤，而缩绒不损伤织物的组织。拉毛工艺既可用在纯毛衫上，也可用在混纺毛衫与腈纶等纯化纤衫上。目前应用最多的是对毛衫中不具有缩绒特性的腈纶等化纤产品（衫、裤、裙、围巾、帽子等）进行拉毛处理，以此来扩大其花色品种。目前针织圆机坯布拉绒一般采用钢针拉绒机，其结构与棉针织内衣绒布拉绒机基本相同。横机生产的毛衫产品一般进行成衫拉绒，为了不使纤维损伤过多和简化工艺流程，通常不采用钢针拉毛机，而用刺辊拉毛机来做干态拉毛。

（三）砂洗

将成形针织毛衫在化学药剂和一定温度下使毛纤维膨化，鳞片张开，然后使用一种特殊的"砂"，在机械作用下，对毛纤维鳞片进行由表及里的摩擦。砂的颗粒细小，能深入毛纤维的微原纤和原纤的间隙中进行摩擦，这种摩擦不仅是顺、逆向摩擦，而且是一种阻尼摩擦，可使毛纤维鳞片的尖部变得平坦，使织物表面绒面致密丰满，手感柔糯、滑爽，具有飘而垂、柔而挺、厚而松的独特质感，而且具有一定的防缩效果。这种整理工艺称为毛衫的砂洗。

1. 工艺流程

（1）先砂洗后染色。毛衫衣坯（本白）→准备（钉扎、缝口）→膨化→砂洗→烘干→染色→柔软→烘干→蒸烫定形。

特点为：砂洗剂可回收利用，成本低；色泽鲜艳，染色过程中可进一步去除砂洗粉末，有利于柔软。

（2）先染色后砂洗。毛衫衣坯（本白）→准备（钉扎、缝口）→染色→烘干→膨化→砂洗→柔软→烘干→蒸烫定形。

特点为：绒面容易控制，砂洗风格明显，手感柔糯。

2. 工艺条件

（1）膨化。浴比为 1∶30~40，温度为（40±3）℃，时间为 15~45min（视毛衫品种和要求而定），渗透剂用量 1~2g/L，膨化剂用元明粉（适宜于先砂洗后染色）或醋酸（适宜于先染色后砂洗），用量为 5~10g/L，pH 值为 5~7。

（2）砂洗。浴比为 1∶30~40，温度为（40±2）℃，时间为 15~45min（视毛衫品种和要求而定），砂洗剂用砂洗粉 A，用量为 10~15g/L（轻砂），15~20g/L（中砂），20~30g/L（重砂）。

（3）柔软。浴比为 1∶10~20，温度为（45±5）℃，时间为 15~30min，柔软剂用砂洗柔软剂 SL-2 型、WKS 型和 SKS 型柔软剂，用量为 5~15g/L。

（4）集色。砂洗前后的染色配方及升温曲线与普通成衫染色基本相同。

3. 工艺举例

50tex×2（20 公支/2）毛/腈混纺纱（毛 70%，腈 30%）制成的毛衫，色泽为灰色。其砂洗工艺如下。

（1）配方。

醋酸（98%）：5mL/L；

砂洗粉 A：18g/L；

砂洗柔软剂 SL-2：5g/L；

柔软剂：4g/L。

（2）工艺。在工业洗衣机中，浴比为 1∶30，pH 值为 5~5.5，40℃先加膨化剂（醋酸）处理 5min，再加砂洗粉 A，继续运转 15min，观察绒面，根据客户来样或服用要求，增加砂洗时间，直至达到要求为止，排液、水洗后，换新液进行柔软处理。柔软处理浴比为 1∶15，温度为 45℃，浸泡时间为 20min，然后脱水、烘干、蒸烫定形。

（四）植绒与簇绒

1. 植绒

毛衫植绒主要是采用高压静电进行的静电植绒。通过植绒可以获得绒毛短密、精细、色彩鲜艳的绒面效果。植绒常用于精纺细针类毛衫中。

植绒处理的工艺流程为：首先将毛衫衣片印涂粘合剂（按设计花型进行），然后进行高压静电植绒（绒毛长度保持在 0.3~0.8cm），接着进行烘燥（60~80℃）、熔烘（110~120℃，10~15min）、静置（24h）、清除浮绒、缝合成衣，最后蒸烫定形。

2. 簇绒

毛衫的簇绒主要是采用针刺法簇绒。通过簇绒可以获得绒毛丰满、蓬松柔软、立体感强的绒面效果。簇绒常用于粗纺粗针类毛衫中。

簇绒处理的工艺流程为：首先对毛衫衣片进行针刺簇绒（按设计花型进行），然后通过缩绒、脱水、烘干、缝合成衣，最后蒸烫定形。

二、印染整理

（一）漂白与染色

漂白和染色能消除针织成形服装表面色斑和污渍等各种疵点，赋予服装靓丽的色泽，有助于产品质量的提高。采用成衫漂白与染色，可先织成一定款式的白坯毛衫，然后根据市场上流行色的变化来进行有效的成衫漂白与染色，使其能较好地适应市场上对毛衫色泽的小批量、多品种的需求。

1. 成衫漂白

（1）工艺流程。毛衫衣坯→洗衫→缩绒→漂白→清洗→脱水→烘干→蒸烫定形。

（2）漂白工艺。

①氧化漂白工艺：

a. 配方：

双氧水（H_2O_2 36%）：15~20mL/L；

焦磷酸钠：0.8g/L；

邻苯二甲酸酐：0.6g/L。

b. 升温曲线：氧化漂白升温曲线如图9-2所示。

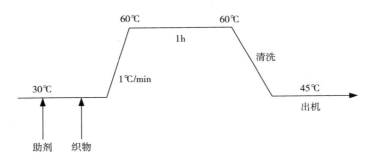

图9-2　氧化漂白升温曲线

②还原漂白工艺：

a. 配方：

漂白粉（$Na_2S_2O_4$）：1.3%~1.6%（对织物重，下同）；

增白剂WG：0.3%~0.5%；

焦磷酸钠：0.8%~1%。

b. 升温曲线：还原漂白升温曲线如图9-3所示。

③氧化还原漂白工艺：对白度要求较高的毛衫，可采用先氧化漂白，后还原漂白的双漂工艺。其工艺配方与升温工艺基本不变。

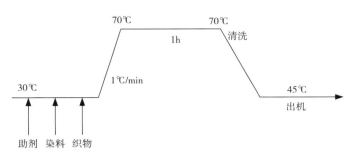

图 9-3　还原漂白升温曲线

2. 成衫染色

（1）工艺流程。毛衫衣坯（本白）→洗衫→缩绒→（漂白）→清洗→脱水→染色→清洗→脱水→烘干→蒸烫定形。

（2）染色工艺。

①强酸性浴酸性染料染色：

a. 配方：

酸性染料：浅色 1% 以下，中色 1%~3%，深色 3% 以上；

硫酸：2%~4%；

结晶元明粉：10%~20%；

染液 pH 值：2~4；

浴比：1∶30~40。

b. 升温曲线：强酸性浴酸性染料染色升温曲线如图 9-4 所示。

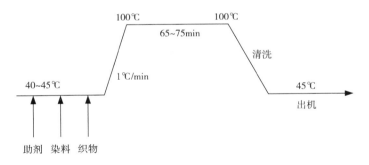

图 9-4　强酸性浴酸性染料染色升温曲线

②弱酸性浴酸性染料染色：

a. 配方：

酸性染料：浅色 1% 以下，中色 1%~3%，深色 3% 以上；

匀染剂：≤0.5%；

冰醋酸：1%~2%；

结晶元明粉：5%~10%；

染液 pH 值：4~6；

浴比：1∶30~40。

b. 升温曲线：弱酸性浴酸性染料染色升温曲线如图9-5所示。

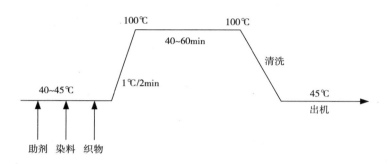

图 9-5　弱酸性浴酸性染料染色升温曲线

③中性浴酸性染料染色：

a. 配方：

酸性染料：浅色1%以下，中色1%~3%，深色3%以上；

硫酸铵：2%~4%；

红矾钠：0.2%~0.5%；

染液 pH 值：6~7；

浴比：1∶30~40。

b. 升温曲线：中性浴酸性染料染色升温曲线如图9-6所示。

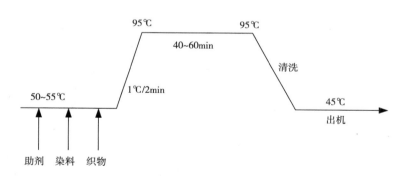

图 9-6　中性浴酸性染料染色升温曲线

3. 毛衫染整新技术

目前，随着人们环保意识的加强及国际环保标准 ISO 14000 和纺织生态标准 OKO-Tex Standard 100 的推广，加上发达国家推行的绿色壁垒政策，当前染色行业正向低耗、高效、低污染（无污染）的方向发展，采用少水和无水加工的染整新技术就是在这种发展趋势下产生的。目前常见的有低温等离子体染色技术和无水染色技术。

（1）低温等离子体染色技术。常规染色中，为使染料容易扩散到纤维内部，因此染色温度应保持在近 100℃，但温度高不仅耗能，而且也使某些纤维容易损伤。近几年来，人们用等离子技术对织物进行政性、接枝和聚合处理，改善织物的表面性能，如纤维的亲水和润湿等性能，可提高上染率和色泽深度，使织物在常温下也能进行染色。该技术可大幅度节水、节能、减少环境污染等。

（2）无水染色。由于水资源有限，染色需要大量的水，同时产生较多的污水，因此无水染色技术越来越受到重视。染色用水既作染色，又作洗涤用介质。目前人们经过研究，可使染料颗粒带上电荷和磁性，然后在电场和磁场中均匀地把染料施加到毛衫衣片上，再经过焙烘、汽蒸、热压等方式，使纺织品上的染料吸附、扩散和固着在纤维中，染后只需一般性的洗涤，或通过电场或磁场使未固着的染料从纤维上除去，即可完成染色过程。目前，还有采用低温的二氧化碳液体进行毛衫染色，在整个染色过程中没有水的消耗，而且染色效果良好。

（二）扎染

扎染是指按照设计意图，在针织成形织物或服装需要的花纹部位用线捆、缝或作一定的折叠，再用线绳捆扎牢固，使捆扎部位产生防染效果，然后染色，染色后拆去捆扎线或缝线，织物上便呈现出一定花纹图案的染色方法。

扎染具体工艺流程：衣坯→洗衫→缩绒→（漂白）→清洗→脱水→捆扎→染色→清洗→脱水→烘干→蒸烫定形。

扎染的染色配方及升温曲线与普通染色基本相同。图9-7为扎染效果图例。

图9-7　扎染效果图例

（三）印花

成形针织毛衫的印花是指在毛衫上直接印上一定色彩图案的整理方法。印花毛衫具有花型变化多、色泽鲜艳、图案逼真、手感柔软的特点，具有提花毛衫所未有的或难于达到的优越性，因此，印花毛衫越来越受到消费者的青睐。成形针织毛衫既可以进行局部印花又可以进行全身印花。

毛衫印花通常由平板筛网印花和圆筒筛网印花两种。前者适宜于片段性的印花，后者则适宜于连续性的印花。毛衫印花中，除小部分圆机产品采用圆筒筛网印花外，大多数毛衫产品都采用平板筛网印花。在平板筛网印花中，又以手工刮板印花为主。筛网上花纹的制作过程为，在花型设计确定后，需绘制各分色花型的黑白稿，通过在筛网上涂感光液，感光及花纹修理后，即可应用。

成形针织毛衫筛网印花按具体印花工艺的不同，主要可分为汽蒸印花、涂料印花、低温印花、浮雕印花四类。

低温印花是在室温下进行的印花，其工艺流程是：预处理（净洗、脱水、烘干）→印花→烘干（或堆置）→（蜡烘）→净洗→脱水→烘干。

汽蒸印花是在印花后采用饱和蒸汽汽蒸，将染料固着在织物上的印花，其工艺流程是：预处理（净洗、脱水、烘干）→印花→烘干（或堆置）→汽蒸→净洗→脱水→烘干。

涂料印花是将涂料粘在织物表面的印花，其工艺流程是：预处理（净洗、脱水、烘干）→印花→烘干→烘焙。

浮雕印花是将防缩剂印在毛织物表面，经过缩绒整理后，织物在印有防缩剂的部分呈平整凹陷状态，其余部分呈现绒毛丛生的突起状态，使织物表面具有浮雕般的立体花纹效果。其工艺流程是：预处理（净洗、脱水、烘干）→印花→烘干→烘焙→缩绒→脱水→烘干。

近几年来，随着计算机技术在印花上的应用，出现了机电一体化的数码喷射印花技术。数码喷射印花是与计算机辅助设计（CAD）系统相结合，将图案或照片通过扫描仪或数码相机数字化输入到计算机进行处理，或采用 CAD 系统设计图案，在显示屏上认可满意后，生成数字信息，然后将染料浆按花型图案的要求，用数码喷射印花机直接喷射到毛衫衣片上形成花型图案。这是一种清洁的、环保性好的高科技印花技术。该技术能适应高品质、小批量、多品种的市场需求。

三、洗水（手感）整理

成形针织毛衫的洗水整理也称为手感整理，是指将成衣后或染色后的服装进行洗水处理，以使针织服装的线圈松弛，尺寸稳定，手感柔软滑爽，透气性、吸湿性良好，去除油污异味的过程。成形针织毛衫除常用的动物毛类需要缩绒整理以外，其他纱线纤维原料的毛纱则不需要进行缩绒整理而需要进行洗水整理。

手感整理的原理是使助剂分子渗透到纱线内部或纤维内部，脱水烘干后，助剂分子留在纤维之间（或在大分子之间）产生了润滑作用，使线圈松弛易于弯曲、内应力消失，使织物柔软；部分助剂留在纱线表面，使手感滑爽。

1. 洗水工艺

（1）浴比。1∶30，即服装 1kg，加水 30kg。

（2）助剂。洗水用助剂有净洗剂 209、净洗剂 105、柔软剂 E-22、平平加 O、硅油、石蜡乳化剂、腈纶膨松剂、丝用柔软剂、平滑剂等。在使用过程中要根据服装原料不同来进行合理的选择，也可以根据助剂厂家提供的说明来选用。

①酸性类助剂：去除锈渍、油渍、斑渍，有威洁宝、超霸、渍霸、767洗油剂等，注意用后要用碱性原料调节酸碱度以还原服装颜色。冰醋酸能调节酸碱度，使织物松化。

②碱性类助剂：枧油、枧粉、枧精、苏打粉，可用于调节酸碱度（pH值），还原织物颜色，除臭，去除一般污渍，使毛衫松化。

③中性类助剂：中性皂、硅油M22、、柔软剂HC、硬挺剂，用来调节毛衫手感的软硬度，固色油用于毛衫的固色及去除浮色。

（3）pH值。毛衫处理时溶液一般为中性，将pH值调整到7±0.2范围以内。

（4）温度。不同原料温度不同，一般调节在35~40℃。

（5）洗水时间。5~15min，根据原料类型、手感效果而定，时间过短，助剂未充分作用，时间过长则不会再增强效果反而会浪费成本。

2. 洗水工艺举例

表9-2给出了常见的几种洗水工艺。

表9-2　常见洗水工艺举例

序号	毛衫产品	净洗/缩绒剂	净洗缩绒	过清水后柔软处理
1	100%棉	洗涤剂209	浸泡5min，洗8min	硅油柔软剂洗4min
2	55%麻，45%棉	洗涤剂209	浸泡5min，洗10min	硅油柔软剂洗5min
3	100%意毛	洗涤剂209	浸泡15min，反底洗1min	40℃水加硅油2027、A6浸15min
4	100%羊毛	洗涤剂209	浸泡10min，反底洗1min	40℃水加硅油2027、A6浸15min
5	100%雪兰毛	洗涤剂209、去污剂	浸泡10min，洗2min	40℃水加硅油2027、A5、A6浸15min
6	100%驼毛	洗涤剂209、去污剂	浸泡10min，洗5min	40℃水加硅油2027、A5、B柔软剂洗2min，浸10min
7	100%腈纶	洗涤剂209	浸泡5min，洗3min	加硅油柔软剂洗2min，浸10min，脱水后中低温干衣，吹冷风
8	55%腈，45%棉	洗涤剂209	浸泡5min，洗6min	加E22柔软剂洗4min
9	棉/氨纶	洗涤剂209	浸泡5min，洗1min	过清水后加E22柔软剂洗1min
10	100%亚麻	洗涤剂209	浸泡5min，洗8min	过清水后加硅油柔软剂，40℃水洗6min
11	70%腈，30%毛	洗涤剂209、去污剂	浸泡5min，洗2min	加硅油2027、A6、B6柔软剂洗2min，浸10min
12	50%腈，50%毛	洗涤剂209、去污剂	浸泡5min，洗3min	过清水后加硅油2027、A6、B6柔软剂洗2min，浸10min

3. 操作步骤示例

（1）加水：在水洗机中，按毛衫重量1∶30加水，并调节水温到36~40℃范围。

（2）浸湿：将毛衫放在水洗机中，转动机器，使毛衫充分浸润。

（3）加助剂：按比例重量加入缩绒剂或洗水剂，转匀，计时5min。

（4）放液：到规定时间后，将水液放尽。

（5）清水洗：加清水，水量1∶30~40，洗1~2次。

（6）柔软（手感）处理：按照工艺要求加柔软剂，浸泡规定时间。

（7）脱水：将洗净的毛衫放入脱水机中，脱水3min。

（8）烘干：将脱水后的毛衫抖松，放入烘干机中烘干。

①人造纤维、腈纶纤维和细针毛衫要低温烘干。

②动物纤维毛衫可用中温烘干。

③植物纤维毛衫可用高温烘干。

④烘干的时间可根据毛衫的组织结构、厚薄、毛衫的数量、尺寸的控制来灵活调节。

四、蒸烫整理

蒸烫定形是成形针织毛衫后整理的最后一道工序，也是十分重要的工序。蒸烫定形的目的是使毛衫具有持久、稳定的标准规格，使外形美观、表面平整，具有光泽、绒面丰满、手感柔软且滑糯，富有弹性并有身骨。

蒸烫定形一般需经过加热、给湿、加压和冷却四个过程才能完成。这四个过程是紧密联系、相辅相成的，只有各个过程配合得好，才能使服装获得理想的定形效果。

毛衫蒸烫定形分蒸、烫、烘三个大类，其中烫用得最为普遍，烫即为熨烫，通常由蒸汽熨斗或蒸烫机来完成，能适用于各类毛衫及衣片的定形。纯毛类产品一般按规格套烫板（或烫衣架），用蒸汽熨斗或蒸汽机蒸汽定形，定形温度一般为100~160℃，蒸汽压力一般控制在350~400kPa。腈纶等化纤类产品常用低温蒸汽定形，温度在60~70℃，蒸汽压力控制在250kPa左右。蒸烫整理应按产品的款式、规格与平整度要求进行，应确保产品的风格与质量。

五、成品检验

成形针织毛衫成品检验是产品出厂前的一次综合检验，其目的是为了保证出厂产品的成品质量。成品检验的内容包括外观质量（尺寸公差、外观疵点等）、物理指标、染色牢度三个方面。内销产品，需按中华人民共和国纺织行业标准进行成品检验和分等；外销产品，需按外商要求的检验标准进行成品检验和分等。将成品检验后的毛衫按销售、储存、运输的要求进行分等包装。应将服装的包装与有效的装饰结合起来，起到美化、宣传商品和吸引消费者的作用。

第二节　成形针织服装特种整理

成形针织服装的特种整理包括功能整理和智能整理两大类。功能整理是指通过一定的整理工艺，使毛衫获得一种或多种功能的整理；智能整理是指通过一定的整理工艺，使毛衫能够感知外界环境的变化或刺激（如机械、热、化学、光、湿度、电和磁等），并做出反应能力的整理。毛衫的新型后整理工艺，能较好地满足消费者对毛衫服用性能的特殊需求。目前，国际上毛衫的功能整理主要有：防起球、防缩、防蛀、防霉、防污、防静电、防水、阻燃、芳香、抗菌、抗病毒、防螨、自清洁整理等，其中最常用的是防起球、防缩、防蛀和防污整理等。目前，国际上毛衫的智能整理主要有：变色、调温、调湿整理等。

近年来，随着新技术的发展，尤其是纳米技术、生物工程技术和信息技术的发展，为成形针织服装向功能化、智能化方向发展提供了新的途径。

一、防起球整理

成形针织服装的起球现象严重影响了其外观质量和服用性能，因此，必须对质量要求较高的成形针织服装进行防起球整理。

1. 起毛起球的形成

成形针织服装在实际穿用和洗涤过程中，由于不断受到摩擦，使织物表面的纤维露出于织物表面，在织物表面呈现出毛绒，即为"起毛"；若这些毛绒在继续穿用中不能及时脱落，就相互纠缠在一起，被揉成许多颗粒状的毛球，即为"起球"。这些突出在织物表面的毛球，极易使污物、汗渍沾附，使织物的外观和服用性能受到严重影响。

2. 影响起球的因素

影响起球的因素很多，主要有组成织物的纱线、织物的组织结构、染整工艺和服用条件等方面的因素。

（1）纱线。天然纤维织物，除毛织物外，很少有起球现象，但各种合成纤维的纯纺或混纺织物，则易产生较为明显的起毛起球现象。一般情况下，细纤维比粗纤维易起球，短纤维比长纤维易起球，纱线捻度低比捻度高易起球，接近圆形截面的纤维纱线比其他截面的纤维纱线易起球，纱线越不光洁越易起球。

（2）织物组织结构。结构疏松的组织比结构紧密的组织易起球，表面不平整的织物比表面平整的织物易起球。

（3）染整工艺。以绞纱染色的纱线比用散毛或毛条染色的纱线易起球，成衫染色的织物比纱线染色所织的织物易起球，织物经缩绒、烧毛、剪毛、定形和树脂等整理后起球现象将大大减少。

（4）服用条件。一般情况下，成形针织服装在服用时，所经受的摩擦越大，所受摩擦的次数越多，则起球现象越严重。

3. 防起球整理工艺

成形针织服装的防起球，主要通过对成形针织服装进行防起球后整理来实现。目前，国内常用的防起球整理工艺主要有轻度缩绒法和树脂整理法两种，一般后者效果较好。

（1）轻度缩绒法。经过轻度缩绒的成形针织服装，其毛纤维的根部在纱线内产生轻度毡化，纤维间相互纠缠，因此增强了纤维之间的抱合力，使纤维在遭受摩擦时不易从纱线中滑出，进而使服装的起球现象减少。对正面不需要较长绒面的成形针织服装，可将其反面朝外进行浸泡、缩绒、脱水、烘干，这样便可使其正面的绒面保持短密、柔软。需要注意的是，成形针织服装正面缩绒绒面的毛绒不宜太长，否则不但不防起球，相反却易起球。目前，一般对精纺针织服装通过轻度缩绒以提高其抗起球效果。成形针织服装轻度缩绒法的缩绒工艺为：浴比 1 : 25 ~ 35，助剂量 0.5% 左右，pH 值为 7±0.2，温度为 27 ~ 35℃，时间 3 ~ 8min。实践证明，经过轻度缩绒后的成形针织服装，防起球级别可提高 0.5 ~ 1 级。

（2）树脂整理法。树脂是各种各样类型的聚合物。利用树脂在纤维表面交链成膜的功能，使纤维表面包裹一层耐磨的树脂膜，树脂膜降低了毛纤维的定向摩擦效应，使纤维的滑移因素减少；同时，树脂均匀地交链凝聚在纱线的表层，使纤维端黏附于纱线上，增强了纤维间的摩擦系数，减少了纤维的滑移，因而有效地改善了成形针织服装的起球现象。

①对树脂的要求：成形针织服装防起球整理使用的树脂要具有优良的黏着性能，固化交链成膜要柔软，不影响成形针织服装的手感；树脂应有亲水性，易于溶解，成膜干燥后，有较好的耐洗效果；不影响成形针织服装的色泽和色牢度等；对人体皮肤无刺激，无臭味；树脂应性能稳定，应用方便、可靠。

②工艺流程：毛衫衣坯→浸液→柔软→脱液→烘干。

③常用工艺：常用工艺如表 9-3 所示。防起球整理所采用的树脂种类较多，其中较常采用的为丙烯酸自身交链型树脂。此种树脂的常用配方为：丙烯酸甲酯 36%，丙烯酸丁酯 60%，羧甲基丙烯酰胺 4%。合成后，取树脂 30%，加水 70% 配成乳液状的树脂。防起球整理的渗透剂一般用 JFC，用量为 0.3% 左右。经过树脂整理后，成形针织服装的抗起球性可提高 1 ~ 2 级。

表 9-3　常用的树脂防起球整理工艺

项目	浴比	温度（℃）	树脂和助剂	时间（min）	备注
浸液	1 : 30	25	树脂，渗透剂	25	—
柔软	1 : 30	30 ~ 40	0.5% ~ 2%	30	—
脱液	—	—	—	—	控制含固率在 2.5% 以上
烘干	—	85 ~ 90	—	20 ~ 40	—

二、防缩整理

利用毛纤维优良的缩绒性，对毛衫进行缩绒处理，可使其绒面丰满，手感柔软，服用性能得到很大提高。然而，毛纤维的缩绒性又给毛衫的服用带来不便，特别是毛衫在洗衣机洗涤过程中易产生严重毡缩甚至毡并的现象，因此，必须对其进行防缩处理。目前国际羊毛局（I. W. S）已定出毛衫洗涤毡缩的"机可洗"标准和"超级耐洗"标准。

毛衫"机可洗"标准为：在 CUBEX 标准试验机中，洗涤温度为 40℃，洗涤 60min，单面织物面积毡缩率不大于 10%，双面织物面积毡缩率不大于 5%，色牢度不低于 3 级。

毛衫"超级耐洗"标准要求毛衫能承受 180min 洗涤，其余要求与"机可洗"标准相同。

1. 毛衫的收缩变形

毛衫在穿着和洗涤过程中会产生纵、横方向的收缩变形，这种收缩变形可分为松弛收缩和毡化收缩两种。

（1）松弛收缩。毛纤维在纺纱、络纱、缝制以及后整理等工艺过程中，受机械力的作用而产生应力。当纤维在饱和蒸汽或热水的作用下，这种应力会迅速消除。毛衫制成后，经过一段时间的贮放，它的应力也会逐渐自行消除。随着纤维应力的消除，成形针织服装便会产生纵、横方向的收缩，这种收缩便是松弛收缩。松弛收缩是可逆的，在加工过程中可以加以控制，在工艺计算中应予以考虑。

（2）毡化收缩。毛衫在家庭洗涤过程中，用洗衣机洗涤或手洗中常因洗涤剂不当、温度偏高、外力过大、洗涤时间过长等不当的洗涤方法造成毡缩。这种毡缩机理与缩绒整理的机理相同，这种收缩是不可逆的毡化收缩。毡化收缩率一般比松弛收缩率大得多，最高可达 50% 以上。因此，在防缩时必须重视毛衫的毡化收缩现象。

2. 防缩整理方法

要使成形针织毛衫具有防缩效果，可以对散毛、毛条、毛纱或毛衫成衫进行防缩处理。在成形针织毛衫企业中，一般采用对毛纱和毛衫成衫进行防缩处理的方法，并且以后者居多。毛衫成衫防缩处理的方法很多，归纳起来主要有：氧化处理法、树脂处理法、氧化树脂结合法、蛋白酶处理法、辐射处理法、臭氧处理法和等离子处理法等。其中前三种方法较常用。

（1）氧化处理法：氧化处理法最初是由于漂白粉对毛织物进行漂白处理后，同时发现其有防缩的作用而发展起来的。常用的氧化剂有高锰酸钾、次氯酸钠、二氯三聚异氰酸盐、双氧水等。

氧化处理法的作用原理为：动物毛纤维按其化学组成主要是角朊，角朊是由多种 α-氨基酸缩合而成的，其中有二硫键、盐式键和氢键，毛纤维的许多物理化学特性主要是由二硫键来决定的。所以当用氯或其他氧化剂对毛衫进行处理时，毛纤维鳞片中的二硫键将断裂而变成能与水相结合的磺酸基，从而使羊毛鳞片的尖端软化、钝化，即羊毛的鳞片角质层受到侵蚀，但不损伤羊毛纤维的本质，从而降低纤维间的摩擦系数，使羊毛表层发生变化，不易毡缩，并使得毛纤维渗吸更多的水分而变软，导致毛纤维的定向摩擦效应降低，从而达到防缩的目的。

氧化防缩处理法的工艺流程为：毛衫衣坯前处理→氧化→（脱氯）→（漂白）→柔软处理→脱液→烘干。

用氧化处理法可使毛衫达到"机可洗"的防缩要求，但对纤维损伤较大、色泽易泛黄并且手感也较粗糙，此法在毛衫成衫防缩整理中一般不宜单独应用。

（2）树脂处理法：树脂处理法又称树脂涂层处理法。成形针织服装防缩整理中所用的树脂品种和整理方法很多，其中防缩效果较好的为溶剂型硅酮树脂整理。硅酮树脂是高分子化合物，且相对分子质量大，能和催化剂、交链剂一起使用，使其先预聚，而后络合结成网状系统，因此，其防缩效果显著，可使毛衫满足"机可洗"标准。但单纯的树脂处理，由于毛纤维表面张力较小，树脂表面张力较大，树脂在毛纤维表面沉积扩散不均匀，会影响整理质量。

溶剂型硅酮树脂整理的一般工艺流程为：毛衫衣坯→清洗→树脂整理→脱液→烘干→除臭。

（3）氧化树脂结合法：树脂在毛纤维表面要均匀分布，为了达到这一目的，就要对毛纤维进行预处理，如氧化处理，以提高毛纤维的表面张力，因此便产生了氧化树脂结合法。此法可以克服以上两种方法的缺点。氧化树脂结合法是国外经常采用的效果很好的防缩方法。在成形针织服装上树脂前，预先进行轻微的氧化处理，使毛纤维鳞片层有轻微的破坏，进而提高毛纤维的表面张力，这样，表面张力较高的树脂就能均匀地扩散到纤维表面，再加上树脂中的活性基团与毛纤维在氧化过程中产生的带电基团形成化学键结合，从而可获得优良的防缩效果。根据防起球的机理，也可同时获得较好的防起球效果。采用此防缩方法可使成形针织服装满足"超级耐洗"的标准。

工艺流程：毛衫衣坯→前处理→氧化→脱氯→水洗→上树脂→柔软处理→脱水→烘干→定形。

3. 防缩整理实际工艺举例

（1）羊毛衫防缩整理工艺及配方

①工艺流程：毛衫衣坯→洗衣、缩绒 ——甩干——→氧化 ——甩干——→脱氯 ——甩干——→上树脂 ——甩干——→烘干→定形。

②工艺及用料配方：

洗衣：洗缩机。浴比 1：30，209 洗剂 1%～2%、洗衣粉 0～1%（根据"含油"情况而定）；35℃洗涤 2～3min（1 次），40℃清水洗 1min（1 次）。

缩绒：洗缩机。浴比 1：30，209 洗剂 1%，温度 33℃，缩绒时间 3～8min；30℃洗涤 2min（1 次），冷水冲洗 2min（2 次）。

氧化：浸渍池。浴比 1：20～25，巴佐兰（BASOLAN）DC 3%～3.6%，平平加 0.5%，pH 值 4.5（浅色用醋酸，深色用硫酸），冷浴温度为 23～25℃。把溶解好的平平加和巴佐兰 DC 溶液倒入冷水池中，兑好浴比，用规定的酸调 pH 值至 4.5，投入成形针织服装而且要不停地搅动，使溶液与毛衫均匀接触，20~30min 后，活水冲洗 5min，放空，甩干。

脱氯：浸渍池、洗衣机。浴比 1∶20，亚硫酸氢钠 4%~4.8%，温度 25℃。将溶解好的亚硫酸氢钠加入冷水池中，兑好浴比，放入毛衫而且要不停地搅动，20min 后，放空、甩干，再放入洗衣机中，35℃水洗 2min，放空，冷水冲洗 2 次，每次 1min，甩干。

上树脂：浸渍池。浴比 1∶8~10，SP 树脂 50%~60%。将树脂加入冷水池中，兑好浴比，投入成形针织服装进行浸泡，要不停地搅动，6min 后甩干。

烘干：烘干机。65~70℃，烘干为止。

定形：按正常工艺进行。

以上洗衣与缩绒流程在同一洗缩机内连续进行。

（2）精纺纯毛成形针织服装防缩整理工艺及配方

①工艺流程：毛衫衣坯→洗衣、轻缩绒 $\xrightarrow{\text{甩干}}$ 氧化 $\xrightarrow{\text{甩干}}$ 脱氯 $\xrightarrow{\text{甩干}}$ 上树脂 $\xrightarrow{\text{甩干}}$ 烘干→定形。

②工艺及用料配方：

洗衣和轻缩绒：洗缩机。浴比 1∶30，209 洗剂 0.5%~2%（根据"含油"情况确定）。温度 32℃，缩绒时间 3~5min；30℃水冲洗 1min，放空，冷水冲洗 1min（1 次），放空，甩干。

氧化：浸渍池。浴比 1∶20~25，巴佐兰 DC 3.4%~4%，平平加 1%，pH 值 4.5（浅色用醋酸，深色用硫酸），冷浴温度为 23~25℃。将溶解好的平平加和巴佐兰 DC 溶液倒入冷水池中，兑好浴比，调好 pH 值，投入成形针织服装并不停地搅动，使其完全浸泡在溶液中与溶液均匀接触，20~30min 后，冷水冲洗 5min，放空，甩干。

脱氯：浸渍池和洗衣机。浴比 1∶20，亚硫酸氢钠 4.4%~5%。将溶解好的亚硫酸氢钠加入有冷水的浸渍池内，兑好浴比，放入成形针织服装并不停地搅动，20min 后放空、甩干，放入洗衣机内，用温水（35℃）洗 5min 后放空，用冷水冲洗 2 次，每次各 2min，放空，甩干。

上树脂：浸渍池。浴比 1∶8，SP 树脂 45%~55%。将树脂加入有冷水的浸渍池内，兑好浴比，溶液稀释均匀后，迅速投入成形针织服装并不停地搅动，5min 后甩干。

烘干：烘干机。60~70℃，烘干为止。

定形：按正常工艺进行。

三、防蛀整理

成形针织服装在贮存和服用过程中，常会发生虫蛀现象，致使服装遭受破坏，因此，应对成形针织服装进行防蛀处理。成形针织服装的防蛀有多种方法，大体可分为：物理性预防法、抑制蛀虫生殖法、毛纤维化学改性法、防蛀剂化学驱杀法四大类。

1. 物理性预防法

物理性预防法是用物理手段防止害虫附着在毛纤维上，使害虫难以存活，或将其杀死。通常多采用刷毛、真空贮存、加热、紫外线照射、冷冻贮存、晾晒和保存于低温干燥阴凉通风场所等方法。

2. 毛纤维化学改性法

毛纤维通过化学改性形成新而稳定的交链结构，可干扰和阻止害虫幼虫对毛纤维的消化，从而提高毛衫的防蛀性能。

毛纤维的化学改性方法通常有两种。一种是将毛纤维的二硫键经巯基醋酸还原为还原性毛纤维，然后与亚烃基二卤化物反应，使毛纤维的二硫键为二硫醚交链取代；另一种是双官能团 α、β-不饱和醛与还原性毛纤维反应，形成在碱性还原条件下很稳定的新交链。

3. 抑制蛀虫生殖法

抑制蛀虫生长繁殖的方法很多，有用金属螯合物处理、γ 射线辐射、应用引诱剂杜绝蛀虫繁殖及引入无害菌类控制蛀虫的生长等。

4. 防蛀剂化学驱杀法

防蛀剂化学驱杀法是使用化学药剂直接侵入害虫皮层，或者通过呼吸器官和消化器官给毒而使之死亡。防蛀剂应高效低毒，不伤人体，不影响织物的色泽和染色牢度，不损伤毛纤维的手感和强力，并具有耐洗、耐晒，使用方便等特点。此法主要使用熏蒸剂、喷洒剂和浸染型防蛀整理剂来实现。目前，在成形针织服装生产中，常采用浸染型防蛀整理剂来进行成形针织服装的防蛀整理。

下面介绍用欧兰 U33 和辛硫磷作为浸染型防蛀整理剂的防蛀整理法。

（1）欧兰 U33 的防蛀整理法：先将待用的 1.5%（占织物重量）的欧兰 U33 以 5~10 份冷水稀释后，加入中性溶液内，浴比为 1:30，放入毛衫，在 30~40℃ 的温度下处理 10min，加 1% 醋酸调 pH 值为 5~6，并在相同温度下继续处理 15min，然后水洗、脱水、烘干。

（2）辛硫磷的防蛀整理法：浴比为 1:30，温度 40℃，加醋酸调 pH 值为 4~5；然后加入 0.05%~0.1%（溶液浓度）的辛硫磷，搅拌均匀后，放入毛衫，接着升温至 60~80℃，处理 30min。降温至 45℃ 出机，然后脱水、烘干。辛硫磷的处理工艺可以与染色同时进行，也可染后进行处理。

四、易去污和拒污整理

衣服穿着后就难免附着污物，洗涤是一项烦琐的劳动，而且会加速损伤织物。随着现代生活节奏的加快，人们对毛衫提出了易护理的要求。因此易去污和拒污整理越来越受到人们的关注。其机理是将油污/织物的界面变成油污/水和织物/水两个界面，使毛衫织物的油污粒子转入洗涤液中。目前易去污整理剂多采用丙烯酸和丙烯酸酯共聚物。整理工艺为：先进行二浸二压（室温，压染率 60%），然后通过预烘（80℃）拉幅、焙烘（160℃，3~5min）、皂洗（60~65℃，皂洗浓度为肥皂 2~4g/L+纯碱 2g/L）、热水洗（60~65℃）、冷水洗，最后脱水并烘干。易去污整理应严格控制好工艺条件，否则影响效果。

五、抗紫外线辐射整理

随着臭氧层不断遭到破坏，紫外线的辐射强度剧增，对人类健康已构成较严重的威胁。有资料显示，臭氧层每减少1%，紫外线辐射强度就增大2%，患皮肤癌的可能性将提高3%。此外，臭氧层的破坏还可能引起人类免疫功能的下降，损伤皮肤基因。因此，毛衫服装的抗紫外线整理已显得日益重要。目前，防紫外线整理的方法主要有两种，即浸压法和涂层法。防紫外线剂主要有两大类，一类是紫外线反射剂，另一类是紫外线吸收剂。紫外线反射剂主要是金属氧化物，例如氧化锌、氧化铁和二氧化铁等。紫外线吸收剂能将光能转化，即将高能量的紫外线转化成低能量的热能或波长较短、对人体无伤害的电磁波，目前主要有二苯甲酮和苯并三唑类。

六、芳香整理

芳香整理使毛衫服装在固有的防护、保暖和美观的功能外，又增加了嗅觉上的享受和净化环境的作用。对毛衫产品进行芳香整理的关键是保证香味的持久性。整理方法主要有两类，即普通浸压法和微胶囊法。普通浸压法的方法简单且前期香味较浓，但香味只能保持1个月左右。因此，对于高档毛衫产品大多采用微胶囊法。微胶囊法是将芳香剂包裹在微胶囊中，在毛衫服装浸泡芳香整理剂后，微胶囊包裹着芳香剂与织物结合，只有在穿着过程中人体运动时微胶囊的囊壁受到摩擦或压力破损后才将香味释放出来，因此，可以保证香味的持久性。

七、纳米整理

21世纪的三大高新技术为纳米技术、生物工程和信息技术。近年来，纳米技术的发展非常迅速，在全世界兴起了一股"纳米热"。纳米材料是指粒度在 $1\sim100nm$ 的材料。当材料的粒度小到纳米尺寸后，可产生许多特殊的效应，主要有量子尺寸效应、小尺寸效应、表面效应、宏观量子隧道效应、介电限域效应、光催化效应等。上述综合效应的结果，使得纳米粒子的力、热、光、电、磁、化学性质与传统固体相比有显著的不同，显示出许多奇异的特性。把某些具有特殊效应的纳米级粉体（如纳米级的 TiO_2、ZnO、Al_2O_3、Ag、SnO_2、SiO_2 和纳米碳管等）加入毛衫中，可开发出功能性的毛衫。目前主要有远红外、防紫外、防菌、防螨、负离子、吸波、抗静电、防水拒油、自清洁等纳米功能性纺织品。总之，纳米技术的出现，为功能性纺织品的开发开辟了一条新的途径。随着新技术的发展，未来的纺织品还可能集多种功能于一体，如同时具有防菌、远红外、负离子、自清洁等功能，可以获得更好的效果。

思考题

1. 简述毛针织服装的缩绒性。
2. 简述成形针织服装洗水整理的内容。
3. 羊毛衫缩绒整理的效果主要有哪几个方面？
4. 简述手感整理的原理。

实训项目：成形针织产品漂白工艺设计及实践

一、实训目的

1. 训练理论联系实际的能力。
2. 熟悉成形针织物染整主要工序的工艺流程。
3. 熟悉漂白工艺的工艺流程、工艺配方等。

二、实训条件

1. 材料试剂：棉针织物坯布若干，双氧水 H_2O_2 若干，渗透剂 JFC 若干，纯净水等。
2. 工具设备：直尺、铅笔、A4 纸张、烧杯、玻璃棒、水浴锅、量筒、电子天平等。

三、实训任务

1. 设计成形针织物的漂白工艺流程。
2. 配制漂白工作液。
3. 完成漂白工艺的实际操作。

四、实训报告

1. 确定工艺配方。
2. 编制工艺流程。
3. 绘制工艺流程图。
4. 分析实训结果，总结实训收获。

参考文献

［1］孟家光．羊毛衫设计与生产工艺［M］．北京：中国纺织出版社，2006.

［2］龙海如．针织学［M］.2版．北京：中国纺织出版社，2014.

［3］宋广礼，蒋高明．针织物组织与产品设计［M］.2版．北京：中国纺织出版社，2008.

［4］陈继红．针织成型服装设计［M］．上海：东华大学出版社，2011.

［5］匡丽赟．针织服装设计与CAD应用［M］．北京：中国纺织出版社，2012.

［6］宋广礼．成形针织产品设计与生产［M］．北京：中国纺织出版社，2006.

［7］张佩华，沈为．针织产品设计［M］．北京：中国纺织出版社，2008.

［8］李华，张伍连．羊毛衫生产实际操作［M］．北京：中国纺织出版社，2010.

［9］《针织工程手册》编委会．针织工程手册：纬编分册［M］．北京：中国纺织出版社，1996.

［10］黄学水．纬编针织新产品开发［M］．北京：中国纺织出版社，2010.

［11］李津．针织厂设计［M］.2版．北京：中国纺织出版社，2007.

［12］李世波，金惠琴．针织缝纫工艺［M］.2版．北京：中国纺织出版社，1995.

［13］张卫红．电脑提花袜的设计原理与方法［J］．纺织导报，2011（9）：117-119.

［14］魏春霞．针织概论［M］．北京：化学工业出版社，2014.

［15］姚穆．纺织材料学［M］.3版．北京：中国纺织出版社，2009.

［16］陈国芬．针织产品与设计［M］.2版．上海：东华大学出版社，2010.

［17］蒋高明．针织学［M］．北京：中国纺织出版社，2012.

［18］朱文俊．电脑横机编织技术［M］．北京：中国纺织出版社，2011.

［19］许吕崧，龙海如．针织工艺与设备［M］．北京：中国纺织出版社，1999.

［20］郭凤芝．电脑横机的使用与产品设计［M］．北京：中国纺织出版社，2009.